BAOBI GANGGOUJIAN CHENGZAILI JISUAN DE
ZHIJIE QIANGDUFA

薄壁钢构件承载力计算的直接强度法

张壮南　王春刚　程大业　李　明　著

中国电力出版社
CHINA ELECTRIC POWER PRESS

内 容 提 要

本书详细介绍了利用全截面几何特性进行普通卷边槽钢构件承载力计算的直接强度法，并在此基础上分别对单轴对称冷弯薄壁型钢轴压构件、板件加劲冷弯薄壁型钢轴压构件、单轴对称冷弯薄壁型钢轴压开孔构件的极限承载力，单轴对称冷弯薄壁型钢受弯构件极限承载力、单轴对称冷弯薄壁型钢受弯开孔构件、单轴对称冷弯薄壁型钢偏心受压构件的承载能力进行了直接强度法研究。本书还进一步扩展了不同截面形式和边界条件下冷弯型钢构件承载力直接强度法的适用范围，提出了可以考虑畸变与其他屈曲模式相互作用的直接强度法修正计算公式，并结合典型构件对直接强度法的计算过程进行了算例分析。

本书以促进冷弯薄壁型钢体系发展为目标，亦能为其他薄壁结构如铝合金结构、不锈钢结构构件设计提供方法参考。本书可供土木工程专业的高年级本科生、研究生、教师、科研人员和工程技术人员参考。

图书在版编目（CIP）数据

薄壁钢构件承载力计算的直接强度法/张壮南等著 . —北京：中国电力出版社，2020.10
ISBN 978 - 7 - 5198 - 4999 - 3

Ⅰ. ①薄… Ⅱ. ①张… Ⅲ. ①轻型钢结构—承载力—计算方法 Ⅳ. ①TU392.502

中国版本图书馆 CIP 数据核字（2020）第 182799 号

出版发行：中国电力出版社
地　　址：北京市东城区北京站西街 19 号（邮政编码 100005）
网　　址：http：//www.cepp. sgcc. com. cn
责任编辑：王晓蕾（010 - 63412610）关　童
责任校对：黄　蓓　李　楠
装帧设计：赵姗姗
责任印制：杨晓东

印　　刷：三河市万龙印装有限公司
版　　次：2020 年 10 月第一版
印　　次：2020 年 10 月北京第一次印刷
开　　本：787 毫米×1092 毫米　16 开本
印　　张：10.5
字　　数：256 千字
定　　价：48.00 元

前　　言

随着国家大力推广钢结构建筑，钢结构在房屋建筑中的应用已日趋广泛。其中，轻钢结构在国内的发展亦吸引了越来越多人的关注，冷弯薄壁型钢以其自身突出的优点被广泛应用于轻钢结构建筑中。由于薄壁构件稳定性问题的复杂性，使得理论分析的成果很难直接在实际的结构设计中得到应用。

本书针对具有不同卷边形式的槽钢、板件加劲复杂卷边槽钢、卷边槽钢开孔轴心受压构件的极限承载力计算分别提出了直接强度法，并以现有试验数据为依据，对现行有效宽度法、修订有效宽度法、直接强度法计算得到的承载力分别进行比较。结果表明，用本书中的直接强度法计算的数据变异系数更小，离散性更小，与试验数据更为接近。

本书提出了单轴对称冷弯薄壁型钢纯弯构件和非纯弯构件抗弯承载力计算的直接强度法。在对直卷边、斜卷边和复杂卷边 C 形和 Z 形截面构件在纯弯和非纯弯状态下的有限元参数分析的基础上，利用已有的分析结果回归出适合我国冷弯薄壁型钢受弯构件的直接强度法公式，为今后的工程应用和规范修订提供必要的参考。

本书对冷弯薄壁 C 形截面开孔梁受弯的极限承载力实用计算方法进行了研究。在参考国外普通卷边开孔梁抗弯承载力计算的直接强度法基础上，结合我国规范及国内现有无孔梁直接强度法的研究成果，提出了适于我国工程实际的开孔梁抗弯承载力直接强度法计算公式，并基于有限元参数分析结果，提出了纯弯状态下冷弯薄壁型钢 Σ 形开孔复杂卷边槽钢梁以及非纯弯状态下冷弯薄壁型钢 C 形和 Σ 形开孔复杂卷边槽钢梁的直接强度法计算公式。

本书开展了冷弯薄壁型钢偏压构件承载力计算的直接强度法研究。利用 ANSYS 非线性有限元分析结果确定了普通直角卷边槽钢截面的有效形心偏移量，并通过拟合分析建立了此类截面有效形心偏移的计算公式。以现有公式为基础，采用直接强度法代替有效截面法，提出了偏心受压构件极限承载力直接强度法的建议公式。

本书总结了作者近年的研究工作成果，注重前后章节的逻辑性和连贯性，力求将研究方法和研究内容讲解清晰明了。全书共分 7 章，第 1 章详细介绍了国内外关于屈曲后强度和有效截面理论、冷弯薄壁型钢构件的设计方法及直接强度法的研究进展，阐述了本书的研究内容。第 2 章对单轴对称冷弯薄壁型钢轴压构件极限承载力计算方法进行了研究。第 3 章对板件加劲冷弯薄壁型钢轴压构件极限承载力计算方法进行了研究。第 4 章对单轴对称冷弯薄壁型钢轴压开孔构件承载力直接强度法进行了研究。第 5 章对单轴对称冷弯薄壁型钢受弯构件极限承载力计算方法进行了研究。第 6 章对单轴对称冷弯薄壁型钢受弯开孔构件极限承载力计算方法进行了研究。第 7 章对单轴对称冷弯薄壁型钢偏心受压构件的直接强度法进行了研究。

本书的研究工作是在国家自然科学基金（51008200、51978422）的资助下完成的。在编写过程中参考并引用了已公开发表的文献资料和相关教材与书籍的部分内容，并得到了许多专家和朋友的帮助，一并在此表示衷心的感谢。

本书由张壮南、王春刚、程大业、李明编写。对本书做出贡献的有徐子风、梁润嘉、曹宇飞、赵大千、张乃文、刘健，他们在攻读硕士学位期间获得的成果，对于完善冷弯型钢稳定理论、拓展直接强度法的应用、改善冷弯型钢的设计和分析方法具有重要的价值。在本书撰写过程中，恩师张耀春教授给予了大力支持，在此表示衷心的感谢。于澜、李禹东、王奕月、杨收港、郭庆霖、孔德礼、郝一开协助作者完成了大量数据处理工作，他们均对本书的完成做出了重要贡献。

由于本书在诸多方面做了改革和探索，同时限于作者水平，书中难免存在不足之处，恳请广大读者批评指正！

著者
2020 年 8 月

目　　录

第1章 概 述

◇ 1.1 冷弯薄壁型钢的工程应用

1.1.1 冷弯薄壁型钢简介

随着我国社会生产力水平和设备加工能力等科学技术水平的不断提高及人们对绿色环保、可持续发展意识的不断加强，加之国家政策的大力引导，近几年来我国钢产量的急剧增长，钢结构在我国房屋建筑中的运用已经越来越广泛，例如大型体育场、机场、图书馆、大跨度桥梁、住宅等，毫无疑问钢结构已经成为现代建筑的重要结构形式。伴随着钢材更轻、更强的发展趋势，轻型钢结构在国内外的发展已经吸引了越来越多人的关注，包括国内外各类大型工业、公共建筑、房屋住宅等各种建筑都应用了轻钢结构。其中冷弯薄壁型钢凭借其自身非常突出的特点被广大学者所提倡并广泛运用于各类钢结构中（见图1-1）。

图1-1 冷弯薄壁型钢的应用

冷弯型钢是指由钢带或钢板经冷加工而成的型材。与热轧型钢结构构件相比，冷弯型钢构件具有优越的强度自重比、截面形式灵活多样且更易于加工成型等优点，使得在荷载相对较轻的低层建筑中采用冷弯型钢结构构件可以获得更加经济的效果。统计资料表明，与同样面积的热轧型钢相比冷弯型钢回转半径可增大50%以上，惯性矩和面积矩可增大50%～180%左右。

据不完全统计，目前各国生产的冷弯型钢规格和品种已达11000多种，型钢壁厚为0.4～25.4mm。我国生产的冷弯型钢一般不超过6mm厚。习惯上把壁厚不超过6mm的冷弯型钢称为冷弯薄壁型钢。国内的冷弯薄壁型钢多为Q235和Q345。随着钢材生产能力的不断加强，以及人们对更轻、更强钢结构建筑的不断追求，高强冷弯薄壁型钢越来越受到国内外学者的重视，并已经对其展开了深入的研究。

冷弯薄壁型钢构件由于壁厚较小，构件中的板件具有较大的宽厚比，而且构件的截面形式大多是非闭合的，在受力时比较容易失去稳定发生屈曲。冷弯薄壁型钢构件丧失承载能力主要是因为薄壁构件发生屈曲。因此，在冷弯薄壁型钢结构设计中需要重点关注稳定问题。冷弯薄壁型钢构件的基本屈曲模式主要分为局部屈曲、畸变屈曲及整体屈曲三类（见图 1-2）。三种屈曲模式具有不同的屈曲半波长度和不同的屈曲后性能，但都是稳定分岔失稳问题。

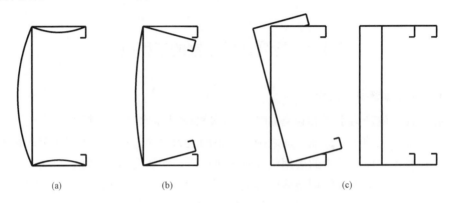

图 1-2　冷弯薄壁型钢构件屈曲模式
(a) 局部屈曲；(b) 畸变屈曲；(c) 整体屈曲

在冷弯薄壁型钢的破坏类型中，局部屈曲是发生的非常普遍的一种屈曲模式。澳大利亚/新西兰规范（AS/NZS4600：2018）将板件的局部屈曲定义为：变形仅包含板件的弯曲，而各相邻板件的交线不发生横向变形的屈曲模式。局部屈曲通常会发生在腹板上，有时也出现在比较宽的翼缘板上。局部屈曲的特点是具有比较短的半波长度，屈曲发生时在板件上往往会出现很多明显的凸凹不平的波段。屈曲后板件与板件之间的交线保持不变，仍然保持原来的直线状态，各板件具有相同的半波长度，构件截面的轮廓形状保持不变。冷弯薄壁型钢构件组成构件的板件在发生屈曲后一般还能够继续承受荷载，具有相当的屈曲后强度，这是其有别于普通钢构件的重要特征之一。

畸变屈曲（或称为局部扭转屈曲）是指除了局部屈曲以外的其他所有发生横截面形状改变的屈曲模式。发生畸变屈曲时，受压板件在其连接处发生转动，使得相邻的板件出现位移，进而改变原来的轮廓尺寸与截面形状。畸变屈曲在 1978 年由高桥（Takahashi）首先提出，以往畸变屈曲曾被归于局部屈曲范畴内，没有得到研究人员的足够重视，并在设计规范中被忽略掉。近几年随着冷弯薄壁型钢新的截面形式的产生和应用，在构件破坏过程中畸变屈曲起到的作用已不容忽视，这种屈曲模式的研究才得到广泛的关注。目前工程设计人员对其了解还不是很多。畸变屈曲的特点是具有较为适中的半波长度，在构件破坏时出现的屈曲波段数明显低于局部屈曲。它的屈曲临界应力与受压翼缘的截面特性、边界条件、屈曲半波长和构件的截面上的应力分布情况等很多因素有关。畸变屈曲与局部屈曲相比，屈曲后特性并不明显，就算在畸变屈曲临界应力比局部屈曲临界应力高的情况下，畸变屈曲仍然有可能代替局部屈曲成为控制构件破坏的屈曲模式。与局部屈曲相比，畸变屈曲对几何缺陷更为敏感。

构件的整体屈曲包括弯曲屈曲、扭转屈曲以及弯扭屈曲。整体屈曲的半波长度比局部屈曲和畸变屈曲的半波长度都要大，在端部具有侧向约束的整个构件长度范围内只形成一个半波。发生整体屈曲的构件横截面出现整体的刚性位移，但横截面的形状不发生改变。发生整体屈曲的构件屈曲后强度提高并不明显，整体屈曲对几何缺陷的敏感度较为突出。整体屈曲的构件有明显的屈曲特性。

对于薄壁构件来说,失稳时不只出现单独的屈曲模式,更容易出现多种屈曲模式的相关屈曲,即出现两种或更多种屈曲模式之间的耦合。冷弯薄壁型钢构件的板件大多具有较大的宽厚比,使得板件在受压时很容易就会发生局部屈曲。由于板件之间存在相互的约束作用,研究时不能只考虑单个板件的屈曲作用。受压时较强的板件会对相邻的较弱的板件起到支撑作用,从而延缓较弱板件出现屈曲的时间。组成构件的各个板件在荷载增大到某个特定值时同时发生屈曲,具有相同的屈曲半波长度和屈曲临界应力,板件与板件之间的连接线与夹角都不发生变化。在各个板件屈曲之后至板件间相交的转角处应力到达屈服点之前这一阶段,构件的整个截面具有一定的屈曲后强度,这就是板件间局部屈曲的相关作用。板件屈曲相关作用的研究开始于 20 世纪 30 年代后期,布莱希(Bleich)于 1952 年发表的文章及一些其他相关文章中对相关屈曲问题进行了论述。最早考虑板件间的屈曲相关作用的国家级技术文件是英国的冷弯型钢结构设计规范(以下称 BS 5950),其中包含有对理论计算结果进行拟合而得到的简化公式。

由于薄壁构件稳定性问题的复杂性,使得理论分析的成果很难直接在实际的结构设计中得到应用。怎样做到在不影响精确性的情况下使其简单化,一直是科研工作者和规范编制人员工作中的重点。面对薄壁构件稳定性问题,确定相应的设计方法来弥补规范的不足,使其能够尽早地应用到实际工程当中去,是当前所面临的重要问题。

1.1.2 屈曲后强度和有效截面理论的发展

对于某些结构而言,临界荷载并不是结构的最大承载能力,这些结构在出现屈曲波形后,仍然可以承受更大的荷载作用,这就是屈曲后强度。板件(至少应有一个纵边与其他板件相连)具有屈曲后强度的主要原因是板在一个方向受外力作用而凸曲时,在另一个方向上产生的薄膜拉力会对板件起到支持作用,从而增强板的抗弯刚度,进而提高板的强度。板件的局部屈曲后强度会有很大提高,畸变屈曲后强度提高较小,没有局部屈曲后强度提高幅度大。而对于整体屈曲模式下的屈曲后强度则无明显提高。因此工程应用中常常考虑利用板件的局部屈曲后强度,来发挥此类构件的经济效益。板件的屈曲后性能可以利用大挠度理论来分析。1910 年冯·卡门(Von Karman)在前人研究成果的基础上推导出了理想薄板的大挠度微分方程,但人们发现由于求解此方程的复杂性,无法将其直接应用到实际设计当中。因此,冯·卡门等人在 1932 年首次提出了"有效宽度"的概念。所谓有效宽度,即是把宽度为 b 的板件在极限状态下截面的不均匀应力分布图 [图 1-3(a)] 等效成按边缘最大应力 σ_{max} 均匀分布在板两端两个宽度各为 $b_e/2$ 的矩形应力分布图 [图 1-3(b)],宽度 b_e 即有效宽度。

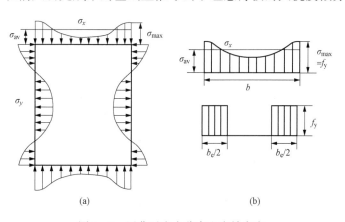

图 1-3 屈曲后应力分布和有效宽度

(a)极限状态下应力分布图;(b)等效应力分布图

最早的有效宽度计算公式，是依据理想平板的弹性稳定理论导出的。令宽为 b_e 的均匀受压四边简支板的屈服点 f_y 与临界屈曲应力相等可得

$$f_y = \frac{4\pi^2 E}{12(1-\nu^2)(b_e/t)^2} \tag{1-1}$$

$$b_e = 1.9t\sqrt{\frac{E}{f_y}} \tag{1-2}$$

式中 E——板件弹性模量；

ν——泊松比，一般取 0.3；

t——板厚；

b_e——有效宽度。

由于此式（1-1）没有考虑局部缺陷的影响，所以在宽厚比较小时，会得到偏于不安全的结果，在宽厚比较大时，才能适用。若将宽度为 b 的板件的临界屈曲应力（σ_{cr}）表达式与式（1-1）进行对比后，可得 b_e 与 b 之间存在如下关系：

$$\frac{b_e}{b} = \sqrt{\frac{\sigma_{cr}}{f_y}} \tag{1-3}$$

$$b_e = 1.9t\sqrt{\frac{E}{\sigma_{max}}}\left(1 - 0.475\,\frac{t}{b}\sqrt{\frac{E}{\sigma_{max}}}\right) \tag{1-4}$$

对应有

$$\frac{b_e}{b} = \sqrt{\frac{\sigma_{cr}}{f_y}}\left(1 - 0.25\sqrt{\frac{\sigma_{cr}}{f_y}}\right) \tag{1-5}$$

式（1-4）说明：有效宽度不仅依赖于板的边缘最大应力，而且也依赖于板件的实际宽厚比 b/t。与卡门（Karman）的有效宽度公式相比，温特（Winter）公式考虑了初始缺陷等因素的影响，且在宽厚比较小时也能给出较为合理的结果。美国早期的冷成型钢构件设计规范就是以式（1-4）为依据来确定有效宽度的。1968 年该规范又在大量试验研究的基础上，将温特公式进一步修正为

$$b_e = 1.9t\sqrt{\frac{E}{\sigma_{max}}}\left(1 - 0.415\,\frac{t}{b}\sqrt{\frac{E}{\sigma_{max}}}\right) \tag{1-6}$$

该规范以后的版本保留了 0.415 系数，式（1-5）中的系数 0.25 则相应的修改为 0.22（或 0.218），即

$$\frac{b_e}{b} = \sqrt{\frac{\sigma_{cr}}{f_y}}\left(1 - 0.22\sqrt{\frac{\sigma_{cr}}{f_y}}\right) \tag{1-7}$$

此后温特公式一直作为美国、加拿大、澳大利亚和欧洲等国家冷弯型钢结构设计规范中加劲板件的有效宽度计算式。并且在随后的一段时间里，美国一些权威学者经过试验研究认为，温特公式不仅适用于四边简支板，取用相应的板件屈曲系数后，温特公式还可以广泛适用于均匀受压或非均匀受压的各类板件（包括加劲板、边缘加劲板、非加劲板、中间加劲板、带孔板等）。20 世纪 80 年代，美国康奈尔大学佩克厄兹（Peköz）教授经过多年研究提出了受压构件有效宽度的统一化设计方法并被 1986 年版及其后的美国 AISI 设计规范采纳。具体表达式为

$$b_e = \rho b \tag{1-8}$$

$$\rho = \begin{cases} 1 & \lambda \leqslant 0.673 \\ (1 - 0.22/\lambda)/\lambda & \lambda > 0.673 \end{cases} \quad (1 - 9)$$

$$\lambda = \sqrt{f_y/f_{cr}}$$

$$f_{cr} = \frac{k\pi^2 E}{12(1 - \nu^2)(b/t)^2}$$

式中　f_{cr}——弹性局部屈曲临界应力；

　　　k——板件的稳定系数。

1.1.3　屈曲中的相关作用

前面所讨论的屈曲后强度和有效宽度问题都是基于单板进行的，分析中没有考虑组成构件的各板件之间的相互约束作用，必然会带来一定误差。尽管大部分构件或结构失稳时表现为单独的屈曲模式，但是对于相当一部分薄壁构件来说，失稳时更容易表现为两种或更多种屈曲模式之间的耦合，称为相关屈曲。相关屈曲在薄壁构件中主要表现为：局部屈曲模式之间的相关，即板件间的相关屈曲，也称为板组屈曲；局部与整体相关屈曲（包括局部屈曲模式与整体屈曲模式的相关和畸变屈曲模式与整体屈曲模式的相关）；局部与畸变屈曲模式的相关；以及局部、畸变与整体屈曲模式三者之间的相关。

对设计应用的迫切需求，导致研究者不得不考虑对复杂的纯理论分析结果进行各种方式的简化，以便满足实际应用的要求。有效截面法就是其中一种应用最为普遍的简化设计方法。这种简化方法具有的特点是屈曲的相关性采用梁柱的折减抗弯刚度来反映，而结构的整体性能则采用一维梁柱理论来描述。这种折减刚度可通过考虑梁柱的一个短段，并对组成构件的板件采用薄板理论来进行分析确定，也可以通过试验来确定。采用这种方法，汉考克（Hancock）和布拉德福德（Bradford）分别利用考虑了塑性影响的板的非线性方程得到了确定梁柱折减刚度的数值解。目前各国在薄壁结构规范中普遍采用的"有效宽度"或"有效截面"设计方法就是基于上述思想确定的。

近年来，随着冷弯薄壁构件截面形式的增多，相关屈曲领域出现了许多新的研究课题。国外许多学者对这些新型截面构件的局部与整体相关屈曲问题进行了广泛而深入的研究。Z. 克拉科夫斯基（Z. Kolakowski）和 A. 泰特（A. Teter）对腹板中间加劲的各种开口及闭口截面薄壁压弯构件的局部与整体相关屈曲及屈曲后性能进行了研究，考虑了初始缺陷等因素的影响。文献 [6] 通过能量法研究了卷边槽钢受压构件畸变屈曲与弯扭屈曲之间的相关作用，提出了可用于设计的计算表达式，并与有限单元分析方法的结果进行了比较，从而证明了该方法的正确性。文献 [7] 对开孔薄壁构件的相关屈曲进行了研究，校核了开孔截面的有效宽度设计公式，并采用临界分岔荷载公式这种新的方法与欧洲规范进行了对比，从而确定了适合不同开孔形式截面的缺陷参数。

在国内，郭彦林和陈绍蕃采用弹塑性大挠度有限条法分析了冷弯薄壁型钢柱局部与整体屈曲相关作用问题，提出了一种伴随"短柱段"M—P—φ 曲线的梁柱算法，用于计算柱的极限承载力。分析中考虑了加载方式的影响，并进行了大量的试验研究。沈祖炎和张其林基于拉格朗日总体坐标描述法，采用基希霍夫（Kirchhoff）应力张量和格林（Green）应变张量表达，导出了适合分析薄壁构件任意截面形式和边界条件下非线性稳定问题的曲壳有限单元法。分析中可以考虑初始缺陷、残余应力和材料非线性的影响，是一种对薄壁构件局部与整体相关屈曲极限承载力研究较为有效的理论分析方法，但要求单元划分较为精细，否则影响计算精度。朱慈勉和沈祖炎提出了一种全新的混合有限元模型，来分析薄壁柱局部屈曲与整体屈曲相互作用问题。这种模型将平面壳单元、杆单元以及线单元联合应用于薄壁柱的非线性反应分析，考虑了柱子的各种初始缺陷和残余应力的影响。计算结果表明，这种混合有限元模型精确、高效，并具有广泛的适用性。陶忠建立了一种分析多波型相关屈曲和屈曲后的迦辽金有限条方法，对腹板中间 V 形加劲卷边槽钢柱的相关屈曲性能进行了理论分析和试验研究。该方法突破了以往模型相关屈曲分析中常用的"缓慢变化函数"的假设，可以考虑各种初始缺陷的影响，但分析中没有考虑材料的非线性。目前各国冷弯薄壁型钢规范大多采用有效宽度法计入板件局部屈曲对整体稳定的影响，体现了局部与整体屈曲的相关关系。

综合以上各国学者对屈曲中各类相关作用问题的研究可以发现：能量法在计算机应用之前，是一种非常有效的手算方法，它求解简单，针对性强，概念清晰，计算耗时短，非常适合于弹性结构分析。缺点是能量法解的精确度很大程度上依赖于位移函数的选取，且理论推导烦琐，不易进行弹塑性分析。有限元法是目前最通用的方法，可以精确模拟结构分析中的各种边界条件和加载方式，考虑几何和材料的双重非线性。缺点是输入工作量大，求解变量多，计算耗时长，但是随着计算机技术的不断发展，这一问题将得到解决。有限条法适合用于棱柱形板壳结构，它的半解析性使得与有限元方法相比可以减小计算量，同时又保留了有限元方法的基本优点。有限条法在条长方向上可以自动适应屈曲半波长的变化，因此特别适用于分析局部屈曲问题。缺点是有限条方法只适用于边界条件为简支的等截面构件，且对处理弹塑性问题有一定的困难。

◇1.2 冷弯薄壁型钢构件的设计方法

与理论分析相比，设计应用方面的研究则显得有些薄弱。虽然冷弯型钢构件在建筑结构中的使用开始于 19 世纪中叶的美国和英国，但直到 20 世纪 40 年代才得到了广泛的应用。

1946 年美国颁布了世界上第一部冷弯型钢结构规范，其 1996 年版本（AISI 1996）目前应用最为广泛。此后，美国、加拿大和墨西哥相继于 2001 年联合推出了第一版北美冷弯型钢结构构件设计规范（以下称 NAS 2001），并于 2004 年对 NAS 2001 的部分内容进行了补充修订。该版本在北美范围内被作为行业标准使用，是目前世界上冷弯型钢结构设计规范中内容最丰富、最全面的规范之一。英国则最早是以 A. H. 奇尔弗（A. H. Chilver）教授的相关工作作为基础，将冷弯型钢结构构件的设计方法作为附录列于修订的 1961 年钢结构规范中。澳大利亚关于冷弯型钢结构构件设计规范的首次发行是在 1974 年，当时主要参考了美国的 1968 年规范。其最新版本是 2018 年发行的 AS/NZS4600：2018，该版本提供了对畸变屈曲模式的设计方法。

我国建筑业应用冷弯型钢始于 20 世纪 50 年代，但工程应用时起时落，直到近些年，冷弯型钢在建筑中的应用才日趋广泛。我国于 1969 年颁布了第一部《弯曲薄壁型钢结构技术规范》草稿，1975 年修订为《薄壁型钢结构技术规范》（TJ 18—75），后来又在此基础上进行了两次修订。它的 2002 年版本《冷弯薄壁型钢结构技术规范》（GB 50018—2002）[59] 对原 1987 年《冷弯薄壁型钢结构技术规范》（GBJ 18—87）进行了全面细致地修订。对构件中受压板件的修订，考虑了板组屈曲的相关性，并对各类截面给出了统一的计算公式，体现了先进性。然而，修订后的均匀受压部分加劲板件的稳定系数 k 取 0.98 偏低。设计人员反映，按此规定卷边槽钢用作檩条时大多数翼缘不能全部有效。经过分析，陈绍蕃教授建议把 k 系数提高为 3.0，并对檩条翼缘全部有效的条件提出了放宽的判别式。

1.2.1　有效截面法

在处理截面板件局部屈曲的理念上，冷弯型钢与热轧型钢结构并不相同。热轧型钢通常采用限制截面板件宽厚比或设置加劲肋等方法，使构件在整体失稳之前不发生板的局部屈曲。冷弯型钢结构设计则不仅允许截面板件出现局部屈曲，还可以利用板件的屈曲后强度。截面板件出现局部屈曲必然会对构件的整体稳定产生影响，即前面提到的局部与整体的相关屈曲问题。准确分析这种相关作用比较复杂，设计中通常采用一种比较简单实用的方法，即有效截面法。

到目前为止，各国规范仍然普遍采用有效截面法进行冷弯薄壁型钢构件的设计。该方法是由前述的有效宽度理论发展而来的，在计算构件的承载力时用有效截面代替原截面以折减刚度，来考虑局部屈曲对整体稳定的影响。虽然各国规范在具体的表达形式上有所区别，但其本质都是由温特有效宽度公式发展而来的。由于温特有效宽度公式是在大量的试验研究基础上得到的，因此有效截面法实际上包括了板件各种初始缺陷、冷弯效应等影响。缺点是该方法在确定有效截面及其几何特性时计算过程非常烦琐，且没有考虑畸变屈曲对构件承载能力的影响。从目前冷弯薄壁型钢构件截面形式复杂化、壁厚超薄化、材料高强化的发展趋势来看，有效截面方法已渐渐显露出了它的不足。

1.2.2　直接强度法

为了弥补设计方法的不足，美国学者谢弗（Shafer）和佩克厄兹于 1998 年首次提出了一种新的冷弯薄壁型钢结构构件设计方法，即直接强度法（direct strength method；DSM），来替代现行规范的设计方法。

确定直接强度法设计公式的过程受到了传统的有效宽度法的启发。AISI 1996 利用佩克厄兹的统一化有效宽度方法来计算受弯构件，对不发生侧向扭转屈曲时的名义弯曲强度 M_n 采用式（1 - 10）计算。

$$M_n = S_{eff} f_y \qquad (1 - 10)$$

式中　S_{eff}——有效截面抵抗矩；

　　　f_y——钢材的屈服强度。

直接强度法引入与有效宽度法相同的折减系数 ρ，但将其应用于全截面，即

$$M_n = \rho M_y = \rho(S_g f_y) = S_g(\rho f_y) \qquad (1 - 11)$$

式中　M_y——截面边缘纤维屈服弯矩；

　　　S_g——毛截面抵抗矩。

由式（1 - 11）可见，虽然 ρ 直接应用于 M_y，但可以更简单地认为 ρ 是屈服应力的折减系数。引入后，式（1 - 11）可改写成

$$M_n = \begin{cases} M_y & \lambda \leqslant 0.673 \\ \sqrt{\dfrac{M_{cr}}{M_y}}\left(1 - 0.22\sqrt{\dfrac{M_{cr}}{M_y}}\right)M_y & \lambda > 0.673 \end{cases} \qquad (1 - 12)$$

式（1-12）即为直接强度法关于受弯构件局部屈曲承载力的最初表达式，在此基础上谢弗和佩克厄兹选取了 17 名科研人员进行的共计 574 根受弯构件的试验结果，经过大量、细致的研究，对式（1-12）中的系数进行了适当的调整。

$$M_n = \begin{cases} M_y & \lambda \leqslant 0.776 \\ \left(\dfrac{M_{cr}}{M_y}\right)^{0.4}\left[1 - 0.15\left(\dfrac{M_{cr}}{M_y}\right)^{0.4}\right]M_y & \lambda > 0.776 \end{cases} \qquad (1-13)$$

式（1-13）即为调整后的直接强度法对受弯构件局部屈曲承载力的计算式。式（1-13）与式（1-12）的表达形式基本一致，只是系数从 0.22 调整为 0.15，指数从 0.5 下调到 0.4。这主要是考虑了板件屈曲后强度对试件承载力提高这一因素的影响。直接强度法关于轴压简支构件局部屈曲承载力的计算表达式沿用了式（1-13）的形式，只是将式中与弯矩有关的 M_y、M_{cr} 替换成与荷载有关的 P_y 和 P_{cr}。

但是，这种方法正处在起步阶段，实际应用还不很成熟。直接强度法的公式仅是在针对几类特定截面形式构件的研究基础上得到的，对于不在研究范围内的一些新型截面形式该方法是否仍能获得满意的效果还有待进一步的研究。目前的直接强度法只能解决简支轴压柱和简支纯弯梁的计算，对于更为复杂的受力状态（例如：压弯、剪切等）及其他边界条件下的计算方法还没有完全形成。当截面的有效形心发生偏移时，利用直接强度法可能会高估构件的极限承载力。在将其广泛应用于生产设计之前，必须对以上问题进行更加深入的研究。直接强度法代表了冷弯型钢构件设计方法的发展方向，随着研究工作的不断深入，这种方法必将日益成熟完善。

◇ 1.3　直接强度法的研究进展

与世界各国冷弯型钢结构设计规范中普遍采用的有效截面法相比，直接强度法不但考虑了截面畸变屈曲对构件承载力的影响，而且计算上更为简便，精度更高，是计算薄壁构件承载力非常有效的新方法。该方法不必对截面中的每个板件进行有效宽度及有效截面特性的计算，而是应用全截面几何特性对整个截面使用一种强度曲线。该方法包含了局部屈曲的相关作用，并将畸变屈曲模式作为独立的影响因素来考虑，若在计算整个截面考虑板组效应的弹性局部屈曲临界应力和弹性畸变屈曲临界应力时，采用便捷、高精度的弹性屈曲数值解法来取代原有的手算方法，会使计算更加简便。直接强度法比有效宽度法具有更广阔的应用前景，尤其是在对截面形状复杂的构件进行承载力计算时，直接强度法将显现出有效宽度方法无法比拟的优越性。这也必将推动冷弯型钢截面向最优化的方向发展，从而可以更为充分地发挥材料的性能。

如前文所述，直接强度法缘起于国外，且已经形成了关于受弯构件局部屈曲承载力的最初表达式（1-13）。随后，沙费尔（Schafer）给出了受弯构件分别考虑局部和整体的相关屈曲以及畸变屈曲的直接强度法公式，分别见式（1-14）～式（1-16）。

（1）受弯构件局部和整体的相关屈曲：

$$M_{nL} = \begin{cases} M_{ne} & \lambda_L \leqslant 0.776 \\ \left[1 - 0.15\left(\dfrac{M_{crL}}{M_{ne}}\right)^{0.4}\right]\left(\dfrac{M_{crL}}{M_{ne}}\right)^{0.4} M_{ne} & \lambda_L > 0.776 \end{cases} \quad (1\text{-}14)$$

$$\lambda_L = \sqrt{M_{ne}/M_{crL}}$$

$$M_{ne} = \begin{cases} M_{cre} & M_{cre} < 0.56M_y \\ \dfrac{10}{9}M_y\left(1 - \dfrac{10M_y}{36M_{cre}}\right) & 0.56M_y \leqslant M_{cre} < 2.78M_y \\ M_y & M_{cre} \geqslant 2.78M_y \end{cases} \quad (1\text{-}15)$$

式中　M_{crL}——弹性局部屈曲荷载；

　　　M_{ne}——不考虑局部屈曲影响的受弯构件的整体屈曲承载力；

　　　M_{cre}——构件的弹性弯扭屈曲荷载。

（2）受弯构件畸变屈曲：

$$M_{nd} = \begin{cases} M_y & \lambda_d \leqslant 0.673 \\ \left[1 - 0.22\left(\dfrac{M_{crd}}{M_y}\right)^{0.5}\right]\left(\dfrac{M_{crd}}{M_y}\right)^{0.5} M_y & \lambda_d > 0.673 \end{cases} \quad (1\text{-}16)$$

$$\lambda_d = \sqrt{M_y/M_{crd}}$$

式中　M_{crd}——弹性畸变屈曲荷载。

2002 年，沙费尔又通过和已有受压构件试验数据的对比，把直接强度法引入到了受压构件中，具体的表达式为：

（1）受压构件局部和整体的相关屈曲：

$$P_{nL} = \begin{cases} P_{ne} & \lambda_L \leqslant 0.776 \\ \left[1 - 0.15\left(\dfrac{P_{crL}}{P_{ne}}\right)^{0.4}\right]\left(\dfrac{P_{crL}}{P_{ne}}\right)^{0.4} P_{ne} & \lambda_L > 0.776 \end{cases} \quad (1\text{-}17)$$

$$\lambda_L = \sqrt{P_{ne}/P_{crL}}$$

$$P_{ne} = \begin{cases} (0.658^{\lambda_c^2})P_y & \lambda_c \leqslant 1.5 \\ \left(\dfrac{0.877}{\lambda_c^2}\right)P_y & \lambda_c > 1.5 \end{cases} \quad (1\text{-}18)$$

$$\lambda_c = \sqrt{P_y/P_{cre}}$$

式中　P_{crL}——弹性局部屈曲荷载；

　　　P_{ne}——不考虑局部屈曲影响的整体屈曲承载力；

　　　P_y——全截面屈服荷载；

　　　P_{cre}——弹性整体屈曲荷载（考虑弯曲屈曲、扭转屈曲以及弯扭屈曲三者中最小的整体屈曲荷载）。

（2）受压构件畸变屈曲：

$$P_{nd} = \begin{cases} P_y & \lambda_d \leqslant 0.561 \\ \left[1 - 0.25\left(\dfrac{P_{crd}}{P_y}\right)^{0.6}\right]\left(\dfrac{P_{crd}}{P_y}\right)^{0.6} P_y & \lambda_d > 0.561 \end{cases} \quad (1\text{-}19)$$

可以看出，对局部屈曲的求解，受弯构件和受压构件的表达式基本一致，而畸变屈曲稍有不同，这是为了与试验数据吻合较好而做的适当调整。

沙费尔的上述直接强度法计算受弯构件和受压构件极限承载力的方法已经作为附录的形式被写入到最新的美国冷弯薄壁型钢规范 AISI 2004 中，同时最新的澳大利亚/新西兰规范 AS/NZS4600：2018 也引入了直接强度法。在之后的研究中，沙费尔对直接强度法的使用方法进行了详细的说明。无论是计算受弯构件还是受压构件，对于局部屈曲来说都考虑了局部屈曲与整体屈曲的相关影响，但对于畸变屈曲来说没有考虑畸变屈曲与整体屈曲的相关影响，原因是沙费尔认为畸变屈曲多表现为单独发生，很少与整体屈曲同时发生。

汉考克也给出了直接强度法的计算公式，与沙费尔给出的公式基本一致，但是在考虑畸变屈曲的时候汉考克认为畸变屈曲和整体屈曲也存在相关作用，不能在畸变屈曲公式中简单地用 P_y 和 M_y，而是应该也像局部屈曲的公式中那样用 P_{ne} 和 M_{ne} 来考虑整体屈曲的影响。另外，汉考克的求解受弯构件的畸变屈曲的公式与沙费尔的也有差别，沙费尔公式中的系数和指数分别为 0.22 和 0.5，而汉考克公式中的分别为 0.25 和 0.6；分界点也不同，沙费尔为 0.673，汉考克为 0.561。

计算简便是这一方法的最大特点，随着截面越来越复杂，直接强度法的优势更加明显。

国内外对 C 形和 Z 形截面的受弯构件的局部屈曲和畸变屈曲性能进行了试验研究，并且与几本规范得到的结果和直接强度法得到的结果进行了对比，结果发现，直接强度法的计算结果与试验值更接近。研究在已有的复杂卷边固支柱的试验结果的基础上，分别运用北美规范 NAS 2001、澳大利亚/新西兰规范 AS/NZS4600：2018 和直接强度法对试件进行了计算，对比发现直接强度法具有很高的精度。文献 [12] 对腹板和翼缘带 V 形中间加劲肋的槽形截面受压构件进行了试验研究，并且与规范和直接强度法进行了对比，指出直接强度法仍有待进一步修正。有学者指出由于截面有效形心发生偏移而产生附加弯矩，使得直接强度法可能会过高的估计构件的极限荷载。我国学者也对直接强度法做了一定的研究工作。同时，沙费尔总结了直接强度法的发展历程以及即将开展的后续研究工作，对直接强度法的前景非常乐观。这种方法仍处于起步阶段，运用到实际当中还有很长的路要走。

AISI 2016 中给出了开孔受弯构件的考虑局部和整体相关屈曲以及畸变屈曲的直接强度法计算公式，分别为：

（1）开孔受弯构件考虑局部和整体相关屈曲：

对于计算开孔梁局部屈曲的名义弯曲强度 M_{ne} 除按不开孔构件来计算以外，还应考虑孔洞的影响来计算弹性局部屈曲荷载 M_{nL}。

$$M_{nL} \leqslant M_{ynet}$$
$$M_{ynet} = S_{fnet} f_y \tag{1-20}$$

式中　M_{ynet}——构件的净截面屈服弯矩；

　　　S_{fnet}——极限纤维在一阶屈服阶段的净截面模量；

　　　f_y——屈服应力。

（2）开孔受弯构件畸变屈曲：

根据不开孔截面考虑畸变屈曲应计算名义抗弯强度 M_{nd}，除 M_{crd} 应考虑孔洞的影响以外，还应考虑以下情况，即当 $\lambda_d \leqslant \lambda_{d2}$ 时：

若 $\lambda_d = \lambda_{d1}$，则

$$M_{nd} = M_{ynet} \tag{1-21}$$

若 $\lambda_{d1} < \lambda_d < \lambda_{d2}$，则

$$M_{nd} = M_{ynet} - \left(\frac{M_{ynet} - M_{d2}}{\lambda_{d2} - \lambda_{d1}}\right)(\lambda_d - \lambda_{d1}) \leqslant \left[1 - 0.22\left(\frac{M_{crd}}{M_y}\right)^{0.5}\right]\left(\frac{M_{crd}}{M_y}\right)^{0.5} M_y \tag{1-22}$$

$$M_y = S_{fy} F_y$$

$$M_{ynet} = S_{fnet} f_y$$

$$\lambda_d = \sqrt{M_y / M_{crd}}$$

$$\lambda_{d1} = 0.673\left(\frac{M_{ynet}}{M_y}\right)^3$$

$$\lambda_{d2} = 0.673\left[1.7\left(\frac{M_y}{M_{ynet}}\right)^{2.7} - 0.7\right]$$

$$M_{d2} = \left[1 - 0.22\left(\frac{1}{\lambda_{d2}}\right)\right]\left(\frac{1}{\lambda_{d2}}\right)M_y$$

式中　M_{crd}——包括孔影响的畸变屈曲力矩；

　　λ_{d2}——包括孔的影响的畸变屈曲力矩；

　　M_y——构件的屈服弯矩；

　　M_{ynet}——构件净截面屈服弯矩；

　　S_{fy}——极限纤维在一阶屈服阶段的毛截面模量。

目前的直接强度法的计算公式仅是在几种特定截面形式的基础上得到的，其对于其他截面形式的适用性值得进一步研究。该方法只能解决两端简支轴压柱和两端简支纯弯梁的计算，对于非纯弯的受弯构件、压弯构件、腹板压屈、腹板受剪、弯剪组合等复杂受力状态的构件还没有相应的公式。因此，直接强度法还需进行大量的理论分析和试验研究工作，但其巨大的潜力是值得学者们进一步研究的。直接强度法代表了冷弯型钢设计方法的发展方向，随着研究的深入，这种方法也将日臻完善。

第 2 章　单轴对称冷弯薄壁型钢轴压构件极限承载力计算方法

与世界各国冷弯型钢结构设计规范中普遍采用的有效截面法相比，直接强度法不但考虑了截面畸变屈曲对构件承载力的影响，而且计算上更为简便、精度更高。然而，目前直接强度法的研究成果主要针对某些特定截面形式的简支构件，且当截面的高宽比较大时这种方法会给出比较保守的预测结果。因此有必要对直接强度法的适用性和有效性进行深入研究，并在原有研究成果的基础上不断将其扩充完善。

用于校准直接强度法关于柱子设计部分的试验数据，均来自图 2-1 所示的轴心受压简支冷成型钢柱。本专著研究的斜卷边槽形截面、复杂卷边槽形截面以及弧形卷边槽形截面并不包含在上述截面形式中，对这些截面形式的简支构件直接强度法现有计算公式是否仍能满足要求还需进一步验证。此外，对于单轴对称冷弯薄壁型钢构件而言，固支柱的承载力不能简单地采用柱长的一半作为计算长度代入简支柱的计算方法来计算。这是因为局部屈曲对简支柱和固支柱承载力特性的影响有很大区别。在简支柱中，截面有效形心的偏移会导致所施加的外荷载产生附加偏心距，并因此导致构件的整体弯曲；在固支柱中，有效形心的偏移与所施加荷载的偏移量相当，局部屈曲不会导致构件整体弯曲的发生。也正是受这一因素的影响，单轴对称冷弯薄壁型钢固支柱的承载力往往高于相同计算长度条件下简支柱的承载力。显然，对固支柱采用与简支柱相同的直接强度法计算公式很难真实地反映固支柱的承载力特性，因此尚应单独建立固支柱承载力的直接强度法计算表达式。对于单轴对称冷弯薄壁型钢压弯构件而言，由于有效截面法采用有效截面来代替全截面进行计算，能够自动考虑因截面有效形心偏移所产生的附加弯矩对构件承载力的影响；直接强度法始终采用全截面计算，如何考虑截面有效形心的偏移是直接强度法急需解决的问题。

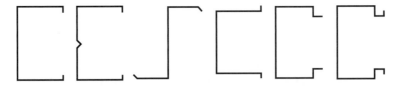

图 2-1　校验直接强度法的柱截面形式

本章将围绕上述问题，针对单轴对称冷弯薄壁型钢截面形式开展受压构件极限承载力的直接强度计算方法研究，所得结论可为今后的工程应用和规范修订提供参考。

◆2.1　截面几何特性的简化计算公式

在利用直接强度法求解构件极限承载力的过程中，要用到不同屈曲模式的弹性屈曲应力。弹性屈曲应力既可以通过有限条或有限元特征值分析得到，也可以通过各屈曲应力的计算表达式手算进行求解。从实际工程应用的角度出发，手算求解的方法更容易被设计人员所接受，但在求解畸变屈曲和整体屈曲临界应力之前，必须首先求得截面的各项几何特性。

以截面各板件轴线尺寸为变量，经计算整理后得出了斜卷边槽形截面和复杂卷边槽形截面各项几何特性的通用简化计算公式（计算中忽略了弯角部分的影响），方便了手算求解构件的屈曲应力。

2.1.1　斜卷边槽形截面几何特性的计算

图 2 - 2 （a）、（b）分别给出了斜卷边槽形截面全截面和翼缘与卷边组合截面的各几何参数定义，图中的几何尺寸均表示各板件的轴线尺寸。其中，x（x_f）和 y（y_f）为截面的形心轴；c（c_f）、s（s_f）分别为截面的形心和剪心；x_o（x_{of}）和 0（y_{of}）为截面剪心在形心轴上的坐标值；m、$\overline{x}$ 分别为全截面的剪心、形心与腹板中点之间的距离；h_{xf} 为翼缘与腹板交点在 x_f 方向上的坐标值，按图 2 - 2 定义时为负值，因此有 $x_{of} - h_{xf} = b$。

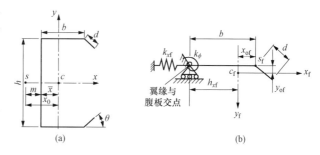

图 2 - 2　斜卷边槽形截面计算简图及模型
(a) 斜卷边槽钢截面计算简图；(b) 畸变屈曲计算模型

1. 全截面几何特性的计算

全截面面积 A、惯性矩 I_x、I_y 及 $\overline{x}$、x_{of}、I_{yf}、m 和扇性惯性矩 I_ω、扭转惯性矩 I_t 等分别按照下面各式进行计算。

$$A = (h + 2b + 2d)t \tag{2-1}$$

$$I_x = t[h^3 + 6(b+d)h^2 + 2bt^2 - 12hd^2\sin\theta + 8d^3\sin^2\theta]/12 \tag{2-2}$$

$$I_y = ht^3/12 + ht\overline{x}^2 + 2I_{yf} + 2(b - x_{of} - \overline{x})^2(b+d)t \tag{2-3}$$

$$\overline{x} = (b^2 + 2bd + d^2\cos\theta)/(h + 2b + 2d)$$

$$x_{of} = (b^2 - d^2\cos\theta)/[2(b+d)] \tag{2-4}$$

$$I_{yf} = t[b^4 + 4b^3d + 6b^2d^2\cos\theta + (4b+d)d^3\cos^2\theta]/[12(b+d)] \tag{2-5}$$

斜卷边槽钢截面中线由直线段组成，y 值及 ω 均为坐标的线性函数。因此可以将求解扇性惯性积 $I_{x\omega D}$ 及扇性惯性矩 I_ω 的积分运算利用图乘法化为比较简单的代数运算。以腹板轴线与 x 轴交点 D 为极点绘制扇性坐标 ω_D [图 2 - 3 （a）]，将其与 [图 2 - 3 （b）] 进行图乘，再乘以板件厚度 t 就可得到 $I_{x\omega D}$。$I_{x\omega D}$ 已知后，便可利用式（2 - 6）求解剪心 s 与 D 点间的距离 m。

$$m = I_{x\omega D}/I_x = t[3h^2(b^2 + 2bd + d^2\cos\theta) - 2d^3(h\sin2\theta + 4b\sin^2\theta)]/(12I_x) \tag{2-6}$$

确定了剪心 s 的位置后，以 s 为极点绘制主扇性坐标 ω_s [图 2 - 3 （c）]，同样利用图乘法可得 I_ω 的表达式为

$$I_\omega = \int_A \omega_s^2 \, dA = \frac{1}{3}\sum t_i l_i(\omega_{ai}^2 + \omega_{ai}\omega_{bi} + \omega_{bi}^2) \tag{2-7}$$

式中　t_i、l_i——分别为截面上第 i 个直线段的板厚和长度；

ω_{ai}、ω_{bi}——第 i 个直线段两端的扇性坐标值。

代入具体数值并化简整理后可得

$$I_\omega = t[b^3h^2 + d^3(2b\sin\theta + h\cos\theta)^2 + 3b^2h^2d + 3bhd^2(2b\sin\theta + h\cos\theta)$$
$$+ md^2(8bd\sin^2\theta + 2hd\sin2\theta - 3h^2\cos\theta) \qquad (2-8)$$
$$- mbh^2(3b + 6d)]/6 + m^2(I_x - bt^3/6)$$

扭转惯性矩：
$$I_t = t^3(h + 2b + 2d)/3 \qquad (2-9)$$

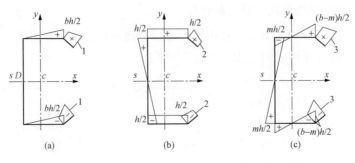

图 2-3　扇性坐标、扇性惯性积及扇性惯性矩的计算

(a) ω_D 图；(b) y 图；(c) ω_S 图

注：1 为 $bh/2 + (h\cos\theta/2 + b\sin\theta)d$；2 为 $h/2 - d\sin\theta$；3 为 $[(m+b)\sin\theta + h\cos\theta/2]d + (b-m)h/2$

2. 卷边与翼缘组合截面几何特性的计算

卷边与翼缘组合截面 [图 2-2 (b)] 几何特性的计算方法与 2.1.1 中 1. 相同，具体公式如下：

$$A_f = (b+d)t \qquad (2-10)$$

$$y_{of} = -d^2\sin\theta/[2(b+d)] \qquad (2-11)$$

$$I_{xf} = t[(b+d)bt^2 + (4b+d)d^3\sin^2\theta]/[12(b+d)] \qquad (2-12)$$

$$I_{xyf} = tbd^2(b+d\cos\theta)\sin\theta/[4(b+d)] \qquad (2-13)$$

$$I_{tf} = t^3(b+d)/3 \qquad (2-14)$$

$$I_{\omega f} = 0 \qquad (2-15)$$

x_{of}、I_{yf} 的计算公式见式（2-4）和式（2-5）。

2.1.2　复杂卷边槽形截面几何特性的计算

图 2-4 (a)、(b) 分别给出了复杂卷边槽形截面全截面和翼缘与卷边组合截面的各几何参数定义，图中的几何尺寸均表示各板件的轴线尺寸。取内向弯钩复杂卷边槽形截面为研究对象计算各项几何特性，对于内向弯折复杂卷边槽形截面，仅需将 $a_2 = 0$ 代入各公式中即可。

1. 全截面几何特性的计算

复杂卷边槽钢全截面几何特性的计算方法及步骤与斜卷边槽钢一致。

$$A = (h + 2b + 2d_1 + 2a_1 + 2a_2)t \qquad (2-16)$$

$$\overline{x} = [b^2 + 2b(d_1 + a_1 + a_2) - a_1(a_1 + 2a_2)]/[h + 2(b + d_1 + a_1 + a_2)] \qquad (2-17)$$

$$I_x = h^3t/12 + 2I_{xf} + 2(b + d_1 + a_1 + a_2)(h/2 + h_{yf})^2t \qquad (2-18)$$

$$I_{xf} = t[(b + a_1)t^2 + d_1^3 + a_2^2]/12 + bth_{yf}^2 + d_1t(d_1/2 + h_{yf})^2$$

$$+a_1t(d_1+h_{yf})^2+a_2t(d_1+h_{yf}-a_2/2)^2 \tag{2-19}$$

$$h_{yf}=-[d_1^2+2d_1(a_1+a_2)-a_2^2]/[2(b+d_1+a_1+a_2)] \tag{2-20}$$

$$I_y=ht^3/12+ht\overline{x}^2+2I_{yf}+2(b+d_1+a_1+a_2)(\overline{x}+h_{xf})^2t \tag{2-21}$$

$$I_{yf}=t[b^3+a_1^3+(d_1+a_2)t^2]/12+bt(b/2+h_{xf})^2+d_1t(b+h_{xf})^2$$
$$+a_1t(b+h_{xf}-a_1/2)^2+a_2t(b+h_{xf}-a_1)^2 \tag{2-22}$$

$$h_{xf}=-[b^2+2b(d_1+a_1+a_2)-a_1^2-2a_1a_2]/[2(b+d_1+a_1+a_2)] \tag{2-23}$$

$$m=t\{3h^2(b^2+2bd_1+2ba_1-a_1^2)+12a_1d_1(a_1h-a_1d_1-2bd_1)-8bd_1^3+8(a_1-b)a_2^3$$
$$+24bd_1a_2^2+6a_2[(b-a_1)h^2-4(b+a_1)d_1^2+4a_1d_1h]\}/(12I_x) \tag{2-24}$$

$$I_\omega=2t[(b+d_1)c_1^2+(d_1+a_1)c_2^2+(a_1+a_2)c_3^2+a_2c_4^2+d_1c_1c_2+a_1c_2c_3$$
$$+a_2c_3c_4-bmhc_1/2+m^2h^2(2b+h)/8]/3 \tag{2-25}$$

$$c_1=(b-m)h/2$$

$$c_2=c_1+d_1(m+b)$$

$$c_3=c_2-a_1(h/2-d_1)$$

$$c_4=c_3-a_2(b+m-a_1)$$

$$I_t=t^3(h+2b+2d_1+2a_1+2a_2)/3 \tag{2-26}$$

截面为内向弯折复杂卷边槽钢时无 c_4。

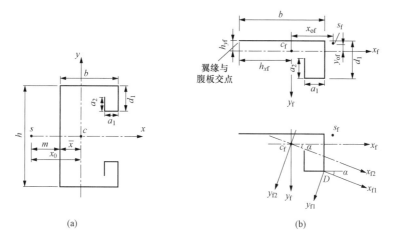

图 2-4　复杂卷边槽形截面计算简图

(a) 复杂卷边槽钢截面；(b) 翼缘与复杂卷边组合体截面

2. 卷边与翼缘组合截面几何特性的计算

复杂卷边槽钢的卷边与翼缘组合截面几何特性的计算过程与前面有所区别，主要是确定截面剪心位置的计算相对复杂些。这是因为复杂卷边槽钢的卷边与翼缘组合截面为不对称截面，且其剪心位置又不像斜卷边槽钢卷边与翼缘组合截面那样可以直接确定，因此必须首先确定截面的主惯性轴［图 2-4 (b) 中的 x_{f1}、y_{f1} 为截面的主惯性轴，x_{f2}、y_{f2} 为截面的形心主惯性轴］。这部分内容在文献［10］和［11］中有详细的介绍，以下仅将各量经过计算整理后的最终结果给出。

$$A_f=(b+d_1+a_1+a_2)t \tag{2-27}$$

$$I_{xyf} = bth_{yf}(b/2 + h_{xf}) + d_1 t(b + h_{xf})(d_1/2 + h_{yf})$$
$$+ a_1 t(d_1 + h_{yf})(b + h_{xf} - a_1/2) + a_2 t(d_1 + h_{yf} - a_2/2)(b + h_{xf} - a_1) \quad (2-28)$$

$$I_{tf} = t^3(b + d_1 + a_1 + a_2)/3 \quad (2-29)$$

h_{xf}、h_{yf}、I_{xf}、I_{yf} 的计算公式分别见式（2-23）、式（2-20）、式（2-19）、式（2-22）。

主惯性轴与 x_f 轴的夹角：

$$\alpha = -\frac{1}{2}\tan^{-1}\left(\frac{2I_{xyf}}{I_{xf} - I_{yf}}\right) \quad (2-30)$$

截面的形心主惯性矩：

$$\begin{matrix} I_{xf2} \\ I_{yf2} \end{matrix} = \frac{I_{xf} + I_{yf}}{2} \mp \sqrt{\left(\frac{I_{yf} - I_{xf}}{2}\right)^2 + I_{xyf}^2} \quad (2-31)$$

剪心在 $x_{fl} D y_{fl}$ 坐标系下的坐标 $s_f(x_{ofl}, y_{ofl})$：

$$x_{ofl} = -tb^2 d_1 \sin\alpha (3h_{yf}\cot\alpha - 3h_{xf} - b)/(6I_{xf2})$$
$$+ ta_1 a_2^2 \sin\alpha [(3d_1 + 3h_{yf} - 2a_2)\cot\alpha - 3(b + h_{xf} - a_1)]/(6I_{xf2}) \quad (2-32)$$

$$y_{ofl} = tb^2 d_1 \cos\alpha (3h_{xf} + 3h_{yf}\tan\alpha + b)/(6I_{yf2})$$
$$- ta_1 a_2^2 \cos\alpha [3(b + h_{xf} - a_1) + (3d_1 + 3h_{yf} - 2a_2)\tan\alpha]/(6I_{yf2}) \quad (2-33)$$

剪心在 $x_f c_f y_f$ 坐标系下的坐标 $s_f(x_{of}, y_{of})$：

$$x_{of} = x_{ofl}\cos\alpha - y_{ofl}\sin\alpha + b + h_{xf} \quad (2-34)$$

$$y_{of} = y_{ofl}\cos\alpha + x_{ofl}\sin\alpha + d_1 + h_{yf} \quad (2-35)$$

主扇性惯性矩：

$$I_{\omega f} = t[(g_0^2 + g_0 + g_1 + g_1^2)b + (g_1^2 + g_1 g_2 + g_2^2)d_1$$
$$+ (g_2^2 + g_2 g_3 + g_3^2)a_1 + (g_3^2 + g_3 g_4 + g_4^2)a_2]/3 \quad (2-36)$$

$$g_0 = -G$$
$$g_1 = G_1 - G$$
$$g_2 = G_2 - G$$
$$g_3 = G_3 - G$$
$$g_4 = G_4 - G$$
$$G = t[bG_1 + d_1(G_1 + G_2) + a_1(G_2 + G_3) + a_2(G_3 + G_4)]/(2A_f)$$
$$G_1 = -b(y_{of} - h_{yf})$$
$$G_2 = G_1 + d_1(x_{of} - h_{xf} - b)$$
$$G_3 = G_2 - a_1(d_1 - y_{of} + h_{yf})$$
$$G_4 = G_3 - a_2(x_{of} - h_{xf} - b + a_1)$$

截面为内向弯折复杂卷边槽钢时无 g_4 和 G_4 项。

◇2.2 弹性屈曲应力的求解

单轴对称冷弯薄壁型钢轴压构件的失稳模式包括板件的局部屈曲、截面的畸变屈曲和构件的整体屈曲，以及上述各种屈曲模式之间的相关屈曲。

2.2.1　板件的局部相关屈曲应力

板件的弹性局部相关屈曲应力，可以通过式（2-37）、式（2-38）得到。

$$k_{\text{w}} = 7 - \frac{1.8\dfrac{b}{h}}{0.15 + \dfrac{b}{h}} - 1.43\left(\frac{b}{h}\right)^{3} \tag{2-37}$$

$$\sigma_{\text{crL}} = k_{\text{w}}\pi^{2}E/\left[12(1-\upsilon^{2})(h/t)^{2}\right] \tag{2-38}$$

式中　k_{w}——腹板的局部相关屈曲系数；

b、h——分别为翼缘和腹板的宽度，计算时取板件中心线之间的距离，忽略弯角部分的影响。

将 k_{w} 代入式（2-38）便可求得弹性局部相关屈曲应力。

2.2.2　截面的畸变屈曲应力

1. 刘（Lau）和汉考克方法

刘和汉考克于 1987 年提出了带卷边开口截面畸变屈曲应力的简化计算方法，其公式来源于图 2-5 所示的翼缘与卷边组合体绕翼缘—腹板交线扭转屈曲的分析。分析中假定组合体截面本身不发生畸变，而腹板对其提供刚度为 k_{φ} 的转动约束和刚度为 k_{xf} 的侧向平动约束。对于卷边向截面内侧弯折的截面而言，由于腹板提供给翼缘的侧向约束作用很小，因此在分析中近似认为 k_{xf} 等于零。此模型与普通直角卷边槽钢的区别在于其翼缘与卷边组合体的剪心（s_{f}）并不在翼缘与卷边的交点处，因此由它得到的畸变屈曲应力表达式更具有普遍意义。目前该方法已经被澳大利亚/新西兰规范 AS/NZS4600：2018 规范采用，畸变屈曲应力的具体计算方法如下：

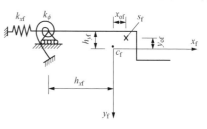

图 2-5　畸变屈曲计算模型

$$\sigma_{\text{crd}} = \frac{E}{2A_{\text{f}}}\left[\alpha_{1} + \alpha_{2} - \sqrt{(\alpha_{1}+\alpha_{2})^{2} - 4\alpha_{3}}\right] \tag{2-39a}$$

$$\alpha_{1} = \frac{\eta}{\beta_{1}}(\beta_{2} + 0.039I_{\text{rf}}\lambda^{2}) + \frac{k_{\phi}}{\beta_{1}\eta E} \tag{2-39b}$$

$$\alpha_{2} = \eta\left(I_{\text{yf}} - 2y_{\text{of}}\frac{\beta_{3}}{\beta_{1}}\right) \tag{2-39c}$$

$$\alpha_{3} = \eta\left(\alpha_{1}I_{\text{yf}} - \frac{\eta}{\beta_{1}}\beta_{3}^{2}\right) \tag{2-39d}$$

$$\beta_{1} = h_{xf}^{2} + (I_{xf} + I_{yf})/A_{\text{f}} \tag{2-39e}$$

$$\beta_{2} = I_{\omega f} + I_{xf}(x_{\text{of}} - h_{xf})^{2} \tag{2-39f}$$

$$\beta_{3} = I_{xyf}(x_{\text{of}} - h_{xf}) \tag{2-39g}$$

$$\beta_{4} = \beta_{2} + (y_{\text{of}} - h_{yf})[I_{yf}(y_{\text{of}} - h_{yf}) - 2\beta_{3}] \tag{2-39h}$$

$$\lambda = 4.80\left(\frac{\beta_{4}h}{t^{3}}\right)^{0.25} \tag{2-39i}$$

$$\eta = (\pi/\lambda)^{2} \tag{2-39j}$$

$$k_{\phi} = \frac{Et^{3}}{5.46(h + 0.06\lambda)}\left[1 - \frac{1.11\sigma'}{Et^{2}}\left(\frac{h^{2}\lambda}{h^{2}+\lambda^{2}}\right)^{2}\right] \tag{2-39k}$$

式中，σ' 为 $k_\phi = 0$ 时由式（2 - 39a）求得的 σ_{crd} 值；$\dfrac{Et^3}{5.46(h + 0.06\lambda)}$ 为不受力的腹板所提供的约束刚度，其分母中的 5.46 是 $2/[12(1 - v^2)]$，$1 - \dfrac{1.11\sigma'}{Et^2}\left(\dfrac{h^2\lambda}{h^2 + \lambda^2}\right)^2$ 是压应力使腹板刚度减小的折减系数，其中的 1.11 是 $12(1 - v^2)/\pi^2$。

普通卷边槽钢翼缘与卷边组合体的 $I_{\omega f} = 0$，$x_{of} - h_{xf} = b$，因此其畸变屈曲应力的计算表达式可在上述公式的基础上对相关量进行合并化简后得到。以上公式适用于截面高宽比（h/b）在 0.5～2.5 之间，若 $h/b > 2.5$，则公式偏于不安全。此外式（2 - 39k）中的系数 0.06λ 是在卷边垂直于翼缘的情况下，经过大量参数分析后确定的。对于卷边与翼缘不垂直的斜卷边槽钢而言，该系数还需通过进一步的参数分析来修正，但目前尚未见到有资料发表。

2. 沙费尔方法

沙费尔在对梁的畸变屈曲研究基础上于 2002 年导出了适用于柱子畸变屈曲应力的计算公式，计算模型为图 2 - 2（b）所示的斜卷边槽钢翼缘与卷边组合截面。图中 k_{xf} 为弹簧的侧向位移刚度，分析中也近似认为 k_{xf} 等于零；k_ϕ 为翼缘与腹板交点处弹簧的转动刚度，将其视为弹性刚度 $k_{\phi e}$ 及与外力作用有关的几何刚度 $k_{\phi g}$ 之和，分别由翼缘和腹板提供。翼缘提供 $k_{\phi fe}$ 和 $k_{\phi fg}$，腹板提供 $k_{\phi we}$ 和 $k_{\phi wg}$。它们与畸变屈曲应力 σ_{crd} 存在如下关系：

$$\sigma_{crd} = \frac{k_{\phi fe} + k_{\phi we}}{k_{\phi fg} + k_{\phi wg}} \tag{2 - 40a}$$

$$k_{\phi fe} = \left(\frac{\pi}{L_{cr}}\right)^4 \left[E(x_{of} - h_{xf})^2 I_{xf} + EI_{\omega f} - E(x_{of} - h_{xf})^2 \frac{I_{xyf}^2}{I_{yf}}\right] + \left(\frac{\pi}{L_{cr}}\right)^2 GI_{tf} \tag{2 - 40b}$$

$$\begin{aligned}k_{\phi fg} = (\pi/L_{cr})^2 \{A_f[&(x_{of} - h_{xf})^2 I_{xyf}^2/I_{yf}^2 - 2y_{of}(x_{of} - h_{xf})I_{xyf}/I_{yf} \\ &+ h_{xf}^2 + y_{of}^2] + I_{xf} + I_{yf}\}\end{aligned} \tag{2 - 40c}$$

$$L_{cr} = \left\{\frac{6\pi^4 h(1 - v^2)}{t^3}\left[(x_{of} - h_{xf})^2 I_{xf} + I_{\omega f} - (x_{of} - h_{xf})^2 \frac{I_{xyf}^2}{I_{yf}}\right]\right\}^{1/4} \tag{2 - 40d}$$

$$k_{\phi we} = \frac{Et^3}{6h(1 - v^2)} \tag{2 - 40e}$$

$$k_{\phi wg} = \frac{\pi^2 th^3}{60L_{cr}^2} \tag{2 - 40f}$$

式中　　L_{cr}——畸变屈曲半波长。

如果设置了阻止畸变屈曲发生的侧向支撑且支撑点间距小于 L_{cr} 时，则以上各式中均应以支撑点间距代替 L_{cr} 值进行计算。

以上两种方法的适用范围略有区别，在后续分析中采用沙费尔方法计算斜卷边槽钢截面的畸变屈曲应力，其余截面的畸变屈曲应力采用刘和汉考克的方法计算。

2.2.3　构件整体的弹性屈曲应力

单轴对称冷弯薄壁型钢轴心受压构件的整体失稳模式共有两种：一种是绕非对称轴（y 轴）发生弯曲屈曲，屈曲应力以 σ_{cry} 表示；另一种是绕对称轴（x 轴）的弯曲和绕纵轴扭转的弯扭屈曲，屈曲应力以 $\sigma_{crx\omega}$ 表示。二者的计算方法如下：

$$\sigma_{cry} = \pi^2 E/\lambda_y^2 \tag{2 - 41}$$

$$\lambda_y = l_{ey}/i_y$$

$$i_y = \sqrt{I_y/A}$$

式中　λ_y——绕 y 轴的长细比；

　　　i_y——绕 y 轴的回转半径；

　　　l_{ey}——绕 y 轴的计算长度。

$$\sigma_{cr\omega} = \frac{(\sigma_{crx} + \sigma_{cr\omega}) - \sqrt{(\sigma_{crx} + \sigma_{cr\omega})^2 - 4\sigma_{crx}\sigma_{cr\omega}\left[1 - (x_0/i_0)^2\right]}}{2\left[1 - (x_0/i_0)^2\right]} \tag{2-42}$$

$$\sigma_{crx} = \pi^2 E/\lambda_x^2 \tag{2-43}$$

$$\lambda_x = l_{ex}/i_x$$

$$i_x = \sqrt{I_x/A}$$

$$i_0^2 = (I_x + I_y)/A + x_0^2$$

$$\sigma_{cr\omega} = \frac{1}{i_0^2 A}\left(\frac{\pi^2 E I_\omega}{l_{e\omega}^2} + GI_t\right) \tag{2-44}$$

式中　σ_{crx}——构件绕对称轴的弯曲屈曲应力，按式（2-43）计算；

　　　$\sigma_{cr\omega}$——构件的扭转屈曲应力，按式（2-44）计算；

　　　x_0——截面剪心与形心之间的距离［见图 2-2（a）］；

　　　i_0——极回转半径；

　　　λ_x——绕 x 轴的长细比；

　　　i_x——绕 x 轴的回转半径；

　　　l_{ex}——绕 x 轴的计算长度；

　　　$l_{e\omega}$——扭转屈曲计算长度。

构件最终的整体屈曲应力为：
$$\sigma_{cr} = \min(\sigma_{cry}, \sigma_{cr\omega}) \tag{2-45}$$

◆ 2.3　轴心受压构件极限承载力的直接强度法

直接强度计算法起源于国外，公式中各参数的确定均依赖于国外某些特定截面形式构件的试验研究。我国常用的冷弯薄壁型钢受压构件截面及材料的力学性能等均与国外有一定的差别，且计算中用到的构件整体稳定系数 φ 的确定方法也有所区别。因此有必要结合我国冷弯薄壁型钢构件的特点，通过细致、深入的研究建立适合于我国的直接强度计算方法。

2.3.1　国内现有直接强度法计算过程简介

直接强度法考虑了局部与整体的相关屈曲以及畸变与整体的相关屈曲。

如前文所述，局部与整体相关屈曲极限荷载（P_{nL}）的计算公式为

$$P_{nL} = \begin{cases} P_{ne} & \lambda_L \leqslant 0.776 \\ \left[1 - 0.15\left(\dfrac{P_{crL}}{P_{ne}}\right)^{0.4}\right]\left(\dfrac{P_{crL}}{P_{ne}}\right)^{0.4} P_{ne} & \lambda_L > 0.776 \end{cases} \tag{2-46}$$

$$\lambda_L = \sqrt{P_{ne}/P_{crL}}$$

$$P_{crL} = A\sigma_{crL}$$

$$P_{ne} = A\varphi f_y \tag{2-47}$$

$$\varphi = \begin{cases} (0.658)^{\lambda^2} & \lambda \leqslant 1.5 \\ 0.877/\lambda^2 & \lambda > 1.5 \end{cases} \tag{2-48}$$

$$\lambda = \sqrt{f_y/\sigma_{cr}}$$

式中　P_{ne}——构件的整体屈曲荷载；

　　　A——构件的截面面积；

　　　f_y——材料的屈服强度；

　　　φ——折减系数；

　　　σ_{cr}——复杂卷边槽钢轴压构件整体屈曲应力。

畸变与整体相关屈曲极限荷载（P_{nd}）的公式为

$$P_{nd} = \begin{cases} P_{ne} & \lambda_d \leqslant 0.561 \\ \left[1-0.25\left(\dfrac{P_{crd}}{P_{ne}}\right)^{0.6}\right]\left(\dfrac{P_{crd}}{P_{ne}}\right)^{0.6} P_{ne} & \lambda_d > 0.561 \end{cases} \tag{2-49}$$

$$\lambda_d = \sqrt{P_{ne}/P_{crd}}$$

$$P_{crd} = A\sigma_{crd}$$

构件最终的极限承载力为　　　　　$P_n = \min(P_{nL}, P_{nd}) \tag{2-50}$

式（2-49）不同于式（2-46）的原因是畸变屈曲后强度提高的幅度不如局部屈曲。因此，从极限承载力着眼，对畸变屈曲采用了较为保守的公式。这样即使在 $\sigma_{crd} > \sigma_{crL}$ 的情况下，畸变屈曲仍然有可能控制设计。以上各公式均未考虑抗力分项系数，用于设计时需将公式中 P_{ne} 的 f_y 换成 f。

2.3.2　斜卷边槽钢轴压构件的直接强度法研究

本节以第 3 章的参数分析结果为依据，建立斜卷边槽钢轴压构件极限承载力的直接强度计算公式。

在计算构件的整体屈曲荷载 P_{ne} 时，采用我国《冷弯薄壁型钢结构技术规范》（GB 50018—2002）[59] 来确定整体稳定系数 φ，取代式（2-48）的计算方法。确定 φ 系数时需要用到构件的弯扭屈曲换算长细比（$\lambda_{x\omega}$），可按式（2-51）计算。

$$\lambda_{x\omega} = \pi\sqrt{E/\sigma_{crx\omega}} \tag{2-51}$$

此外，当构件材料不为 Q235 或 Q345 时，还要通过弯扭屈曲换算长细比和材料强度近似计算弯扭屈曲折算长细比。

$$\lambda_{c\omega} = \lambda_{x\omega}\sqrt{f_y/235} \tag{2-52a}$$

$$\lambda_{c\omega} = \lambda_{x\omega}\sqrt{f_y/345} \tag{2-52b}$$

当钢材屈服强度接近 Q235 时，采用式（2-52a）计算；当钢材屈服强度接近 Q345 时，采用式（2-52b）计算。同理，对于绕非对称轴的弯曲屈曲折算长细比可采用式（2-52c）或式（2-52d）进行计算。

$$\lambda_{cy} = \lambda_y\sqrt{f_y/235} \tag{2-52c}$$

$$\lambda_{cy} = \lambda_y \sqrt{f_y/345} \tag{2-52d}$$

最后取 λ_y 及 λ_{xw}（或 λ_{cy} 及 λ_{cw}）中的大者查规范 GB 50018—2002[59]附录 A.1.1 确定 φ 值。

（1）简支柱直接强度法修正公式的建立及验证。

首先，将参数分析结果按构件的破坏模式分为局部与整体相关屈曲和畸变与整体相关屈曲两类，取 ANSYS 分析所得极限承载力与构件整体屈曲荷载的比值（P_u/P_{ne}）作为纵轴，λ_L 或 λ_d 作为横轴，绘制了两者之间关系的散点图（见图 2-6）。然后，以散点为依据，经曲线拟合得到了直接强度法修正曲线，并将其与直接强度法原有曲线一并绘于图 2-6 中，以方便进行相互之间的比较。

局部与整体相关屈曲极限荷载的修正计算公式为

$$P_{nL} = \begin{cases} P_{ne} & \lambda_L \leqslant 0.847 \\ \left[1 - 0.10\left(\dfrac{P_{crL}}{P_{ne}}\right)^{0.36}\right]\left(\dfrac{P_{crL}}{P_{ne}}\right)^{0.36} P_{ne} & \lambda_L > 0.847 \end{cases} \tag{2-53}$$

$$\lambda_L = \sqrt{P_{ne}/P_{crL}}$$

由图 2-6（a）可见，散点分布规律明显且离散性很小，因此对卷边弯起角度不同的斜卷边槽钢轴压简支柱局部与整体相关屈曲极限荷载的计算可统一采用同一条直接强度法修正曲线［式（2-53）］，该曲线略高于直接强度法原有曲线［式（2-46）］。图中绝大部分散点均分布在直接强度法原有曲线之上，与修正曲线相比，原有曲线略显保守。

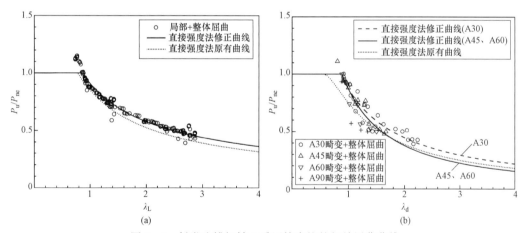

图 2-6　斜卷边槽钢轴心受压简支柱的相关屈曲曲线
（a）局部与整体相关屈曲曲线拟合；（b）畸变与整体相关屈曲曲线拟合

卷边弯起角度为钝角的轴心受压简支构件不必考虑畸变屈曲的影响，但其余构件当发生畸变屈曲时，卷边弯起角度对极限承载力的影响较大，因此针对不同卷边弯起角度拟合出不同的直接强度法修正曲线［见图 2-6（b）］，具体的畸变与整体相关屈曲极限荷载修正计算公式见式（2-54a）。

卷边弯角 30°时：

$$P_{nd} = \begin{cases} P_{ne} & \lambda_d \leqslant 0.857 \\ \left[1 - 0.13\left(\dfrac{P_{crd}}{P_{ne}}\right)^{0.54}\right]\left(\dfrac{P_{crd}}{P_{ne}}\right)^{0.54} P_{ne} & \lambda_d > 0.857 \end{cases} \tag{2-54a}$$

卷边弯角 45°和 60°时

$$P_{nd} = \begin{cases} P_{ne} & \lambda_d \leqslant 0.883 \\ \left[1 - 0.13\left(\dfrac{P_{crd}}{P_{ne}}\right)^{0.67}\right]\left(\dfrac{P_{crd}}{P_{ne}}\right)^{0.67} P_{ne} & \lambda_d > 0.883 \end{cases} \quad (2-54b)$$

$$\lambda_d = \sqrt{P_{ne}/P_{crd}}$$

卷边弯角 90°时出现畸变屈曲的构件较少，其散点较均匀地分布在直接强度法原有曲线 [式（2-49）] 两侧，因此对此类截面轴压简支柱的畸变与整体相关屈曲极限荷载计算仍然沿用直接强度法原有计算方法。

由图 2-6（b）可见，直接强度法原有曲线对 λ_d 较小的构件及大部分卷边弯角为 30°的构件极限承载力预测结果均过于保守，而按不同卷边弯起角度拟合所得曲线与散点分布规律比较接近。

分别按照直接强度法原有计算公式和上述所得的直接强度法修正计算公式对课题组已完成的斜卷边槽钢轴压简支柱稳定承载力试验中部分构件进行了计算，所得结果列于表 2-1 中。表中试件编号方式详见文献 [11]。结果表明直接强度法原有公式对斜卷边槽钢轴压简支柱极限承载力的预测过于保守，而直接强度法修正计算结果与试验值更为接近，且仍有一定的安全储备。

表 2-1   试验与直接强度法及其修正算法的对比

试件编号	试验值 P_t(kN)	直接强度法计算值 P_{DSM}(kN)	直接强度法修正计算值 P_{DSM1}(kN)	$\dfrac{P_t}{P_{DSM}}$	$\dfrac{P_t}{P_{DSM1}}$
0500A35①	271.03	211.40	242.15	1.282	1.119
0500A35②	272.17	212.76	243.88	1.279	1.116
0500A45①	268.17	226.63	258.02	1.183	1.039
0500A45②	266.16	226.80	257.90	1.174	1.032
0700A45②	282.57	220.71	250.65	1.280	1.127
1250A90②	274.18	252.87	267.22	1.084	1.026
2000A45①	240.13	194.63	235.24	1.234	1.021
平均				1.217	1.069

（2）固支柱直接强度法修正公式的建立及验证。

采用与简支柱相同的处理方法，绘制了固支柱 P_u/P_{ne} 与 λ_L（或 λ_d）之间关系的散点图（见图 2-7），图中同时还绘制了直接强度法原有曲线和拟合得到的直接强度法修正曲线。

图 2-7 显示，斜卷边槽钢轴压固支柱局部与整体相关屈曲散点分布的规律性较差，而畸变与整体相关屈曲散点分布规律明显，因此以下将对固支柱局部与整体相关屈曲极限荷载采用分角度、分段拟合的办法建立直接强度法修正计算公式，对畸变与整体相关屈曲极限荷载则采用统一的修正计算公式。

局部与整体相关屈曲极限荷载的直接强度法修正计算：

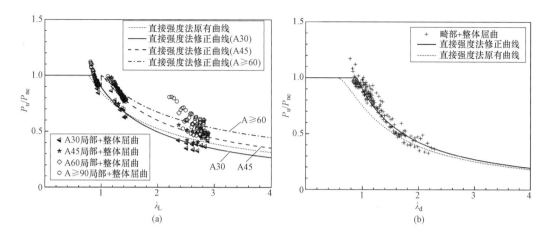

图 2-7　斜卷边槽钢轴心受压固支柱的相关屈曲曲线

（a）局部与整体相关屈曲曲线拟合；（b）畸变与整体相关屈曲曲线拟合

（1）对于所有卷边弯起角度为 30°的固支柱及 $\lambda_L \leqslant 1.0$ 的其余固支柱统一采用式（2-55a）计算。

（2）当 $\lambda_L > 1.0$ 时，卷边弯起角度 45°的固支柱采用式（2-55b）计算；卷边弯起角度大于或等于 60°的固支柱统一采用式（2-55c）计算。

$$P_{nL} = \begin{cases} P_{ne} & \lambda_L \leqslant 0.88 \\ \left[1 - 0.10 \left(\dfrac{P_{crL}}{P_{ne}} \right)^{0.47} \right] \left(\dfrac{P_{crL}}{P_{ne}} \right)^{0.47} P_{ne} & \lambda_L > 0.88 \end{cases} \quad (2-55a)$$

$$P_{nL} = \left(\frac{P_{crL}}{P_{ne}} \right)^{0.38} P_{ne} \quad (2-55b)$$

$$P_{nL} = \left(\frac{P_{crL}}{P_{ne}} \right)^{0.29} P_{ne} \quad (2-55c)$$

由图 2-7（a）可见，直接强度法原有曲线对相当一部分斜卷边槽钢固支柱 P_{nL} 的预测均过于保守；同时随 λ_L 的增大，其对卷边弯角 30°固支柱 P_{nL} 的预测又显不安全。按卷边弯起角度不同分段拟合后的修正曲线效果更好些。

畸变与整体相关屈曲极限承载力的直接强度法修正计算公式为

$$P_{nd} = \begin{cases} P_{ne} & \lambda_d \leqslant 0.904 \\ \left[1 - 0.10 \left(\dfrac{P_{crd}}{P_{ne}} \right)^{0.59} \right] \left(\dfrac{P_{crd}}{P_{ne}} \right)^{0.59} P_{ne} & \lambda_d > 0.904 \end{cases} \quad (2-56)$$

斜卷边槽钢轴压固支柱的 P_{nd} 计算修正曲线位于直接强度法原有曲线的上方，随 λ_d 的增大两者之间的差距越来越小 [见图 2-7（b）]。在 λ_d 较小时，直接强度法原有曲线过于保守。

为了验证直接强度法修正公式的有效性，分别按照直接强度法原有计算公式和上述所得的直接强度法修正计算公式对文献 [12] 进行的斜卷边槽钢轴压固支柱承载力试验进行了计算，所得结果列于表 2-2 和表 2-3 中。

从表 2-2 和表 2-3 的结果来看，直接强度法原有计算公式对 ST 系列构件承载力预测过于保守，而直接强度法修正计算公式所得结果与试验值更为接近。对于 LT 系列柱而言，直接强度法原有公式和修正公式的计算结果均与试验结果较为接近，但从总体来看，直接强度法修正公式计算结果与试验结果的吻合程度更好。

此外，文献［12］还利用北美规范（NAS 2001）、美国冷弯型钢结构规范（AISI 1996）和澳大利亚/新西兰规范（AS/NZS4600：2018）对试件的承载力进行了计算，将上述规范计算结果、直接强度法及其修正计算结果与试验结果的比值以每个系列所得平均值的形式列于表 2-4 中，以便将直接强度法及其修正计算结果与上述规范进行对比。

表 2-2　　　　　　　　　试验与直接强度法及其修正算法的对比（ST 系列）

试件编号	试验值 P_t(kN)	直接强度法计算值 P_{DSM}(kN)	直接强度法修正计算值 P_{DSM1}(kN)	$\dfrac{P_t}{P_{DSM}}$	$\dfrac{P_t}{P_{DSM1}}$
ST15A30	76.0	63.92	71.65	1.189	1.061
ST15A45	81.3	69.74	79.01	1.166	1.029
ST15A60	83.4	74.32	85.14	1.122	0.980
ST15A90	97.3	78.34	91.30	1.242	1.066
ST15A120	102.2	76.54	88.55	1.335	1.154
ST15A135	90.4	71.15	81.52	1.270	1.109
ST15A150	97.3	69.31	78.94	1.404	1.233
ST19A30	117.5	92.38	105.95	1.272	1.109
ST19A45	126.6	101.53	118.22	1.247	1.071
ST19A60	139.1	106.70	125.67	1.304	1.107
ST19A90	144.8	112.95	134.64	1.282	1.075
ST19A120	155.5	111.70	134.00	1.392	1.160
ST19A135	152.8	106.24	125.79	1.438	1.215
ST19A150	154.2	104.52	123.24	1.475	1.251
ST24A30	155.9	122.90	146.42	1.268	1.065
ST24A45	180.7	136.15	166.61	1.327	1.085
ST24A60	198.5	140.41	164.69	1.414	1.205
ST24A90	194.0	146.60	161.64	1.323	1.200
ST24A120	198.6	142.43	161.99	1.394	1.226
ST24A135	197.2	138.94	162.46	1.419	1.214
ST24A150	195.5	136.21	162.78	1.435	1.201
平均				1.320	1.134

表 2-3　　　　　　　　　试验与直接强度法及其修正算法的对比（LT 系列）

试件编号	试验值 P_t(kN)	直接强度法计算值 P_{DSM}(kN)	直接强度法修正计算值 P_{DSM1}(kN)	$\dfrac{P_t}{P_{DSM}}$	$\dfrac{P_t}{P_{DSM1}}$
LT15A30	70.4	58.95	63.72	1.194	1.105
LT15A45	71.5	65.75	71.44	1.087	1.001
LT15A60	75.9	73.48	80.27	1.033	0.946

续表

试件编号	试验值 P_t(kN)	直接强度法计算值 P_{DSM}(kN)	直接强度法修正计算值 P_{DSM1}(kN)	$\dfrac{P_t}{P_{DSM}}$	$\dfrac{P_t}{P_{DSM1}}$
LT15A90	74.2	72.33	79.13	1.026	0.938
LT15A120	80.2	73.74	80.61	1.088	0.995
LT15A135	79.0	66.69	72.53	1.184	1.089
LT15A150	76.8	65.21	70.86	1.178	1.084
LT19A30	99.0	87.47	95.42	1.132	1.038
LT19A45	107.6	98.88	108.63	1.088	0.990
LT19A60	115.8	104.48	115.33	1.108	1.004
LT19A90	113.2	108.92	120.84	1.039	0.937
LT19A120	127.2	106.85	118.15	1.190	1.077
LT19A135	120.0	101.50	111.86	1.182	1.073
LT19A150	129.5	98.99	108.77	1.308	1.191
LT24A30	127.9	122.84	136.24	1.041	0.939
LT24A45	137.4	131.47	146.80	1.045	0.936
LT24A60	149.0	145.38	164.38	1.025	0.906
LT24A90	161.7	156.66	179.17	1.032	0.902
LT24A120	176.9	151.79	172.41	1.165	1.026
LT24A135	167.6	138.51	155.54	1.210	1.078
LT24A150	166.8	137.33	153.78	1.215	1.085
平均				1.122	1.016

表 2-4　　　　　直接强度法及其修正算法与规范计算结果平均值的比较

试件系列	$\dfrac{试验}{NAS 计算}$	$\dfrac{试验}{AISI 计算}$	$\dfrac{试验}{AS/NZS 计算}$	$\dfrac{试验}{直接强度法计算}$	$\dfrac{试验}{直接强度法修正计算}$
ST15	1.17	1.21	1.22	1.247	1.090
ST19	1.24	1.28	1.28	1.344	1.141
ST24	1.28	1.28	1.28	1.368	1.171
LT15	0.92	0.92	1.05	1.113	1.023
LT19	0.96	0.96	1.10	1.150	1.044
LT24	0.95	0.95	1.12	1.105	0.982

　　表 2-4 的对比结果表明，对 ST 系列柱而言，试验结果与五种方法计算结果之比的平均值均大于 1.0，其中直接强度法原有公式对承载力的预测结果最为保守，而直接强度法修正后的公式对承载力的预测与试验值最为接近；对 LT 系列柱而言，NAS 和 AISI 的结果略偏于不安全，而 AS/NZS 与直接强度法原有公式的结果比较接近且都偏于安全，直接强度法修正公式的结果除 LT24 系列略显不安全外，其余结果均与试验值最为接近并具有一定的安全储备。总体而言，直接强度法修正计算公式对试验结果的预测效果是上述

方法中最好的。

2.3.3 复杂卷边槽钢轴压构件的直接强度法研究

（1）复杂卷边槽钢轴压简支构件的直接强度法研究。

本节针对图 2-8 的复杂卷边槽钢轴压构件进行研究。

文献 [14] 将 ANSYS 分析所得轴压简支柱的极限承载力与构件整体屈曲荷载的比值

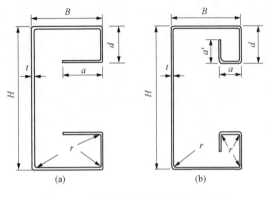

图 2-8 复杂卷边截面几何参数定义

（a）向内弯折；（b）向内弯钩

$(P_{\mathrm{u}}/P_{\mathrm{ne}})$ 作为纵轴，λ_{L} 或 λ_{d} 作为横轴，绘制了两者之间关系的散点图（见图 2-9）。然后，以散点为依据，经曲线拟合得到了直接强度法的修正曲线（$\mathrm{DSM_{1X}}$），并将其与直接强度法原有的曲线（$\mathrm{DSM_1}$）一并绘于图 2-9 中，以方便进行相互之间的比较。由于内向弯折和内向弯钩两种复杂卷边简支槽钢柱的散点分布规律非常接近，文献 [14] 对二者的承载力计算采用了统一的计算公式。

由图 2-9（a）可见，对于复杂卷边槽钢轴压简支柱局部与整体相关屈曲散点分布较为明显，文献 [14] 应用一条曲线对散点进行拟合，建立了局部与整体相关屈曲的修正公式（2-57）。

$$P_{\mathrm{nL}} = \begin{cases} P_{\mathrm{ne}} & \lambda_{\mathrm{L}} \leqslant 0.540 \\ \left[1 - 0.20\left(\dfrac{P_{\mathrm{crL}}}{P_{\mathrm{ne}}}\right)^{0.36}\right]\left(\dfrac{P_{\mathrm{crL}}}{P_{\mathrm{ne}}}\right)^{0.36} P_{\mathrm{ne}} & \lambda_{\mathrm{L}} > 0.540 \end{cases} \qquad (2-57)$$

由图 2-9（b）可见，对复杂卷边槽钢轴压简支柱畸变与整体相关屈曲散点分布规律较差，文献 [14] 按卷边总长度与翼缘宽度之比的不同分为两条曲线分开进行拟合后，情况有明显好转。经过修正，文献 [14] 建立了畸变与整体相关屈曲的相关公式（2-58）和公式（2-59）。

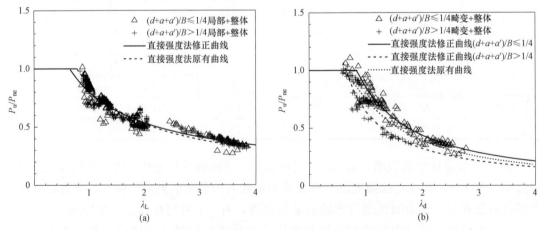

图 2-9 复杂卷边槽钢轴心受压简支柱的相关屈曲曲线

（a）局部和整体相关屈曲曲线拟合；（b）畸变和整体相关屈曲曲线拟合

式（2-57）～式（2-59）中的 P_{ne} 为不考虑局部屈曲影响的压杆整体屈曲承载力，其计算式为 $P_{ne}=A\varphi f_y$，其中 ϕ 由我国《冷弯薄壁型钢结构技术规范》（GB 50018—2002）[59] 中的方法确定。为方便比较，将原有的直接强度法公式中用 P_{ne} 计算的方法定义为 DSM_1，将 P_{ne} 换为 P_y 计算的方法定义为 DSM_2；本专著提出的直接强度法修正方法中式（2-58）、式（2-59）计算方法定义为 DSM_{1X}，将式（2-58）、式（2-59）中的 P_{ne} 换为 P_y，DSM_{1X} 即变为 DSM_{2X} 方法，具体计算式为式（2-60）和式（2-61）。

当 $(d+a+a')/B\leqslant 1/4$ 时：

$$P_{nd}=\begin{cases} P_{ne} & \lambda_d\leqslant 0.831 \\ \left[1-0.15\left(\dfrac{P_{crd}}{P_{ne}}\right)^{0.55}\right]\left(\dfrac{P_{crd}}{P_{ne}}\right)^{0.55}P_{ne} & \lambda_d>0.831 \end{cases} \tag{2-58}$$

当 $(d+a+a')/B>1/4$ 时：

$$P_{nd}=\begin{cases} P_{ne} & \lambda_d\leqslant 0.64 \\ 0.64\left(\dfrac{P_{crd}}{P_{ne}}\right)^{0.5}P_{ne} & \lambda_d>0.64 \end{cases} \tag{2-59}$$

当 $(d+a+a')/B\leqslant 1/4$ 时：

$$P_d=\begin{cases} P_y & \lambda_d\leqslant 0.831 \\ \left[1-0.15\left(\dfrac{P_{crd}}{P_y}\right)^{0.55}\right]\left(\dfrac{P_{crd}}{P_y}\right)^{0.55}P_y & \lambda_d>0.831 \end{cases} \tag{2-60}$$

当 $(d+a+a')/B>1/4$ 时：

$$P_d=\begin{cases} P_y & \lambda_d\leqslant 0.64 \\ 0.64\left(\dfrac{P_{crd}}{P_y}\right)^{0.5}P_y & \lambda_d>0.64 \end{cases} \tag{2-61}$$

文献［27］应用 ANSYS 有限元软件对 14 个构件进行了非线性分析，同时应用 DSM_1 与 DSM_{1X} 对相同构件进行了计算，并与有限元分析结果进行了对比。在文献［27］的基础上，选取参数尺寸不同于上述 14 个构件，但截面形式与其相同的 16 个的构件进行了非线性分析。应用 DSM_1、DSM_2 和 DSM_{1X}、DSM_{2X} 分别对文献［27］的 14 个构件与本专著分析的 16 个构件进行了计算，试件编号与文献［27］第三章一致，结果列于表 2-5、表 2-6。表中 L 表示局部屈曲，F 表示整体屈曲，D 表示畸变屈曲。

表 2-5　有限元分析、DSM_1、DSM_2 计算结果及对比

构件编号	失稳模式	P_{FEA}（kN）	P_{DSM1}（kN）	P_{DSM2}（kN）	P_{FEA}/P_{DSM1}	P_{FEA}/P_{DSM2}
T1.0IAB100d15a10L10	L	53.62	53.17	53.17	1.009	1.008
T1.0IHB100d15a5L10	L+F	54.05	53.18	53.18	1.016	1.016
T1.0IAB100d30a20L10	L+F	62.32	59.84	59.84	1.041	1.041
T1.0IHB100d30a10L10	L+F	60.82	59.86	59.86	1.016	1.016
T1.0IAB100d15a10L20	L+F	51.16	48.57	48.57	1.053	1.053
T1.0IHB100d15a5L20	L+F	50.83	48.60	48.60	1.046	1.046

续表

构件编号	失稳模式	P_{FEA} (kN)	P_{DSM1} (kN)	P_{DSM2} (kN)	P_{FEA}/P_{DSM1}	P_{FEA}/P_{DSM2}
T1.0IAB100d30a20L20	L+F	58.62	55.17	55.17	1.063	1.063
T1.0IHB100d30a10L20	L+F	57.09	55.24	55.24	1.034	1.034
T2.0IAB100d15a10L10	L+D+F	172.47	165.01	169.32	1.045	1.019
T2.0IAB100d30a20L10	L+F	180.92	197.99	197.99	0.914	0.914
T2.0IHB100d30a10L10	L+F	179.61	198.05	198.05	0.907	0.907
T2.0IAB100d15a10L20	L+D+F	157.38	152.49	160.15	1.032	0.983
T2.0IAB100d30a20L20	L+D+F	171.60	181.99	181.99	0.943	0.943
T2.0IHB100d30a10L20	L+D+F	170.08	182.22	182.22	0.933	0.933
T1.0IAB120d30a20L15	L+D+F	59.41	62.56	62.56	0.950	0.949
T1.0IAB120d30a20L25	L+F	54.43	57.89	57.89	0.940	0.940
T1.0IHB120d30a10L15	L+D+F	59.92	62.59	62.59	0.957	0.957
T1.0IHB120d30a10L25	L+D+F	54.22	57.963	57.96	0.936	0.936
T1.0IAB120d40a40L15	L+F	66.10	70.07	70.07	0.943	0.943
T1.0IAB120d40a40L25	L+F	59.96	64.84	64.84	0.925	0.925
T1.0IHB120d40a20L15	L+D+F	66.59	70.13	70.13	0.950	0.949
T1.0IHB120d40a20L25	L+F	59.79	65.01	65.01	0.920	0.920
T2.0IAB120d30a20L15	L+D+F	200.77	207.15	207.15	0.969	0.969
T2.0IAB120d30a20L25	L+D+F	182.54	191.16	191.16	0.955	0.955
T2.0IHB120d30a10L15	L+D+F	195.49	207.23	207.23	0.943	0.943
T2.0IHB120d30a10L25	L+D+F	179.89	191.39	191.39	0.940	0.940
T2.0IAB120d40a40L15	L+F	227.54	231.99	231.99	0.981	0.981
T2.0IAB120d40a40L25	L+F	202.67	214.07	214.07	0.947	0.947
T2.0IHB120d40a20L15	L+D+F	221.66	232.22	232.22	0.955	0.955
T2.0IHB120d40a20L25	L+D+F	199.75	214.66	214.66	0.931	0.931
平均值					0.9731	0.9695

由表 2-5、表 2-6 可见，对于轴压简支构件应用第一种直接强度法公式与第二种直接强度法公式计算结果与有限元分析所得结果的比值均在 5% 以内，满足精度要求。从整体看来 DSM_1、DSM_{1X} 均比 DSM_2、DSM_{2X} 更接近有限元分析的结果，这也说明虽然国外一些规范将 DSM_2 列入附录，但 DSM_2 在单独考虑畸变屈曲时，并没有考虑构件计算长度的不同所产生的影响，所得结果有可能失真。

表 2-6　　　　　有限元分析、DSM_{1X}、DSM_{2X} 计算结果及对比

构件编号	失稳模式	P_{FEA}(kN)	P_{DSM1X}(kN)	P_{DSM2X}(kN)	P_{FEA}/P_{DSM1X}	P_{FEA}/P_{DSM2X}
T1.0IAB100d15a10L10	L	53.62	54.87	54.87	0.977	0.977
T1.0IHB100d15a5L10	L+F	54.05	54.88	54.88	0.985	0.985
T1.0IAB100d30a20L10	L+F	62.32	61.80	61.80	1.008	1.008
T1.0IHB100d30a10L10	L+F	60.82	59.62	61.82	1.020	0.984
T1.0IAB100d15a10L20	L+F	51.16	50.71	50.71	1.009	1.009

续表

构件编号	失稳模式	P_{FEA}(kN)	P_{DSM1X}(kN)	P_{DSM2X}(kN)	P_{FEA}/P_{DSM1X}	P_{FEA}/P_{DSM2X}
T1.0IHB100d15a5L20	L+F	50.83	50.74	50.74	1.002	1.002
T1.0IAB100d30a20L20	L+F	58.62	57.50	57.50	1.019	1.019
T1.0IHB100d30a10L20	L+F	57.09	56.56	57.56	1.010	0.992
T2.0IAB100d15a10L10	L+D+F	172.47	168.78	168.78	1.022	1.022
T2.0IAB100d30a20L10	L+F	180.92	182.38	189.63	0.992	0.954
T2.0IHB100d30a10L10	L+F	179.61	175.95	182.89	1.021	0.982
T2.0IAB100d15a10L20	L+D+F	157.38	155.46	155.46	1.012	1.012
T2.0IAB100d30a20L20	L+F	171.60	172.94	176.35	0.992	0.973
T2.0IHB100d30a10L20	L+D+F	170.08	166.92	176.52	1.019	0.963
T1.0IAB120d30a20L15	L+D+F	59.41	60.30	63.53	0.985	0.935
T1.0IAB120d30a20L25	L+F	54.43	57.47	60.64	0.947	0.898
T1.0IHB120d30a10L15	L+D+F	59.92	58.09	61.18	1.032	0.979
T1.0IHB120d30a10L25	L+D+F	54.22	55.39	60.69	0.979	0.893
T1.0IAB120d40a40L15	L+F	66.10	71.92	72.47	0.919	0.912
T1.0IAB120d40a40L25	L+F	59.96	67.91	67.91	0.883	0.883
T1.0IHB120d40a20L15	L+D+F	66.59	67.57	71.14	0.986	0.936
T1.0IHB120d40a20L25	L+F	59.79	64.46	68.06	0.928	0.879
T2.0IAB120d30a20L15	L+D+F	200.77	178.03	187.57	1.128	1.070
T2.0IAB120d30a20L25	L+D+F	182.54	169.69	186.21	1.076	0.980
T2.0IHB120d30a10L15	L+D+F	195.49	171.78	180.93	1.138	1.081
T2.0IHB120d30a10L25	L+D+F	179.89	163.79	180.93	1.098	0.994
T2.0IAB120d40a40L15	L+F	227.54	210.37	221.65	1.082	1.027
T2.0IAB120d40a40L25	L+F	202.67	200.51	208.54	1.011	0.972
T2.0IHB120d40a20L15	L+D+F	221.66	198.76	209.26	1.115	1.059
T2.0IHB120d40a20L25	L+D+F	199.75	189.61	209.02	1.053	0.956
平均值					1.0153	0.9664

同时对比 DSM_1 与 DSM_{1X} 结果可见，DSM_{1X} 较 DSM_1 更接近有限元分析结果，且 DSM_{1X} 所得结果略偏于安全。根据以上分析结果，建议在计算复杂卷边槽钢轴压简支构件的极限承载力时采用 DSM_{1X} 公式。

（2）复杂卷边槽钢轴压固支构件的直接强度法研究。

固支构件直接强度法计算式中出现的几个相关应力、承载力指标如 σ_{crL}、σ_{crd} 以及 P_{ne} 的计算方法与本书 2.2 节相同。

固支直接强度法公式的建立与简支构件一样，将参数分析结果按构件的破坏模式分为局部与整体相关屈曲和畸变与整体相关屈曲两类，取 ANSYS 分析所得极限承载力与构件整体屈曲荷载的比值（P_u/P_{ne}）作为纵轴，λ_L 或 λ_d 作为横轴，绘制两者之间关系的散点图（见

图2-10）。然后，以散点为依据，经曲线拟合得到了DSM₃曲线，并将其与DSM₁曲线一并绘于图2-10中，以方便进行相互之间的比较。内向弯折和内向弯钩两种复杂卷边简支槽钢柱的散点分布规律非常接近，对它们的承载力计算仍采用统一的计算公式。

由图2-10（a）可见，对复杂卷边槽钢固支柱局部和整体相关屈曲散点分布规律较差，按卷边总长度与翼缘宽度之比 $(d+a+a')/B$ 的不同分为两条曲线分开进行拟合后，发现情况有明显好转。当 $(d+a+a')/B \leqslant 1/4$ 时，散点的分布大多在DSM₁曲线的下方，DSM₁公式计算偏于不安全，经过修正，局部和整体相关屈曲承载力 P_{nL} 按式（2-62）计算；当 $(d+a+a')/B > 1/4$ 时，散点的分布大多在DSM₁的上方，按DSM₁计算较保守，经过曲线拟合，建立的局部和整体相关屈曲承载力 P_{nL} 按式（2-63）计算。

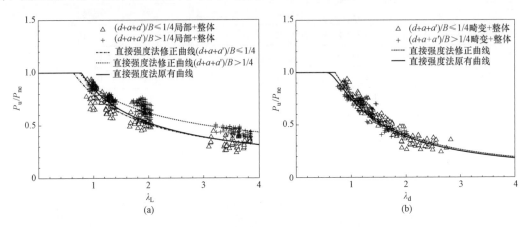

图2-10　复杂卷边槽钢轴心受压固支柱的相关屈曲曲线
（a）局部和整体相关屈曲曲线拟合；（b）畸变和整体相关屈曲曲线拟合

当 $(d+a+a')/B \leqslant 1/4$ 时：

$$P_{nL} = \begin{cases} P_{ne} & \lambda_L \leqslant 0.633 \\ \left[1 - 0.21\left(\dfrac{P_{crL}}{P_{ne}}\right)^{0.39}\right]\left(\dfrac{P_{crL}}{P_{ne}}\right)^{0.39} P_{ne} & \lambda_L > 0.633 \end{cases} \quad (2-62)$$

当 $(d+a+a')/B > 1/4$ 时：

$$P_{nL} = \begin{cases} P_{ne} & \lambda_L \leqslant 0.743 \\ \left[1 - 0.13\left(\dfrac{P_{crL}}{P_{ne}}\right)^{0.28}\right]\left(\dfrac{P_{crL}}{P_{ne}}\right)^{0.28} P_{ne} & \lambda_L > 0.743 \end{cases} \quad (2-63)$$

$$\lambda_L = \sqrt{P_{ne}/P_{crL}}$$
$$P_{crL} = A\sigma_{crL}$$
$$P_{ne} = A\varphi f_y \quad (2-64)$$

式中　σ_{crL}——板件的弹性局部屈曲临界应力，可以按本书2.2节的方法确定；

　　　P_{ne}——构件的整体稳定承载力，按式（2-64）计算；

　　　φ——稳定系数，采用我国薄钢规的计算方法。

由图2-10（b）可见，对复杂卷边槽钢固支柱畸变和整体相关屈曲的散点分布较有规律。当 $\lambda_d < 2.0$ 时，大部分散点分布在 DSM_1 曲线的上方，说明 DSM_1 对这一范围内复杂卷边槽钢固支柱 P_{nd} 的计算偏于保守；当 $\lambda_d \geqslant 2.0$ 时，大部分散点相对均匀地分布在 DSM_1 曲线的两侧，DSM_1 曲线较为适中。通过对所有散点进行曲线拟合而建立的 P_{nd} 计算公式［式（2-65）］可以有效地改善上述问题。

$$P_{nd} = \begin{cases} P_{ne} & \lambda_d \leqslant 0.711 \\ \left[1 - 0.22\left(\dfrac{P_{crd}}{P_{ne}}\right)^{0.58}\right]\left(\dfrac{P_{crd}}{P_{ne}}\right)^{0.58} P_{ne} & \lambda_d > 0.711 \end{cases} \qquad (2-65)$$

$$\lambda_d = \sqrt{P_{ne}/P_{crd}}$$

$$P_{crd} = A\sigma_{crd}$$

式中　σ_{crd}——截面的弹性畸变屈曲临界应力，可按本书 2.2 节的方法确定。

式（2-62）、式（2-63）和式（2-65）即为 DSM_3 计算公式。

将上述 DSM_3 公式中畸变与整体相关屈曲中的 P_{ne} 换为 P_y，DSM_3 公式即变为 DSM_4 公式，具体计算公式为式（2-66）。

$$P_d = \begin{cases} P_y & \lambda_d \leqslant 0.711 \\ \left[1 - 0.22\left(\dfrac{P_{crd}}{P_y}\right)^{0.58}\right]\left(\dfrac{P_{crd}}{P_y}\right)^{0.58} P_y & \lambda_d > 0.711 \end{cases} \qquad (2-66)$$

为验证提出的 DSM_3、DSM_4 计算公式的有效性，应用 DSM_3、DSM_4 修正计算公式对文献［28］的内向弯折复杂卷边槽钢轴压固支柱承载力试验进行了计算，并对比了应用 DSM_1、DSM_2 公式对试验进行计算的结果，对比情况示于表 2-7（T1.5F80 系列）、表 2-8（T1.5F120 系列）、表 2-9（T1.9F80 系列）、表 2-10（T1.9F120 系列）。

由表 2-7～表 2-10 结果可见，对于翼缘宽度较窄的两个系列（T1.5F80 和 T1.9F80），DSM_1、DSM_2 的计算结果与试验结果相比过于保守，而 DSM_3、DSM_4 的计算结果与试验结果吻合较好；对于另外两个翼缘宽度较大的系列而言，DSM_1、DSM_2 及 DSM_3、DSM_4 与试验的吻合都较好，但整体看 DSM_3、DSM_4 与试验结果的离散性更小，与试验结果更为接近，由此可见应用 DSM_3、DSM_4 计算复杂卷边槽钢轴压固支构件极限承载力是有效可行的。

表 2-7　　试验与 DSM_1、DSM_2 及 DSM_3、DSM_4 算法的对比（T1.5F80 系列）

构件编号	试验值 P_t(kN)	DSM 计算值（kN）				$\dfrac{P_t}{P_{DSM1}}$	$\dfrac{P_t}{P_{DSM2}}$	$\dfrac{P_t}{P_{DSM3}}$	$\dfrac{P_t}{P_{DSM4}}$
		P_{DSM1}	P_{DSM2}	P_{DSM3}	P_{DSM4}				
T1.5F80L0500	172.0	142.7	142.7	168.1	169.7	1.21	1.21	1.02	1.01
T1.5F80L1000	166.9	139.7	139.7	166.8	167.2	1.19	1.19	1.00	1.00
T1.5F80L1500	163.4	135.0	135.0	154.6	154.6	1.21	1.21	1.06	1.06
T1.5F80L2000	161.7	128.7	128.7	150.8	150.8	1.26	1.26	1.07	1.07
T1.5F80L2500	158.8	120.9	120.9	143.3	143.3	1.31	1.31	1.11	1.11
T1.5F80L3000	154.8	112.1	112.1	135.8	135.8	1.38	1.38	1.14	1.14
T1.5F80L3500	124.4	102.5	102.5	119.3	119.3	1.21	1.21	1.04	1.04
平均						1.250	1.250	1.033	1.028

表 2 - 8　　　　　试验与 DSM$_1$、DSM$_2$ 及 DSM$_3$、DSM$_4$ 算法的对比（T1.5F120 系列）

构件编号	试验值 P_t(kN)	DSM 计算值（kN）				$\dfrac{P_t}{P_{DSM1}}$	$\dfrac{P_t}{P_{DSM2}}$	$\dfrac{P_t}{P_{DSM3}}$	$\dfrac{P_t}{P_{DSM4}}$
		P_{DSM1}	P_{DSM2}	P_{DSM3}	P_{DSM4}				
T1.5F120L0500 - 1	168.9	164.7	164.7	163.7	166.4	1.03	1.03	1.03	1.01
T1.5F120L0500 - 2	166.9	164.7	164.7	161.6	164.3	1.01	1.01	1.03	1.02
T1.5F120L0500 - 3	164.9	164.7	164.7	162.7	165.4	1.00	1.00	1.01	1.00
T1.5F120L1000	159.3	161.8	161.8	160.9	166.6	0.98	0.98	0.99	0.96
T1.5F120L1500	145.7	157.0	157.0	157.2	166.5	0.93	0.93	0.93	0.88
T1.5F120L2000	139.5	150.4	150.4	153.9	166.8	0.93	0.93	0.91	0.84
T1.5F120L3000	131.3	133.3	133.3	142.1	156.4	0.98	0.98	0.92	0.84
T1.5F120L3500	127.4	123.2	123.2	133.5	143.1	1.03	1.03	0.95	0.89
平均						0.990	0.990	0.993	0.953

表 2 - 9　　　　　试验与 DSM$_1$、DSM$_2$ 及 DSM$_3$、DSM$_4$ 算法的对比（T1.9F80 系列）

构件编号	试验值 P_t(kN)	DSM 计算值（kN）				$\dfrac{P_t}{P_{DSM1}}$	$\dfrac{P_t}{P_{DSM2}}$	$\dfrac{P_t}{P_{DSM3}}$	$\dfrac{P_t}{P_{DSM4}}$
		P_{DSM1}	P_{DSM2}	P_{DSM3}	P_{DSM4}				
T1.9F80L0500	238.5	206.0	206.0	230.1	230.1	1.16	1.16	1.04	1.04
T1.9F80L1000	236.3	202.1	202.1	222.6	222.6	1.17	1.17	1.06	1.06
T1.9F80L1500	233.3	195.8	195.8	215.5	215.5	1.19	1.19	1.08	1.08
T1.9F80L2000	232.4	187.2	187.2	208.2	208.2	1.24	1.24	1.12	1.12
T1.9F80L2500	224.4	176.9	176.9	197.8	197.8	1.27	1.27	1.13	1.13
T1.9F80L3000	198.7	165.0	165.0	185.4	185.4	1.20	1.20	1.07	1.07
T1.9F80L3500	183.9	152.0	152.0	169.3	169.3	1.21	1.21	1.09	1.09
平均						1.210	1.210	1.061	1.061

表 2 - 10　　　　试验与 DSM$_1$、DSM$_2$ 及 DSM$_3$、DSM$_4$ 算法的对比（T1.9F120 系列）

构件编号	试验值 P_t(kN)	DSM 计算值（kN）				$\dfrac{P_t}{P_{DSM1}}$	$\dfrac{P_t}{P_{DSM2}}$	$\dfrac{P_t}{P_{DSM3}}$	$\dfrac{P_t}{P_{DSM4}}$
		P_{DSM1}	P_{DSM2}	P_{DSM3}	P_{DSM4}				
T1.9F120L0500 - 1	233.7	234.2	235.4	230.7	234.6	1.00	0.99	1.01	1.00
T1.9F120L0500 - 2	239.7	234.2	235.4	232.4	236.3	1.02	1.02	1.03	1.01
T1.9F120L1000	231.2	230.8	235.1	220.1	228.0	1.00	0.98	1.05	1.01
T1.9F120L1500	227.3	225.1	227.9	221.8	234.7	1.01	1.00	1.03	0.97
T1.9F120L2000	225.2	217.3	218.3	216.2	234.3	1.04	1.03	1.04	0.96
T1.9F120L2500	220.2	206.5	206.5	209.4	233.5	1.07	1.07	1.05	0.94
T1.9F120L3000	209.4	193.0	193.0	201.1	220.4	1.08	1.08	1.04	0.95
T1.9F120L3500	194.6	178.2	178.2	189.6	202.9	1.09	1.09	1.03	0.96
平均						1.045	1.032	1.020	0.978

另由表 2-7～表 2-10 结果可见，应用 DSM$_3$ 与 DSM$_4$ 计算构件极限承载力所得结果与

试验所得结果相差均在 5% 以内,满足工程精度要求,但 DSM₃ 所得结果与试验相较 DSM₄ 略偏于安全。尽管 DSM₄ 考虑了较宽卷边的截面畸变屈曲半波长度较大,与整体屈曲之间的相关作用不明显而对承载力计算的影响,但与简支构件类似,单独考虑畸变屈曲时没有考虑构件计算长度对构件极限承载力的影响。鉴于上述情况,建议对于复杂卷边槽钢轴压固支构件极限承载力的计算采用 DSM₃ 公式。

2.3.4　弧形卷边槽钢轴压构件的直接强度法研究

本节提出弧形卷边槽钢轴压构件极限承载力的直接强度法计算公式修正建议,方法同前。

(1) 简支柱直接强度法研究。

腹板高度与翼缘宽度之比(H/B)为 2.0 的弧形卷边槽钢轴压简支构件不发生畸变屈曲破坏。因此,在确定此类截面轴压简支柱极限承载力时仅需计算局部和整体相关屈曲荷载(P_{nL}),P_{nL} 即为构件的最终极限承载力 P_n。

将直接强度法考虑局部和整体相关屈曲的曲线与以散点形式表示的局部与整体相关屈曲构件的参数分析结果绘于图 2-11(a)中,可以发现:散点较均匀地分布在直接强度法曲线两侧,且用直接强度法原有公式计算所得图中构件的承载力与有限元分析结果之比的平均值十分接近于 1.0。由此可见,直接强度法原有曲线能够较为准确地预测弧形卷边槽钢轴压简支柱的承载力。从而说明直接强度法关于局部和整体相关屈曲承载力的计算公式对此类构件仍然有效。

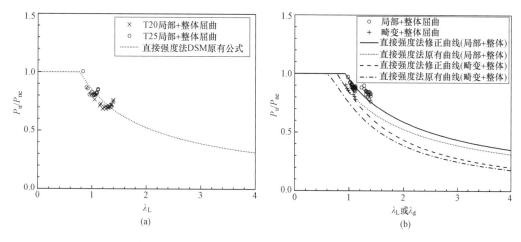

图 2-11　弧形卷边槽钢轴心受压柱的相关屈曲曲线

(a) 简支柱局部与整体相关屈曲;(b) 固支柱局部、畸变与整体相关屈曲

(2) 固支柱直接强度法研究。

图 2-11(b)中绘制了弧形卷边轴压固支柱局部与整体相关屈曲、畸变与整体相关屈曲的散点,以及直接强度法关于局部与整体相关屈曲、畸变与整体相关屈曲的承载力计算曲线和上述提出的修正曲线。从图中可以看出,直接强度法原有曲线均位于散点下方,其承载力预测结果过于保守。由于本专著进行的参数分析数量有限,λ_L 和 λ_d 的分布范围较小,所以不能利用现有散点进行承载力计算曲线的拟合。作者在研究过程中发现,将直接强度法原有

计算公式的右侧乘以 1.12 后可以得到与散点分布较为接近的曲线〔图 2-11（b）中的直接强度法修正曲线〕，且曲线偏于安全。因此，建议分别采用式（2-61）和式（2-62）来取代直接强度法原有计算公式对 P_{nL} 和 P_{nd} 进行求解。

$$P_{nL} = \begin{cases} P_{ne} & \lambda_L \leqslant 0.927 \\ 1.12\Big[1-0.15\Big(\dfrac{P_{crL}}{P_{ne}}\Big)^{0.4}\Big]\Big(\dfrac{P_{crL}}{P_{ne}}\Big)^{0.4}P_{ne} & \lambda_L > 0.927 \end{cases} \tag{2-67}$$

$$P_{nd} = \begin{cases} P_{ne} & \lambda_d \leqslant 0.781 \\ 1.12\Big[1-0.25\Big(\dfrac{P_{crd}}{P_{ne}}\Big)^{0.6}\Big]\Big(\dfrac{P_{crd}}{P_{ne}}\Big)^{0.6}P_{ne} & \lambda_d > 0.781 \end{cases} \tag{2-68}$$

到目前为止，尚未见到与弧形卷边槽钢轴压构件相关的试验数据发表。对于此类构件，以上建议的直接强度法修正计算公式的有效性还有待进一步研究验证。

◇ 2.4　计算方法有效性验证

本节将对 7 篇文献共计 202 个轴心受压构件的试验数据进行了计算，并将计算结果列于表 2-11～表 2-17 中，其中 P_t 为轴压的试验承载力，P_1、P_2、P_3 分别为现行有效宽度法、修订有效宽度法、直接强度法的计算结果。通过计算对比分析发现，文献 [40] 中部分 P_t/P_1 结果偏大，其原因是部分加劲板件受压稳定系数 k 按 0.98 计算，导致结果过于保守，文献 [55] 和 [64] 的研究也得出了类似结论。与文献 [60] 和 [62] 的对比结果表明直接强度法计算结果与试验相比略显不安全。

试验结果与现行有效宽度法的计算结果比值 P_t/P_1 的平均值为 1.238，试验结果与修订有效宽度法的计算结果比值 P_t/P_2 的平均值为 1.124，试验结果与直接强度法的计算结果比值 P_t/P_3 的平均值为 1.072。三者的变异系数分别为 0.164、0.130、0.125，从变异系数的结果可以看出修订有效宽度法和直接强度法的计算结果离散性较小。由此可见，规范修订征求意见稿中的两种方法计算结果与试验更为接近，且有一定的安全储备，而现行规范计算结果则略显保守。

表 2-11　　　　　　　　　　　　文献 [29] 试验与计算结果对比

构件编号	P_t(kN)	P_1(kN)	P_2(kN)	P_3(kN)	P_t/P_1	P_t/P_2	P_t/P_3
C7012-50-AC-Y-1	45.65	41.41	43.00	45.89	1.10	1.06	0.99
C7012-50-AC-Y-2	46.68	41.96	43.55	46.28	1.11	1.07	1.01
C7012-100-AC-Y-1	25.67	26.19	27.13	21.11	0.98	0.95	1.22
C7012-100-AC-Y-2	24.86	25.84	26.77	20.72	0.96	0.93	1.20
C7012-150-AC-Y-1	14.35	14.47	14.78	11.93	0.99	0.97	1.20
C7012-150-AC-Y-2	12.91	13.87	14.18	11.71	0.93	0.91	1.10
C7012-150-AC-Y-3	14.06	14.52	14.84	11.96	0.97	0.95	1.18
C14008-50-AC-Y-1	30.20	21.94	23.50	31.08	1.38	1.29	0.97
C14008-50-AC-Y-2	30.25	21.92	23.48	31.39	1.38	1.29	0.96
C14008-100-AC-Y-1	17.33	15.11	16.14	18.05	1.15	1.07	0.96

续表

构件编号	P_t(kN)	P_1(kN)	P_2(kN)	P_3(kN)	P_t/P_1	P_t/P_2	P_t/P_3
C14008 - 100 - AC - Y - 2	18.75	14.50	15.51	17.44	1.29	1.21	1.07
C14008 - 150 - AC - Y - 1	12.21	10.42	11.13	11.35	1.17	1.10	1.08
C14008 - 150 - AC - Y - 2	12.21	10.38	11.09	11.37	1.18	1.10	1.07
C14012 - 50 - AC - Y - 1	42.48	42.41	44.43	54.53	1.00	0.96	0.78
C14012 - 50 - AC - Y - 2	45.27	41.97	43.98	54.19	1.08	1.03	0.84
C14012 - 100 - AC - Y - 1	30.12	30.12	31.53	33.27	1.00	0.96	0.91
C14012 - 100 - AC - Y - 2	31.24	29.76	31.17	32.76	1.05	1.00	0.95
C14012 - 150 - AC - Y - 1	22.96	18.29	18.94	21.08	1.26	1.21	1.09
C14012 - 150 - AC - Y - 2	23.68	18.17	18.82	20.93	1.30	1.26	1.13
C7012 - 50 - AC - X - 1	50.00	41.68	43.52	52.34	1.20	1.15	0.96
C7012 - 50 - AC - X - 2	50.32	42.73	44.57	51.73	1.18	1.13	0.97
C7012 - 75 - AC - X - 1	38.69	34.61	36.14	42.96	1.12	1.07	0.90
C7012 - 75 - AC - X - 2	41.21	35.45	36.98	43.11	1.16	1.11	0.96
平均值					1.1278	1.0769	1.0217
方差					0.0176	0.0136	0.0139
变异系数					0.1176	0.1083	0.1154

表 2 - 12　　　　　　　　　文献 [40] 试验与计算结果对比

构件编号	P_t(kN)	P_1(kN)	P_2(kN)	P_3(kN)	P_t/P_1	P_t/P_2	P_t/P_3
SLC1 6x3	46.28	35.45	36.86	38.08	1.31	1.26	1.22
SLC1 9x3	44.72	35.67	37.58	39.05	1.25	1.19	1.15
SLC1 12x3	45.17	34.40	37.07	39.00	1.31	1.22	1.16
SLC1 6x6	58.74	33.92	52.81	48.07	1.73	1.11	1.22
SLC2 6x6	60.52	35.36	54.54	49.62	1.71	1.11	1.22
SLC1 12x6	57.85	37.69	46.68	53.03	1.53	1.24	1.09
SLC2 12x6	60.52	37.63	46.60	52.37	1.61	1.30	1.16
SLC1 18x6	56.96	35.55	43.93	49.64	1.60	1.30	1.15
SLC2 18x6	56.96	35.49	43.51	49.31	1.60	1.31	1.16
SLC1 24x6	56.96	34.27	42.06	48.47	1.66	1.35	1.18
SLC2 24x6	53.40	34.62	39.68	48.18	1.54	1.35	1.11
SLC3 24x6	56.07	34.27	42.05	48.45	1.64	1.33	1.16
SLC1 6x9	51.18	30.27	49.85	45.17	1.69	1.03	1.13
SLC2 6x9	52.51	30.28	49.83	43.95	1.73	1.05	1.19
SLC1 9x9	52.96	30.54	50.69	47.87	1.73	1.04	1.11
SLC2 9x9	53.40	30.53	50.70	47.86	1.75	1.05	1.12
SLC1 18x9	138.62	85.05	107.22	144.32	1.63	1.29	0.96

构件编号	P_t(kN)	P_1(kN)	P_2(kN)	P_3(kN)	P_t/P_1	P_t/P_2	P_t/P_3
SLC2 18x9	139.73	84.88	106.85	143.05	1.65	1.31	0.98
SLC4 27x9	61.41	39.14	47.74	56.23	1.57	1.29	1.09
SLC5 18x9	64.97	40.76	49.77	58.98	1.59	1.31	1.10
SLC1 27x9	60.52	36.72	45.18	51.98	1.65	1.34	1.16
SLC2 27x9	62.30	37.05	44.40	52.35	1.68	1.40	1.19
SLC1 36x9	55.63	34.31	41.89	52.42	1.62	1.33	1.06
L36 - 1	100.20	82.52	88.68	90.05	1.21	1.13	1.11
L48 - 1	111.90	87.49	97.35	92.80	1.28	1.15	1.21
CH17 - 1	128.70	88.33	120.21	107.73	1.46	1.07	1.19
CH17 - 2	123.70	87.01	89.38	103.95	1.42	1.38	1.19
CH20 - 1	106.80	83.26	101.73	94.58	1.28	1.05	1.13
CH20 - 2	101.90	82.00	80.85	91.63	1.24	1.26	1.11
CH24 - 1	256.20	192.34	223.97	206.27	1.33	1.14	1.24
CH24 - 2	231.10	186.58	178.86	193.23	1.24	1.29	1.20
RFC13 - 1	155.70	149.32	150.39	145.99	1.04	1.04	1.07
RFC13 - 2	161.90	149.32	150.39	145.99	1.08	1.08	1.11
RFC14 - 1	130.80	107.99	122.24	119.68	1.21	1.07	1.09
RFC14 - 2	133.00	107.99	122.24	119.68	1.23	1.09	1.11
RFC14 - 3	131.70	107.99	122.24	119.68	1.22	1.08	1.10
PBC13 - 1	104.50	98.47	98.47	95.97	1.06	1.06	1.09
PBC13 - 2	104.50	98.47	98.47	95.97	1.06	1.06	1.09
PBC14 - 1	82.30	71.72	76.70	75.32	1.15	1.07	1.09
PBC14 - 2	78.70	71.72	76.70	75.32	1.10	1.03	1.04
PBC14 - 3	79.20	71.72	76.70	75.32	1.10	1.03	1.05
P11（b）	201.50	186.20	190.15	185.50	1.08	1.06	1.09
P16（b）	58.70	53.50	54.60	53.14	1.10	1.08	1.10
LC1	43.99	27.18	33.96	36.18	1.62	1.30	1.22
LC2	41.88	28.18	35.67	43.05	1.49	1.17	0.97
CH - 1 - 5 - 800	45.64	42.97	37.65	33.09	1.06	1.21	1.38
CH - 1 - 6 - 800	45.84	43.52	39.44	36.88	1.05	1.16	1.24
CH - 1 - 7 - 400	50.87	45.46	51.23	42.12	1.12	0.99	1.21
CH - 1 - 7 - 600	49.38	45.11	42.11	41.53	1.09	1.17	1.19
CH - 1 - 7 - 800	47.62	45.18	42.10	41.17	1.05	1.13	1.16
平均值					1.3840	1.1772	1.1366
方差					0.0615	0.0141	0.0056
变异系数					0.1792	0.1010	0.0658

表 2 - 13　　　　　　　　　文献 [57] 试验与计算结果对比

构件编号	P_t(kN)	P_1(kN)	P_2(kN)	P_3(kN)	P_t/P_1	P_t/P_2	P_t/P_3
SS7510 - 10 - AC - Y - 1	68.94	59.68	75.38	51.80	1.16	0.91	1.33
SS7510 - 10 - AC - Y - 2	53.70	59.81	75.51	52.49	0.90	0.71	1.02
SS7510 - 10 - AC - Y - 3	73.01	59.54	75.27	51.60	1.23	0.97	1.41
SS7510 - 50 - AC - Y - 1	43.78	45.48	49.93	48.86	0.96	0.88	0.90
SS7510 - 50 - AC - Y - 2	46.45	45.45	49.74	49.12	1.02	0.93	0.95
SS7510 - 100 - AC - Y - 1	26.57	19.18	20.33	23.16	1.39	1.31	1.15
SS7510 - 100 - AC - Y - 2	26.81	19.16	20.31	23.16	1.40	1.32	1.16
SS7510 - 100 - AC - Y - 3	24.85	19.14	20.28	23.57	1.30	1.23	1.05
SS7510 - 100 - AC - Y - 4	25.73	19.12	20.27	22.47	1.35	1.27	1.15
SS7510 - 100 - AC - Y - 5	28.43	19.19	20.39	22.33	1.48	1.39	1.27
SS7510 - 150 - AC - Y - 1	16.80	10.36	10.65	12.70	1.62	1.58	1.32
SS7510 - 150 - AC - Y - 2	12.57	10.39	10.69	12.99	1.21	1.18	0.97
SS7510 - 150 - AC - Y - 3	12.86	10.34	10.62	12.55	1.24	1.21	1.02
SS7510 - 150 - AC - Y - 4	15.50	10.36	10.67	13.00	1.50	1.45	1.19
SS7510 - 45 - AC - X - 1	52.94	48.05	49.93	50.36	1.10	1.06	1.05
SS7510 - 45 - AC - X - 2	49.16	48.02	49.74	50.78	1.02	0.99	0.97
SS7510 - 45 - AC - X - 3	54.49	47.95	49.74	50.34	1.14	1.10	1.08
SS7510 - 70 - AC - X - 1	53.31	35.20	48.91	50.12	1.51	1.09	1.06
SS7510 - 70 - AC - X - 2	45.35	35.08	48.91	49.70	1.29	0.93	0.91
SS7510 - 70 - AC - X - 3	53.96	35.09	35.72	49.65	1.54	1.51	1.09
SS7510 - 70 - AC - X - 4	56.03	34.89	35.57	45.32	1.61	1.58	1.24
SS7510 - 70 - AC - X - 5	53.14	34.99	35.63	45.53	1.52	1.49	1.17
SS1010 - 10 - AC - Y - 1	68.56	62.31	81.47	57.69	1.10	0.84	1.19
SS1010 - 10 - AC - Y - 2	60.26	62.47	81.67	58.15	0.96	0.74	1.04
SS1010 - 10 - AC - Y - 3	66.46	62.67	81.83	58.52	1.06	0.81	1.14
SS1010 - 30 - AC - Y - 1	63.68	56.51	64.17	53.98	1.13	0.99	1.18
SS1010 - 30 - AC - Y - 2	69.88	56.76	64.58	54.68	1.23	1.08	1.28
SS1010 - 30 - AC - Y - 3	65.48	56.52	64.13	54.21	1.16	1.02	1.21
SS1010 - 50 - AC - Y - 1	55.24	47.29	54.03	55.82	1.17	1.02	0.99
SS1010 - 50 - AC - Y - 2	58.81	47.41	53.98	55.01	1.24	1.09	1.07
SS1010 - 50 - AC - Y - 3	55.27	47.37	53.97	55.46	1.17	1.02	1.00
SS1010 - 75 - AC - Y - 1	44.65	34.42	39.29	53.85	1.30	1.14	0.83
SS1010 - 75 - AC - Y - 2	42.38	34.37	39.20	54.16	1.23	1.08	0.78
SS1010 - 75 - AC - Y - 3	46.61	34.37	39.18	54.13	1.36	1.19	0.86
SS1010 - 100 - AC - Y - 1	35.02	25.89	33.27	29.64	1.35	1.05	1.18
SS1010 - 100 - AC - Y - 2	35.97	25.91	33.16	29.96	1.39	1.08	1.20

构件编号	P_t(kN)	P_1(kN)	P_2(kN)	P_3(kN)	P_t/P_1	P_t/P_2	P_t/P_3
SS1010 - 120 - AC - Y - 1	29.09	19.98	28.57	23.95	1.46	1.02	1.21
SS1010 - 120 - AC - Y - 2	30.15	19.96	28.63	23.97	1.51	1.05	1.26
SS1010 - 120 - AC - Y - 3	32.02	19.98	28.62	23.74	1.60	1.12	1.35
SS1010 - 120 - AC - Y - 4	31.05	19.98	28.92	24.55	1.55	1.07	1.26
SS1010 - 150 - AC - Y - 1	19.43	13.59	21.98	17.11	1.43	0.88	1.14
SS1010 - 150 - AC - Y - 2	18.61	13.60	21.96	17.45	1.37	0.85	1.07
SS1010 - 45 - AC - X - 1	57.48	54.64	57.54	56.42	1.05	1.00	1.02
SS1010 - 45 - AC - X - 2	58.01	54.46	57.31	55.91	1.07	1.01	1.04
SS1010 - 45 - AC - X - 3	58.30	54.62	57.56	56.40	1.07	1.01	1.03
SS1010 - 70 - AC - X - 1	46.52	40.63	42.75	55.21	1.14	1.09	0.84
SS1010 - 70 - AC - X - 2	56.38	40.56	42.62	56.40	1.39	1.32	1.00
SS1010 - 70 - AC - X - 3	54.05	40.57	42.62	54.87	1.33	1.27	0.99
SS1075 - 10 - AC - Y - 1	31.62	37.01	48.19	37.21	0.85	0.66	0.85
SS1075 - 10 - AC - Y - 2	40.04	37.02	48.21	38.08	1.08	0.83	1.05
SS1075 - 10 - AC - Y - 3	42.32	37.01	48.22	37.75	1.14	0.88	1.12
SS1075 - 50 - AC - Y - 1	35.50	28.00	31.81	36.78	1.27	1.12	0.97
SS1075 - 50 - AC - Y - 2	35.42	28.03	31.87	37.13	1.26	1.11	0.95
SS1075 - 50 - AC - Y - 3	34.36	28.07	31.86	37.59	1.22	1.08	0.91
SS1075 - 100 - AC - Y - 1	20.80	15.79	18.13	19.10	1.32	1.15	1.09
SS1075 - 100 - AC - Y - 2	21.44	15.78	18.11	18.86	1.36	1.18	1.14
SS1075 - 150 - AC - Y - 1	12.41	9.20	10.02	11.00	1.35	1.24	1.13
SS1075 - 150 - AC - Y - 2	14.29	9.20	10.02	11.01	1.55	1.43	1.30
SS1075 - 45 - AC - X - 1	34.29	31.96	33.42	36.43	1.07	1.03	0.94
SS1075 - 45 - AC - X - 2	31.08	31.96	33.43	37.02	0.97	0.93	0.84
SS1075 - 45 - AC - X - 3	34.11	31.96	33.43	37.23	1.07	1.02	0.92
SS1075 - 70 - AC - X - 1	33.03	24.64	25.75	35.93	1.34	1.28	0.92
SS1075 - 70 - AC - X - 2	30.76	24.61	25.75	35.80	1.25	1.19	0.86
平均值					1.2605	1.0962	1.0728
方差					0.0357	0.0411	0.0217
变异系数					0.1498	0.1849	0.1373

表 2 - 14　　　　　　　　　文献［61］试验与计算结果对比

构件编号	P_t(kN)	P_1(kN)	P_2(kN)	P_3(kN)	P_t/P_1	P_t/P_2	P_t/P_3
LCC89 - 1a	29.82	27.51	28.21	31.18	1.08	1.06	0.96
LCC89 - 1c	30.36	27.51	28.21	31.18	1.10	1.08	0.97
LCC89 - 2a	29.36	26.19	26.86	26.83	1.12	1.09	1.09

续表

构件编号	P_t(kN)	P_1(kN)	P_2(kN)	P_3(kN)	P_t/P_1	P_t/P_2	P_t/P_3
LCC89 - 2b	27.59	26.19	26.86	26.83	1.05	1.03	1.03
LCC89 - 3a	24.75	23.88	24.30	21.63	1.04	1.02	1.14
LCC89 - 3b	23.46	23.88	24.30	21.63	0.98	0.97	1.08
LCC89 - 4a	22.89	19.98	20.32	17.41	1.15	1.13	1.31
LCC89 - 4b	21.87	19.98	20.32	17.41	1.09	1.08	1.26
LCC89 - 5a	17.96	16.44	16.72	13.36	1.09	1.07	1.34
LCC89 - 5b	20.91	16.44	16.72	13.36	1.27	1.25	1.56
LCC140 - 1a	27.86	25.22	25.34	30.86	1.10	1.10	0.90
LCC140 - 1c	26.84	25.22	25.34	30.86	1.06	1.06	0.87
LCC140 - 2a	24.41	23.85	23.97	28.20	1.02	1.02	0.87
LCC140 - 2b	24.41	23.85	23.97	28.20	1.02	1.02	0.87
LCC140 - 3a	22.37	21.68	21.78	24.30	1.03	1.03	0.92
LCC140 - 3b	22.40	21.68	21.78	24.30	1.03	1.03	0.92
LCC140 - 4a	18.95	18.70	18.79	20.23	1.01	1.01	0.94
LCC140 - 4b	18.94	18.70	18.79	20.23	1.01	1.01	0.94
LCC140 - 5a	16.29	16.10	16.17	17.04	1.01	1.01	0.96
LCC140 - 5b	16.79	16.10	16.17	17.04	1.04	1.04	0.99
平均值					1.0674	1.0539	1.0461
方差					0.0042	0.0036	0.0360
变异系数					0.0606	0.0573	0.1815

表 2 - 15　　　　　　　　　　文献［60］试验与计算结果对比

构件编号	P_t(kN)	P_1(kN)	P_2(kN)	P_3(kN)	P_t/P_1	P_t/P_2	P_t/P_3
SLC42×30 - 500	29.82	27.51	28.21	31.18	1.08	1.06	0.96
SLC56×40 - 700	30.36	27.51	28.21	31.18	1.10	1.08	0.97
SLC90×90 - 700	29.36	26.19	26.86	26.83	1.12	1.09	1.09
LLC42×30 - 990	27.59	26.19	26.86	26.83	1.05	1.03	1.03
LLC42×30 - 1540	24.75	23.88	24.30	21.63	1.04	1.02	1.14
LLC42×30 - 2100	23.46	23.88	24.30	21.63	0.98	0.97	1.08
LLC56×40 - 1360	22.89	19.98	20.32	17.41	1.15	1.13	1.31
LLC56×40 - 2100	21.87	19.98	20.32	17.41	1.09	1.08	1.26
LLC56×40 - 2840	17.96	16.44	16.72	13.36	1.09	1.07	1.34
LLC70×50 - 980	20.91	16.44	16.72	13.36	1.27	1.25	1.56
LLC70×50 - 1530	27.86	25.22	25.34	30.86	1.10	1.10	0.90
LLC70×50 - 2080	26.84	25.22	25.34	30.86	1.06	1.06	0.87
LLC84×60 - 1200	24.41	23.85	23.97	28.20	1.02	1.02	0.87

续表

构件编号	P_t(kN)	P_1(kN)	P_2(kN)	P_3(kN)	P_t/P_1	P_t/P_2	P_t/P_3
LLC84×60-1860	24.41	23.85	23.97	28.20	1.02	1.02	0.87
LLC60×60-1700	22.37	21.68	21.78	24.30	1.03	1.03	0.92
平均值					1.2526	1.1754	0.9877
方差					0.0129	0.0058	0.0047
变异系数					0.0905	0.0645	0.0695

表 2-16   文献 [62] 试验与计算结果对比

构件编号	P_t(kN)	P_1(kN)	P_2(kN)	P_3(kN)	P_t/P_1	P_t/P_2	P_t/P_3
C150-0-1	121.80	103.73	102.40	127.63	1.17	1.19	0.95
C150-0-2	125.40	103.91	103.41	130.26	1.21	1.21	0.96
C150-1-3	125.40	104.05	103.68	130.98	1.21	1.21	0.96
C150-1-5	123.50	104.30	103.43	130.14	1.18	1.19	0.95
C100-1-3	114.60	104.99	105.71	121.71	1.09	1.08	0.94
C100-1-4	114.90	104.87	105.05	121.52	1.10	1.09	0.95
C100-1-5	112.90	104.79	104.57	121.16	1.08	1.08	0.93
C100-1-6	118.80	105.06	105.94	122.38	1.13	1.12	0.97
C150-2-2	114.30	105.83	106.19	124.24	1.08	1.08	0.92
C150-3-2	115.00	105.89	106.34	124.60	1.09	1.08	0.92
平均值					1.1332	1.1342	0.9456
方差					0.0029	0.0035	0.0003
变异系数					0.0476	0.0525	0.0177

表 2-17   文献 [63] 试验与计算结果对比

构件编号	P_t(kN)	P_1(kN)	P_2(kN)	P_3(kN)	P_t/P_1	P_t/P_2	P_t/P_3
L36F0280	100.20	81.60	90.39	96.76	1.23	1.11	1.04
L36F1000	89.60	77.05	75.23	89.09	1.16	1.19	1.01
L36F1500	82.40	70.76	69.42	78.29	1.16	1.19	1.05
LLC36F2000	70.10	56.53	55.61	60.90	1.24	1.26	1.15
L36F2500	58.10	44.76	44.04	47.45	1.30	1.32	1.22
L36F3000	39.30	35.31	34.98	36.52	1.11	1.12	1.08
L36P0280	83.50	79.71	77.91	91.64	1.05	1.07	0.91
L36P0315	83.10	79.21	77.46	90.99	1.05	1.07	0.91
L36P0815	67.90	64.30	63.31	67.58	1.06	1.07	1.00
L36P0815	70.70	62.53	61.58	65.59	1.13	1.15	1.08
L36P1315	41.10	38.31	37.91	38.60	1.07	1.08	1.06
L48F0300	111.90	87.27	98.66	93.22	1.28	1.13	1.20

构件编号	P_t(kN)	P_1(kN)	P_2(kN)	P_3(kN)	P_t/P_1	P_t/P_2	P_t/P_3
L48F1000	102.30	83.06	80.95	86.89	1.23	1.26	1.18
L48F1500	98.60	78.88	77.78	79.96	1.25	1.27	1.23
L48F2000	90.10	74.32	73.17	66.81	1.21	1.23	1.35
L48F2500	73.90	64.87	63.79	53.16	1.14	1.16	1.39
L48F3000	54.30	53.60	53.13	43.68	1.01	1.02	1.24
L48P0300	100.10	85.83	83.55	90.28	1.17	1.20	1.11
L48P0565	87.60	81.76	80.58	87.87	1.07	1.09	1.00
L48P1065	72.00	69.65	68.38	70.11	1.03	1.05	1.03
L48P1565	53.20	46.98	46.45	48.62	1.13	1.15	1.09
平均值					1.1474	1.1524	1.1113
方差					0.0075	0.0067	0.0164
变异系数					0.0757	0.0712	0.1154

◇ 2.5　普通卷边槽钢轴压构件直接强度法算例

本算例取自文献 [29]。构件编号：C7012 - 50 - AC - Y - 2。

计算简图如图 2 - 12、图 2 - 13。截面参数按轴线尺寸数据如下：

腹板高度 $h = 68.79$mm

翼缘宽度 $b = 33.85$mm

卷边长度 $a = 11.44$mm

长度 $l = 640$mm

厚度 $t = 1.26$mm

弹性模量 $E = 2.015 \times 10^5 \text{N/mm}^2$

泊松比 $\nu = 0.3$

屈服强度 $f_y = 370 \text{N/mm}^2$

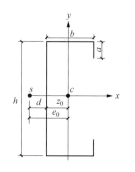

图 2 - 12　普通卷边槽钢全截面计算简图

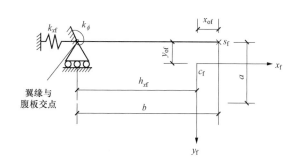

图 2 - 13　卷边与翼缘组合截面计算简图

（1）卷边与翼缘组合截面几何特性的计算。

$$x_{of} = b^2/[2(b+a)] = 12.65\text{mm}$$

$$y_{of} = -a^2/[2(b+a)] = -1.44\text{mm}$$

$$h_{xf} = -(b-x_{of}) = -21.20\text{mm}$$

$$I_{xf} = t[(b+a)bt^2 + (4b+a)a^3]/[12(b+a)] = 515.34\text{mm}^4$$

$$I_{yf} = t(b^4 + 4b^3a)/[12(b+a)] = 7158.64\text{mm}^4$$

$$I_{xyf} = tb^2a^2/[4(b+a)] = 1042.98\text{mm}^4$$

$$I_{tf} = t^3(b+a)/3 = 30.20\text{mm}^4$$

$$I_{\omega f} = 0$$

$$A_f = (b+a)t = 57.07\text{mm}^2$$

（2）全截面几何特性的计算。

$$A = (h+2b+2a)t = 200.81\text{mm}^2$$

$$z_0 = \frac{b(b+2a)}{h+2b+2a} = 12.05\text{mm}$$

$$I_x = \frac{1}{12}h^3t + \frac{1}{2}bh^2t + \frac{1}{6}a^3t + \frac{1}{2}a(h-a)^2t = 159\,112.15\text{mm}^4$$

$$I_y = hz_0^2t + \frac{1}{6}b^3t + 2b\left(\frac{b}{2}-z_0\right)^2t + 2a(b-z_0)^2t = 36\,458.42\text{mm}^4$$

$$I_t = \frac{1}{3}(h+2b+2a)t^3 = 106.27\text{mm}^4$$

$$d = \frac{b}{I_x}\left(\frac{1}{4}bh^2 + \frac{1}{2}ah^2 - \frac{2}{3}a^3\right)t = 17.72\text{mm}$$

$$I_\omega = \frac{d^2h^3t}{12} + \frac{h^2}{6}[d^3 + (b-d)^3]t$$
$$+ \frac{a}{6}[3h^2(d-b)^2 - 6ha(d^2-b^2) + 4a^2(d+b)^2]t = 42\,085\,623.23\text{mm}^6$$

（3）板件的弹性局部屈曲应力的计算。

板件的弹性局部相关屈曲应力，可以通过下式得到：

$$\sigma_{crL} = \frac{k_w\pi^2E}{12(1-\nu^2)}\left(\frac{t}{h}\right)^2 = 332.66\text{N/mm}^2$$

$$k_w = 7 - \frac{1.8\dfrac{b}{h}}{0.15+\dfrac{b}{h}} - 1.43\left(\frac{b}{h}\right)^3 = 5.45$$

式中　k_w——腹板的局部相关屈曲系数；

　b、h——分别为翼缘和腹板的宽度；

　　t——板件厚度，计算时取板件中心线之间的距离，忽略弯角部分的影响。

（4）截面畸变的弹性屈曲应力的计算。

畸变屈曲应力按文献［56］中附录 C.1.2 条的规定计算如下：

$$\sigma_{crd} = \frac{E}{2A_f}[\alpha_1 + \alpha_2 - \sqrt{(\alpha_1+\alpha_2)^2 - 4\alpha_3}] = 478.82\text{N/mm}^2$$

其中：

$$\alpha_1 = \frac{\eta}{\beta_1}(I_{xf}b^2 + 0.039I_{tf}\lambda^2) + \frac{k_\phi}{\beta_1 \eta E} = 0.176$$

$$\alpha_2 = \eta\Big(I_{yf} - \frac{2}{\beta_1}y_{of}bI_{xyf}\Big) = 0.697$$

$$\alpha_3 = \eta\Big(\alpha_1 I_{yf} - \frac{\eta}{\beta_1}I_{xyf}^2 b^2\Big) = 0.100$$

$$\beta_1 = h_{xf}^2 + (I_{xf} + I_{yf})/A_f = 583.91$$

$$\lambda = 4.80\Big(\frac{I_{xf}b^2 h}{t^3}\Big)^{0.25} = 322.22$$

$$\eta = (\pi/\lambda)^2 = 9.50 \times 10^{-5}$$

$$k_\phi = \frac{Et^3}{5.46(h + 0.06\lambda)}\Big[1 - \frac{1.11\sigma'}{Et^2}\Big(\frac{h^2\lambda}{h^2 + \lambda^2}\Big)^2\Big] = 671.52$$

式中，σ' 为 $k_\phi = 0$ 时由式（2 - 39a）求得的 σ_{crd} 值；$\dfrac{Et^3}{5.46(h + 0.06\lambda)}$ 为不受力的腹板所提供的

约束刚度；$1 - \dfrac{1.11\sigma'}{Et^2}\Big(\dfrac{h^2\lambda}{h^2 + \lambda^2}\Big)^2$ 是压应力使腹板刚度减小的折减系数。

（5）构件整体稳定系数的计算。

由于构件两端采用的是双刀口支座，并在端部采用箍板进行约束。故该普通卷边槽钢轴压构件边界条件为绕 x 轴、y 轴都是简支，端部截面翘曲并未受到约束。

$$i_x = \sqrt{\frac{I_x}{A}} = 28.15\text{mm}$$

绕 x 轴的计算长度　　$l_{ox} = 640 + 98 + 10 = 748\text{mm}$

$$\lambda_x = \frac{l_{ox}}{i_x} = 26.57$$

$$i_y = \sqrt{\frac{I_y}{A}} = 13.47\text{mm}$$

绕 y 轴的计算长度　　$l_{oy} = 640 + 90 + 10 = 740\text{mm}$

$$\lambda_y = \frac{l_{oy}}{i_y} = 54.94$$

截面剪心与形心之间的距离　　$e_0 = d + z_0 = 29.77\text{mm}$

$$i_0^2 = e_0^2 + i_x^2 + i_y^2 = 1860.12\text{mm}^2$$

开口截面轴心受压构件的约束系数：$\alpha = 1.0$，$\beta = 1.0$。

扭转屈曲的计算长度　　$l_\omega = \beta l_{ox} = 748\text{mm}$

$$s^2 = \frac{\lambda_x^2}{A}\Big(\frac{I_\omega}{l_\omega^2} + 0.039I_t\Big) = 279.01\text{mm}^2$$

$$\lambda_\omega = \lambda_x \sqrt{\frac{s^2 + i_0^2}{2s^2} + \sqrt{\Big(\frac{s^2 + i_0^2}{2s^2}\Big)^2 - \frac{i_0^2 - \alpha e_0^2}{s^2}}} = 71.20$$

$$\lambda_\omega = 71.20 > \lambda_y = 54.94 > \lambda_x$$

λ_x、λ_y 采用本章 2.2.3 中公式计算。

$$\lambda_{cy} = \lambda_\omega \sqrt{f_y / 235} = 89.34$$

按照附表查得 $\varphi = 0.665$。

　（6）局部与整体相关屈曲极限承载力 N_{nL} 按下式计算：

$$N_{nL} = \begin{cases} N_{ne} & \lambda_L \leqslant 0.847 \\ \left[1 - 0.10 \left(\dfrac{N_{crL}}{N_{ne}}\right)^{0.36}\right] \left(\dfrac{N_{crL}}{N_{ne}}\right)^{0.36} N_{ne} & \lambda_L > 0.847 \end{cases}$$

$$N_{crL} = A\sigma_{crL} = 66.80\text{kN}$$

$$N_{ne} = A\varphi f_y = 49.41\text{kN}$$

$$\lambda_L = \sqrt{N_{ne}/N_{crL}} = 0.860$$

$$N_{nL} = 48.94\text{kN}$$

　（7）畸变与整体相关屈曲极限承载力 N_{nd} 按下式计算：

$$N_{nd} = \begin{cases} N_{ne} & \lambda_d \leqslant 0.561 \\ \left[1 - 0.25 \left(\dfrac{N_{crd}}{N_{ne}}\right)^{0.6}\right] \left(\dfrac{N_{crd}}{N_{ne}}\right)^{0.6} N_{ne} & \lambda_d > 0.561 \end{cases}$$

$$N_{crd} = A\sigma_{crd} = 96.15\text{kN}$$

$$\lambda_d = \sqrt{N_{ne}/N_{crd}} = 0.717$$

$$N_{nd} = 46.21\text{kN}$$

式中　N_{crd}——构件的畸变稳定承载力；

　　　σ_{crd}——板件的弹性畸变屈曲临界应力。

　综上所述：$N = \min(N_{nL}, N_{nd}) = 46.21\text{kN}$。

　（8）与试验结果的对比。

　本算例试验值为 $N_u = 46.68\text{kN}$。

　试验值/直接强度法计算值 $= 46.68/46.21 = 1.01$。

第3章 板件加劲冷弯薄壁型钢轴压构件极限承载力计算方法

随着冷弯薄壁型钢的迅猛发展，截面形式越发的复杂，由原来的板、角钢、槽钢，到现在的卷边槽钢和板件加劲的槽钢等。目前板件加肋成了主流方向，优势非常明显。腹板加劲肋的存在减小了宽厚比，有效地提高了构件的局部屈曲承载力，对截面惯性矩等与整体稳定相关的截面几何特性影响较小。试验表明，采用单位面积下构件的承载能力及承载效率来比较，在相同情况下，加劲截面比普通截面的承载效率大约提高了50%，但是截面形式变化和钢材材性方面的改变给结构设计带来了新的问题。随着截面形式的复杂化，畸变屈曲在越来越多构件失效模式中起控制作用，因此畸变屈曲也越来越得到广大学者的重视。相关屈曲变得复杂化，确定与之相匹配的设计方法使其能够更早地应用到结构设计当中去，是十分重要的，这也是给广大学者提出了一个新的研究方向。

国内一些著名学者也在进行上述方面的研究：2010年，李元齐、沈祖炎对550MPa的高强冷弯薄壁型钢的构件进行了试验研究。2012年，姚永红主要研究了腹板V形加劲冷弯薄壁卷边槽钢轴压柱稳定。2013年，王春刚、张壮南、张耀春研究了中间加劲复杂卷边槽钢轴心受压构件承载力。目前的直接强度法考虑局部和整体相关屈曲，畸变和整体相关屈曲而腹板加劲截面失稳模式多为局部和畸变屈曲及局部畸变和整体相关屈曲，所以现有的直接强度法并不适用，提出适合加劲截面构件的直接强度法势在必行。

本节在对共计262个腹板V形加劲复杂槽钢和腹板Σ形加劲复杂卷边槽钢进行参数分析的基础上，给出了对板件加肋卷边槽钢轴压构件的弹性临界屈曲应力的手算方法，并提出了适合腹板加劲构件的直接强度法公式。

◇ 3.1 弹性屈曲应力的求解

3.1.1 弹性屈曲应力的简化求解

使用直接强度法求解构件极限承载力时，需要求出弹性屈曲荷载才能应用直接强度法公式求得构件的极限承载力。因此，弹性屈曲荷载成了直接强度法的关键，同时弹性屈曲荷载的精确性将直接影响直接强度法计算结果的准确性。本节给出了适合于加劲截面的弹性屈曲应力简化计算方法。

对于腹板无加劲肋的弹性局部屈曲荷载而言，国外学者在BS 5950中提出式（2-38）。此外，沙费尔也提出了局部相关屈曲应力计算式：

$$\sigma_{crL} = \frac{k\pi^2 E}{12(1-\nu^2)}\left(\frac{t}{b}\right)^2 \tag{3-1}$$

$$k = \begin{cases} 4[2-(b/h)^{0.4}](b/h)^2 & h/b \geqslant 1 \\ 4[2-(h/b)^{0.2}] & h/b < 1 \end{cases} \tag{3-2}$$

式中　　k——屈曲系数；

　　　　b——翼缘平直段宽度；

　　　　h——腹板平直段高度。

随着研究的深入，沙费尔在式（3-1）的基础上提出适合加劲板件的弹性屈曲应力的手算方法，只是式中字母代表的意思有所不同：腹板加劲复杂卷边槽钢计算其弹性局部临界应力需按照 NAS 2004 的定义方法，h 和 b 的含义有所变化，分别代表与其相邻的板件，即 h 代表翼缘平直段宽度，b 代表腹板子板件平直段长度，这样所得的手算结果与有限条软件的计算结果比较相似。

对于腹板无加劲肋的弹性畸变屈曲荷载而言，式（2-39a）虽然是用于计算不加劲截面构件的，但是经过研究发现，在截面形状相同的情况下，腹板是否加劲对截面畸变屈曲应力的影响不大，可以做近似的计算，表3-1对上述结论进行了验证。试件编号方式见文献［30］。

表 3-1　　　　　　　加劲截面和不加劲截面的弹性畸变屈曲临界应力对比

构件编号	弹性畸变屈曲应力 σ_{crd}(kN)	试件编号	弹性畸变屈曲应力 σ_{crd}(kN)
C1L1000s1	101.27	C1L1000h1	57.22
C2L1000s1a	105.8	C2L1000h1a	65.55
C2L1000s1b	110.4	C2L1000h1b	67.68
C2L1000s1c	108.8	C2L1000h1c	66.48
C2L1000s1d	107.4	C2L1000h1d	65.27
C2L1000s1e	104.3	C2L1000h1e	62.16
C3L1000s1a	102.25	C3L1000h1a	58.68
C1L1000s2	212.55	C1L1000h2	129.77
C2L1000s2a	229.1	C2L1000h2a	135.4
C2L1000s2b	230.4	C2L1000h2b	139.9
C2L1000s2c	228.4	C2L1000h2c	138.4
C2L1000s2d	227.1	C2L1000h2d	137.2
C2L1000s2e	218.7	C2L1000h2e	134.7
C3L1000s1a	215.56	C3L1000h1a	130.21

表3-2～表3-4分别列出了弹性屈曲临界应力的理论计算结果与 CUFSM 程序计算结果对比。其中，需要提及的是，长度与弹性屈曲临界应力无关，所以均取为 1000mm。

表 3-2　　　　　　　弹性局部屈曲临界应力手算与程序算法的对比

构件编号	沙费尔手算结果 σ_{crL}(MPa)	CUSFM 计算结果 σ'_{crL}(MPa)	$\sigma_{crL}/\sigma'_{crL}$
C2L1000s1a	105.32	116.1	0.907
C2L1000s2a	431.37	457.2	0.944
C2L1000h1a	45.89	50.76	0.904
C2L1000h2a	182.62	199.5	0.915
C2L1000s1b	148.64	156.61	0.949

续表

构件编号	沙费尔手算结果 σ_{crL} (MPa)	CUSFM 计算结果 σ'_{crL} (MPa)	$\sigma_{crL}/\sigma'_{crL}$
C2L1000s2b	598.65	612.64	0.977
C2L1000h1b	91.35	99.93	0.914
C2L1000h2b	372.66	389.52	0.957
C2L1000s1d	128.53	141.1	0.911
C2L1000s2d	539.97	552.8	0.977
C2L1000h1d	64.78	72.47	0.894
C2L1000h2d	267.84	285.5	0.938
C2L1000s1e	120.21	129.6	0.928
C2L1000s2e	488.89	508.9	0.961
C2L1000h1e	58.66	63.64	0.922
C2L1000h2e	237.78	250.4	0.950
C3L10001a	45.62	48.11	0.948
C3L10002a	172.16	189.09	0.911
C3L10001b	47.89	49.22	0.973
C3L10002b	180.86	192.8	0.938
C3L10001c	45.28	49.97	0.906
C3L10002c	181.45	194.2	0.934
C3L10001d	46.34	50.07	0.926
C3L10002d	183.61	198.1	0.927
平均值			0.934
标准差			0.014

表 3-3　　　V 形截面弹性畸变屈曲临界应力手算与程序算法的对比

构件编号	汉考克手算结果 σ_{crdh} (MPa)	CUSFM 计算结果 σ_{crdc} (MPa)	$\sigma_{crdh}/\sigma_{crdc}$
C3L10001a	45.21	47.84	0.945
C3L10002a	99.38	102.6	0.969
C3L20001a	45.63	47.84	0.954
C3L20002a	99.78	102.6	0.973
C3L10001b	47.26	49.34	0.958
C3L10002b	103.53	105.2	0.984
C3L20001b	47.41	49.34	0.961
C3L20002b	103.13	105.2	0.980
C3L10001c	49.23	51.22	0.961
C3L10002c	104.71	106.44	0.984
C3L20001c	49.54	51.22	0.967
C3L20002c	104.82	106.44	0.985

续表

构件编号	汉考克手算结果 σ_{crdh}(MPa)	CUSFM 计算结果 σ_{crdc}(MPa)	$\sigma_{crdh}/\sigma_{crdc}$
C3L10001d	51.44	53.76	0.957
C3L10002d	106.77	108.58	0.983
C3L20001d	51.13	53.76	0.951
C3L20002d	106.29	108.58	0.979
平均值			0.968
标准差			0.007

表 3 - 4　　Σ 型截面弹性畸变屈曲临界应力手算与程序算法的对比

构件编号	汉考克手算结果 σ_{crdh}(MPa)	CUSFM 计算结果 σ_{crdc}(MPa)	$\sigma_{crdh}/\sigma_{crdc}$
C2L1000s1a	104.09	105.8	0.984
C2L1000s2a	228.59	229.1	0.998
C2L1000h1a	61.35	65.55	0.936
C2L1000h2a	136.36	135.4	1.007
C2L2000s1a	103.49	105.8	0.978
C2L2000s2a	228.12	229.1	0.996
C2L2000h1a	61.34	65.55	0.936
C2L2000h2a	133.32	135.4	0.985
C2L3000s1a	103.49	105.8	0.978
C2L3000s2a	228.24	229.1	0.996
C2L3000h1a	61.25	65.55	0.934
C2L3000h2a	133.36	135.4	0.985
C2L1000s1b	109.09	110.4	0.988
C2L1000s2b	230.59	230.4	1.001
C2L1000h1b	61.35	67.68	0.906
C2L1000h2b	136.36	139.9	0.975
C2L2000s1b	108.49	110.4	0.983
C2L2000s2b	230.12	230.4	0.999
C2L2000h1b	62.34	67.68	0.921
C2L2000h2b	137.32	139.9	0.982
C2L3000s1b	109.49	110.4	0.992
C2L3000s2b	230.23	230.4	0.999
C2L3000h1b	62.35	67.68	0.921
C2L3000h2b	135.36	139.9	0.968
C2L1000s1c	104.09	108.8	0.957

构件编号	汉考克手算结果 σ_{crdh} (MPa)	CUSFM 计算结果 σ_{crdc} (MPa)	$\sigma_{crdh}/\sigma_{crdc}$
C2L1000s2c	228.59	228.4	1.001
C2L1000h1c	61.35	66.48	0.923
C2L1000h2c	136.36	138.4	0.985
C2L2000s1c	103.49	108.8	0.951
C2L2000s2c	228.12	228.4	0.999
C2L2000h1c	61.34	65.55	0.936
C2L2000h2c	133.32	135.4	0.985
C2L3000s1c	103.49	108.8	0.951
C2L3000s2c	228.24	228.4	0.999
C2L3000h1c	56.8	61.25	0.927
C2L3000h2c	130.21	133.36	0.976

从表 3 - 2 中 $\sigma_{crL}/\sigma'_{crL}$ 可以看出，两者结果十分相近，这也证明了沙费尔手算结果的准确性；从表 3 - 3 和表 3 - 4 中的应力的比值可以看出手算方法计算弹性畸变屈曲应力是比较准确的，误差都在 10% 以内。该方法可方便工程人员应用，并可以代替程序计算。

3.1.2　弹性畸变屈曲临界应力实用计算方法

对畸变屈曲的早期研究强调了卷边对翼缘约束的作用太弱而带动翼缘转动，从而引发的截面畸变。但从刘和汉考克提出简化模型开始，腹板提供给翼缘的约束对截面畸变的影响越来越得到了关注，如何准确地计算腹板对翼缘的约束程度成为弹性畸变屈曲研究的关键。

如今，对于卷边和腹板受翼缘这种约束作用，大致有两种考虑方法，一种方法是以构件的全截面为研究对象，通过列力的平衡方程及位移协调方程对畸变屈曲临界力进行求解；另一种方法则是将翼缘隔开，再设法将卷边、腹板对翼缘的约束作用分别进行考虑，研究它们对畸变屈曲临界力的影响。因构件发生畸变屈曲时截面变形相当复杂，无法正确地列出方程，故第一种方法不切实际。因此我们只能采取第二种方法。此种方法的关键是：将翼缘隔离开研究场时，如何正确地考虑相邻板件即卷边和腹板对它的约束作用，并如何正确地估算出约束的大小。

我们发现这个问题与计算截面弹性局部屈曲临界力时需考虑截面板组之间的相关作用类似。对于局部屈曲板组相关作用，现有的较成熟的考虑方法是：以板件屈曲应力计算式 (3 - 3) 来计算截面的屈曲应力为基础的，只是其中的板件屈曲系数 k 不再是加劲板、部分加劲板以及非加劲板等理想板件的屈曲系数，而是需要考虑相邻板件对它的约束作用的大小。

$$\sigma_{cr} = \frac{k\pi^2 E}{12(1 - v^2)(b/t)^2} \tag{3 - 3}$$

仿照以上计算弹性局部屈曲板组相关作用的方法，本章在求解弹性畸变屈曲临界力简化使用公式时，以翼缘板为计算对象，并采用公式 (3 - 4) 计算畸变屈曲应力 σ_{crd}。只是式中

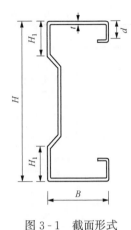

图 3-1 截面形式

板件局部系数 k 变为翼缘畸变屈曲系数 k_d，B 则为截面翼缘板的宽度。

$$\sigma_{crd} = \frac{k_d \pi^2 E}{12(1-v^2)(B/t)^2} \qquad (3-4)$$

式中 k_d——考虑了卷边和腹板对翼缘约束作用的相关屈曲系数；

         B——翼缘板件的宽度；

         t——板件厚度。

本节选取了 Σ 形截面复杂卷边截面槽钢（如图 3-1），通过改变 H_1/H 来改变截面形式，当 $H_1/H=0.438$ 时即为腹件中间 V 形加劲复杂卷边截面。表 3-5 所列数据为应用 CUFSM 计算构件畸变屈曲临界应力的结果，表中数据单位均为 MPa。

表 3-5   畸变屈曲临界应力分析结果

B/t	d/t	$H_1/H=0.1$	$H_1/H=0.2$	$H_1/H=0.3$	$H_1/H=0.37$	$H_1/H=0.438$
40	10	211.44	232.52	235.81	217.44	195.76
	11	212.92	231.24	235.22	221.32	202.05
	12	214.1	229.9	234.47	222.43	207.65
	13	214.91	228.42	233.5	223.98	212.51
	14	215.3	226.74	232.28	225.18	216.59
	15	215.22	224.82	230.77	225.65	219.89
45	10	207.15	224.43	224.3	208.22	189.15
	11	211.02	225.96	226.66	203.5	196.97
	12	214.45	227.24	228.64	217.44	204.04
	13	217.37	228.21	230.22	218.84	210.32
	14	219.74	228.85	231.4	224.65	215.8
	15	221.51	229.12	232.15	227.5	220.45
53	11	151.96	166.34	169.26	160.75	143.81
	13	153.94	164.66	168.41	162.99	152.07
	15	154.68	162.4	166.8	163.98	158.03
60	11	150.47	162.1	162.66	154.13	140.21
	13	155.67	164.18	165.72	159.77	150.59
	15	159.22	165.35	167.54	163.79	158.55

对于式（3-4），只要系数 k_d 能正确地反映卷边及腹板对翼缘畸变的约束作用，那么式（3-4）便可用于预测截面的弹性畸变屈曲临界应力。由此，通过式（3-4）便将 σ_{crd} 的求解转化成了 k_d 的求解。如何将卷边及腹板对翼缘畸变的约束作用准确地反映到 k_d 上呢？考虑到卷边的作用通常以指标 d/t 来体现，而腹板的作用则以指标 H_1/H 来体现，因此，可采取回归 k_d 与 d/t 及 H_1/H 的函数关系来解决，具体处理过程按以下三步骤进行：

（1）首先，借助有限条程序 CUFSM 分析得到各截面的畸变屈曲临界应力，此 σ_{crd} 显然考虑了卷边及腹板对翼缘畸变的约束作用的大小。

（2）然后将步骤（1）中所得 σ_{crd} 代入式（3-4）中反推 k_d，此 k_d 显然也包含了卷边和腹板对翼缘的约束作用的大小。

（3）最后，将步骤（2）中反推得到的 k_d 对 d/t 参数分析并回归 k_d 与 t 及 H_1/H 的函数关系式。

在按上述三步骤回归 k_d 与 d/t 间函数关系时，为使回归所得结论普遍适用，其回归过程需包括如下几步：

（1）固定翼缘 B、改变 d/t 及 H_1/H 即按表 3-5 所列截面为计算对象，得到 k_d 与 d/t 的关系如图 3-2。由图 3-2 可知：k_d 与 d/t 呈线性关系，且该关系不因 H_1/H 的改变而改变，只是当 H_1/H 不同时，k_d 与 d/t 所成直线的斜率和截距有所区别。

（2）从逻辑严密角度来看，需进一步确定当 B/t 变化时，"线性结论"是否依然存在。为此，笔者计算了 $d/t=10$、$d/t=11$、$d/t=12$、$d/t=13$、$d/t=14$、$d/t=15$、$B/t=40$、$B/t=45$、$B/t=53.3$、$B/t=60$ 的截面，其关系曲线见图 3-2～图 3-5，由图 3-2～图 3-5 可知：k_d 与 d/t 间线性结论不会因为 B/t 的改变而改变。

（3）最后，还需检验"k_d 与 d/t 间线性结论"在截面厚度 t 改变时是否依然成立。为此，笔者取 $t=1.5$ 及 $t=2.0$ 截面为计算对象，其关系曲线见图 3-2～图 3-5。由图 k_d 可知：k_d 与 d/t 间线性结论也不因截面厚度 t 的改变而改变。

综上所述可知：k_d 与 d/t 近似呈一次线性函数关系，且这一结论对于不同的 H_1/H、不同的 B/t 以及不同的 t 均成立，故"k_d 与 d/t 呈线性关系"的结论成立。

确定 k_d 与 H_1/H 间函数关系的过程可完全仿照上文，先固定翼缘 B，而改变 d/t 及 H_1/H。k_d 与 H_1/H 的关系曲线如图 3-6，由图 3-6 中 k_d 与 H_1/H 关系曲线可知：当 $H_1/H \leqslant 0.3$ 时和 $H_1/H > 0.3$ 时，k_d 与 H_1/H 间分别为斜率不同的一次线性函数关系。因此，将 $H_1/H \leqslant 0.3$ 和 $H_1/H > 0.3$ 分为两种情况考虑，接下来仍需仿照（2）、（3）的做法，将 k_d 与 H_1/H 间线性结论予以普遍性检验。这可通过改变 B/t 及 t 来检验，所得 k_d 与 H_1/H 间回归曲线分别见图 3-6～图 3-9。由于图 3-6～图 3-9，k_d 与 H_1/H 间回归曲线皆表现出较好线性特征，因此可以得到结论：k_d 与 H_1/H 也存在明显的线性关系，而且该线性关系对于不同的 B/t 及不同的 t 均成立。

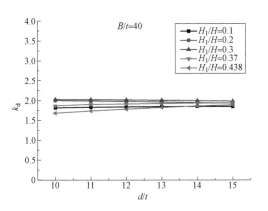

图 3-2　k_d 与 d/t 关系曲线（$B/t=40$）

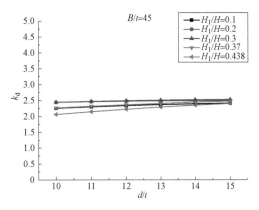

图 3-3　k_d 与 d/t 关系曲线（$B/t=45$）

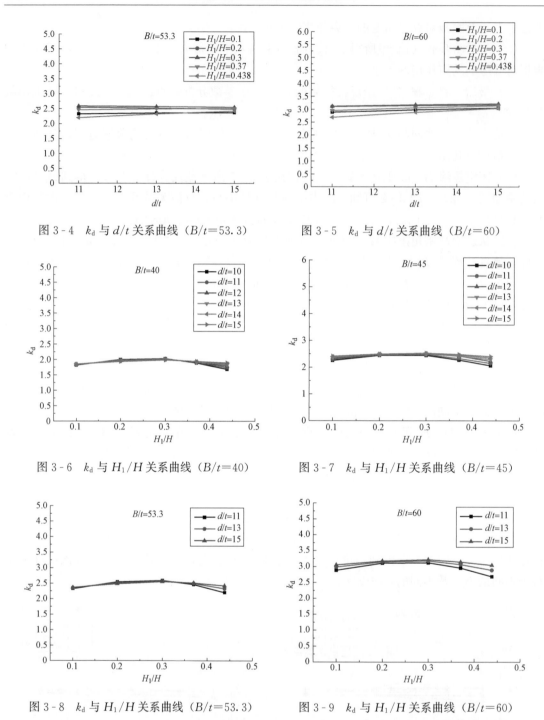

图 3-4 k_d 与 d/t 关系曲线（$B/t=53.3$）   图 3-5 k_d 与 d/t 关系曲线（$B/t=60$）

图 3-6 k_d 与 H_1/H 关系曲线（$B/t=40$）   图 3-7 k_d 与 H_1/H 关系曲线（$B/t=45$）

图 3-8 k_d 与 H_1/H 关系曲线（$B/t=53.3$）   图 3-9 k_d 与 H_1/H 关系曲线（$B/t=60$）

根据有限条程序 CUFSM 的计算结果，通过数学回归的方法分别分析了卷边及腹板对翼缘畸变屈曲系数 k_d 的影响，得到了 k_d 与 d/t 及 H_1/H 之间均近似呈一次线性关系的重要结论。以下将在这两个线性结论的基础上，推导能方便应用于设计的 k_d 简化计算公式。

由于卷边是截面畸变的诱因，且上述分析已表明 k_d 与 B/t 间呈一次线性关系，因此，翼缘畸变屈曲系数 k_d 的表达式可设为式（3-5）形式：

$$k_{\mathrm{d}} = \alpha\, \frac{d}{t} + \beta \tag{3-5}$$

考虑到 k_{d} 与 H_1/H 亦呈一次线性关系，因此式（3-5）中系数 α、β 可表示为

$$\alpha = k_1 + k_2\, \frac{H_1}{H} \tag{3-6}$$

$$\beta = k_3 + k_4\, \frac{H_1}{H} \tag{3-7}$$

将式（3-6）、式（3-7）中 α、β 表达式代入式（3-5）中便可得到式（3-8）：

$$k_{\mathrm{d}} = \left(k_1 + k_2\, \frac{H_1}{H}\right)\frac{d}{t} + \left(k_3 + k_4\, \frac{H_1}{H}\right) \tag{3-8}$$

式中 k_1、k_2、k_3、k_4——系数。

显然，对于式（3-8），当 H_1/H 给定时，k_{d} 与 d/t 呈一次线性函数；当 d/t 给定时，k_{d} 与 H_1/H 呈一次线性函数。因此，式（3-8）能较好地体现上文已通过数值回归而论证的两大线性关系。

将图 3-2～图 3-5 所回归的 k_{d} 与 d/t 关系曲线与上述 k_{d} 简化计算式（3-8）对照可以发现：系数 $\alpha = k_1 + k_2\, \dfrac{H_1}{H}$ 相当于图 3-2～图 3-5 中某一直线的斜率，系数 $\beta = k_3 + k_4\, \dfrac{H_1}{H}$ 则相当于所在直线的截距。只要将图 3-2～图 3-5 中所有直线的斜率对 H_1/H 进行数学回归便可确定系数 k_1、k_2。因此，系数 k_1、k_2 还应随 B/t 的变化而变化。这是可以理解的：因为翼缘畸变除与卷边 d/t 和腹板 H_1/H 提供给它的约束有关外，还应与翼缘（B/t）本身的强弱也有关。这意味着系数 k_1、k_2 需通过对 B/t 进行回归才能确定。上述所有分析原则完全适用于系数 k_3、k_4 的回归确定，即系数 k_3、k_4 也应反映 B/t 的变化。当 $H_1/H \leqslant 0.3$ 时，k_1、k_2、k_3、k_4 与 B/t 间的关系见表 3-6，依据表中数据所得回归曲线见图 3-10～图 3-13。

表 3-6 k_1、k_2、k_3、k_4 与 B/t 的关系

B/t	k_1	k_2	k_3	k_4
40	0.026546	-0.19723	1.381969	3.74584
45	0.052804	-0.21157	1.553944	3.95383
53	0.096546	-0.24723	1.881969	4.19584
60	0.121365	-0.26934	2.088726	4.43245

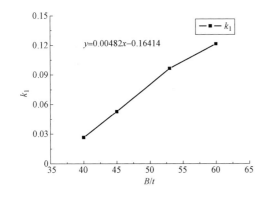

图 3-10 系数 k_1 与 B/t 拟合曲线

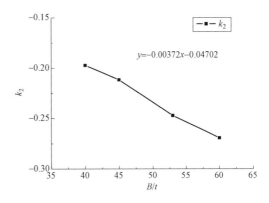

图 3-11 系数 k_2 与 B/t 拟合曲线

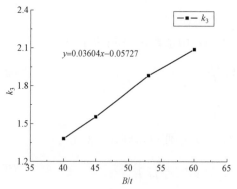

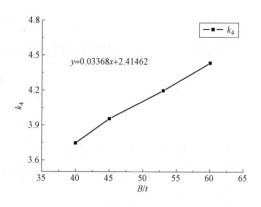

图 3-12 系数 k_3 与 B/t 拟合曲线   图 3-13 系数 k_4 与 B/t 拟合曲线

由图 3-10～图 3-13 可知：系数 k_1、k_2、k_3、k_4 与 B/t 间均存在较明显的线性关系。因此，各系数可表达成 B/t 的一次线性函数。对照图 3-10～图 3-13 中所得回归曲线的函数表达式，当 $H_1/H > 0.3$ 时 k_1、k_2、k_3、k_4 与 B/t 间的关系见表 3-6 系数 k_1、k_2、k_3、k_4 的表达式确定如下：

当 $H_1/H \leqslant 0.3$ 时：

$$k_1 = 0.00482\frac{B}{t} - 0.16414$$

$$k_2 = -0.00372\frac{B}{t} - 0.04702$$

$$k_3 = 0.03604\frac{B}{t} - 0.05727$$ \hspace{2cm} (3-9)

$$k_4 = 0.03368\frac{B}{t} + 2.41462$$

当 $H_1/H > 0.3$ 时，k_1、k_2、k_3、k_4 与 B/t 间的关系见表 3-7，依据表中数据所得回归曲线见图 3-14～图 3-17。

当 $H_1/H > 0.3$ 时：

$$k_1 = 0.034\frac{B}{t} - 0.32719$$

$$k_2 = -0.00235\frac{B}{t} + 0.33278$$

$$k_3 = 0.04813\frac{B}{t} + 2.54264$$ \hspace{2cm} (3-10)

$$k_4 = -0.05511\frac{B}{t} - 4.9954$$

表 3-7 k_1、k_2、k_3、k_4 与 B/t 的关系

B/t	k_1	k_2	k_3	k_4
40	−0.19174	0.42616	4.45344	−7.23847
45	−0.17134	0.43718	4.71603	−7.43577
53	−0.1513	0.46138	5.11958	−7.89081
60	−0.12101	0.47124	5.41205	−8.32852

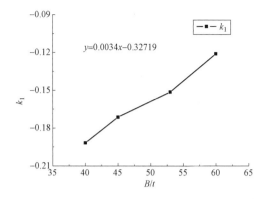

图 3 - 14　系数 k_1 与 B/t 拟合曲线

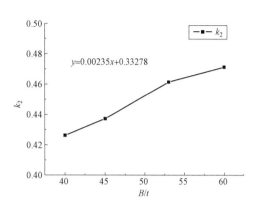

图 3 - 15　系数 k_2 与 B/t 拟合曲线

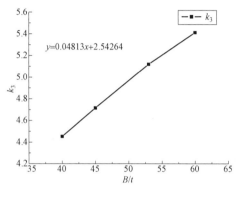

图 3 - 16　系数 k_3 与 B/t 拟合曲线

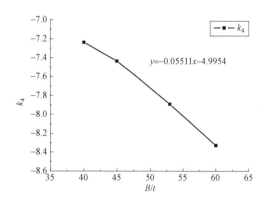

图 3 - 17　系数 k_4 与 B/t 拟合曲线

将式（3 - 9）、式（3 - 10）中各系数 k_1、k_2、k_3、k_4 的表达式代入式（3 - 8）中，便可得到翼缘畸变屈曲系数 k_d 的简化计算公式为

当 $H_1/H \leqslant 0.3$ 时：

$$
\begin{aligned}
k_d = &\left[0.0048 \frac{B}{t} - 0.16 - \left(0.0037 \frac{B}{t} + 0.047 \right) \frac{H_1}{H} \right] \frac{d}{t} \\
&+ \left(0.036 \frac{B}{t} - 0.057 \right) + \left(0.034 \frac{B}{t} + 2.4 \right) \frac{H_1}{H}
\end{aligned} \tag{3 - 11}
$$

当 $H_1/H > 0.3$ 时：

$$
\begin{aligned}
k_d = &\left[0.0034 \frac{B}{t} - 0.33 + \left(0.0023 \frac{B}{t} + 0.33 \right) \frac{H_1}{H} \right] \frac{d}{t} \\
&+ \left(0.048 \frac{B}{t} + 2.5 \right) - \left(0.055 \frac{B}{t} + 5 \right) \frac{H_1}{H}
\end{aligned} \tag{3 - 12}
$$

为了验证式（3 - 11）、式（3 - 12）的有效性，笔者通过有限条程序 CUFSM 计算了改变各参数的 11 个构件的弹性畸变屈曲临界应力（见表 3 - 8），同时也列出了采用式（3 - 11）、式（3 - 12）所计算出的相应构件的弹性畸变屈曲临界应力，由两者结果的对比可以看出，两者比值在 0.96～1.06 范围内，反映了式（3 - 11）、式（3 - 12）具有足够的工程精度。

表 3 - 8   CUFSM 与公式计算畸变屈曲临界应力结果对比

参数		CUFSM 结果	公式结果	对比结果
$d/t=10$，$B/t=80$	$B/h=0.1$	99.79	96.25	0.9645
	$B/h=0.2$	111.1	108.77	0.9790
	$B/h=0.3$	112.7	110.58	0.9812
	$B/h=0.438$	92	89.75	0.9755
$H_1/H=0.25$，$B/t=40$	$d/t=10$	235.8	244.98	1.0389
	$d/t=12$	232.94	243.08	1.0435
	$d/t=14$	229.56	236.78	1.0315
$d/t=14$，$B/t=42$	$B/h=0.1$	217.99	225.89	1.0362
	$B/h=0.2$	228.75	238.64	1.0432
	$B/h=0.3$	232.98	245.68	1.0545
	$B/h=0.438$	216.96	225.14	1.0377

在利用有限条软件 CUFSM 对构件弹性畸变屈曲临界力求解的基础上，采取类似计算弹性局部相关屈曲临界应力 σ_{cr} 的思路，通过参数分析和数学回归的方法得到了翼缘畸变屈曲系数 k_d，并进而推出了弹性畸变屈曲临界应力 σ_{crd} 的简化计算公式，可得到如下结论：

（1）翼缘畸变屈曲系数 k_d 与 d/t 存在较好的线性函数关系；

（2）翼缘畸变屈曲系数 k_d 与 H_1/H 存在较好的线性函数关系；

（3）通过上述两个线性关系，最后提出了 k_d 计算式（3 - 13）、式（3 - 14）简单实用且具有较高精度，可为设计提供参考。

当 $H_1/H \leqslant 0.3$ 时：

$$k_d = \left[0.0048 \frac{B}{t} - 0.16 - \left(0.0037 \frac{B}{t} + 0.047 \right) \frac{H_1}{H} \right] \frac{d}{t} + \left(0.036 \frac{B}{t} - 0.057 \right) + \left(0.034 \frac{B}{t} + 2.4 \right) \frac{H_1}{H} \tag{3 - 13}$$

当 $H_1/H > 0.3$ 时：

$$k_d = \left[0.0034 \frac{B}{t} - 0.33 + \left(0.0023 \frac{B}{t} + 0.33 \right) \frac{H_1}{H} \right] \frac{d}{t} + \left(0.048 \frac{B}{t} + 2.5 \right) - \left(0.055 \frac{B}{t} + 5 \right) \frac{H_1}{H} \tag{3 - 14}$$

◇ 3.2　腹板加劲复杂卷边槽钢轴压构件的直接强度法

根据我们提出新型立柱组合墙体承载力公式的设计思路，在提出新型立柱组合墙体的承载力直接强度法计算方法之前，首先应该先得到复杂截面构件的承载力直接强度法计算方法。

针对构件的直接强度计算方法，最初在计算轴压简支柱承载力时考虑了局部与整体的相关屈曲以及畸变与整体的相关屈曲。其具体公式如下：

局部与整体相关屈曲极限承载力（P_{nL}）的计算公式：

$$P_{\mathrm{nL}} = \begin{cases} P_{\mathrm{ne}} & \lambda_{\mathrm{L}} \leqslant 0.776 \\ \left[1 - 0.15 \left(\dfrac{P_{\mathrm{crL}}}{P_{\mathrm{ne}}}\right)^{0.4}\right] \left(\dfrac{P_{\mathrm{crL}}}{P_{\mathrm{ne}}}\right)^{0.4} P_{\mathrm{ne}} & \lambda_{\mathrm{L}} > 0.776 \end{cases} \tag{3-15}$$

$$\lambda_{\mathrm{L}} = \sqrt{P_{\mathrm{ne}}/P_{\mathrm{crL}}}$$

$$P_{\mathrm{crL}} = A\sigma_{\mathrm{crL}}$$

式中　σ_{crL}——板件的弹性局部屈曲应力；

　　　P_{ne}——构件的整体稳定承载力。

畸变与整体相关屈曲极限承载力（P_{nd}）的计算公式：

$$P_{\mathrm{nd}} = \begin{cases} P_{\mathrm{ne}} & \lambda_{\mathrm{d}} \leqslant 0.561 \\ \left[1 - 0.25 \left(\dfrac{P_{\mathrm{crd}}}{P_{\mathrm{ne}}}\right)^{0.6}\right] \left(\dfrac{P_{\mathrm{crd}}}{P_{\mathrm{ne}}}\right)^{0.6} P_{\mathrm{ne}} & \lambda_{\mathrm{d}} > 0.561 \end{cases} \tag{3-16}$$

$$\lambda_{\mathrm{d}} = \sqrt{P_{\mathrm{ne}}/P_{\mathrm{crd}}}$$

$$P_{\mathrm{crd}} = A\sigma_{\mathrm{crd}}$$

式中　σ_{crd}——截面的弹性畸变屈曲临界应力。

简支轴心压杆最终的极限承载力（P_{n}）取 P_{nL} 和 P_{nd} 的较小值。

随后，沙费尔建议在此基础上忽略畸变与整体的相关屈曲，而只考虑畸变屈曲，提出了畸变屈曲极限承载力（P_{d}）计算式。因为当卷边宽度较大时，畸变屈曲与整体屈曲之间的相关作用不明显。

$$P_{\mathrm{d}} = \begin{cases} P_{\mathrm{y}} & \lambda_{\mathrm{d}} \leqslant 0.561 \\ \left[1 - 0.25 \left(\dfrac{P_{\mathrm{crd}}}{P_{\mathrm{y}}}\right)^{0.6}\right] \left(\dfrac{P_{\mathrm{crd}}}{P_{\mathrm{y}}}\right)^{0.6} P_{\mathrm{y}} & \lambda_{\mathrm{d}} > 0.561 \end{cases} \tag{3-17}$$

$$\lambda_{\mathrm{d}} = \sqrt{P_{\mathrm{y}}/P_{\mathrm{crd}}}$$

$$P_{\mathrm{y}} = Af_{\mathrm{y}}$$

式中相当于把式（3-16）中的 P_{ne} 换成 P_{y}。美国钢铁协会 AISI 将式（3-15）、式（3-16）写入规范附录作为轴压杆承载力计算的补充方法。而随后杨（Yang）和汉考克经过大量的研究表明，冷弯型钢轴压柱在畸变屈曲失效起控制作用时，应该考虑畸变和整体相关屈曲的作用。

2011 年叶（Yap）和汉考克通过与试验结果对比，认为现有直接强度法公式没有考虑板件局部进入弹塑性的影响，对局部与整体相关屈曲极限承载力的计算公式进行了如下修正：

$$P_{\mathrm{nL}} = \begin{cases} P_{\mathrm{ne}} & \lambda_{\mathrm{L}} \leqslant 0.673 \\ \left[1 - 0.22 \left(\dfrac{P_{\mathrm{crL}}}{P_{\mathrm{ne}}}\right)^{0.5}\right] \left(\dfrac{P_{\mathrm{crL}}}{P_{\mathrm{ne}}}\right)^{0.5} P_{\mathrm{ne}} & \lambda_{\mathrm{L}} > 0.673 \end{cases} \tag{3-18}$$

国内学者在与我国现行规范相结合的基础上提出了局部与整体相关屈曲极限承载力（P_{nL}）的直接强度法修正计算公式：

$$P_{\mathrm{nL}} = \begin{cases} P_{\mathrm{ne}} & \lambda_{\mathrm{L}} \leqslant 0.847 \\ \left[1 - 0.10 \left(\dfrac{P_{\mathrm{crL}}}{P_{\mathrm{ne}}}\right)^{0.36}\right] \left(\dfrac{P_{\mathrm{crL}}}{P_{\mathrm{ne}}}\right)^{0.36} P_{\mathrm{ne}} & \lambda_{\mathrm{L}} > 0.847 \end{cases} \tag{3-19}$$

　　式中各参数的物理意义与式（3-15）相同；由于采用式（3-18）计算所得极限承载力（P_d）不随构件长度变化而变化，未考虑整体稳定对极限承载力的影响，与实际情况有一定差别，因此国内建议考虑畸变与整体相关屈曲，其承载力计算与式（3-16）相同，但构件的整体稳定系数按我国规范方法确定。

　　以上方法只考虑了局部和整体的相关屈曲以及畸变和整体的相关屈曲，对于腹板加劲构件失稳模式多为局部、畸变和整体相关屈曲的情况未能包括。针对这一问题，国内外学者都相继提出了针对复杂截面型钢立柱的考虑局部与畸变相关屈曲的计算方法，叶在现有直接强度法公式的基础上进行整合代换，得到考虑畸变与局部相关屈曲的直接强度法公式，但是由于该公式是基于固支的边界条件所提出的，对于两端简支复杂卷边槽钢截面未必适用。因此，针对板件加劲复杂卷边槽钢简支轴压承载力的直接强度法公式有必要展开研究。

　　考虑到板件加劲显著提高了构件的局部屈曲承载力，构件多发生局部、畸变和整体相关屈曲，因此，在对直接强度法公式进行整合代换时需考虑局部、畸变和整体的影响。由前人对复杂截面构件的研究可知，由式（3-18）算得的复杂截面构件的局部和整体相关屈曲承载力比构件的实际承载力明显偏大，而式（3-16）算得的复杂截面构件的畸变与整体相关屈曲承载力相比实际承载力偏小。因此，将式（3-19）得到的局部与整体相关屈曲承载力代换式（3-16）中的 P_{ne}，并对公式中的 0.25、0.6、0.561 系数进行重新拟合。即：

$$P_{nLde} = \begin{cases} P_{nL} & \lambda_{Lde} \leqslant c \\ \left[1 - a\left(\dfrac{P_{crd}}{P_{nL}}\right)^b\right]\left(\dfrac{P_{crd}}{P_{nL}}\right)^b P_{nL} & \lambda_{Lde} > c \end{cases} \quad (3-20)$$

$$\lambda_{Lde} = \sqrt{P_{nL}/P_{crd}}$$

$$P_{crd} = A\sigma_{crd}$$

式中　P_{nL}——由式（3-19）求得；

　　　σ_{crd}——弹性畸变屈曲临界应力。

　　选用文献中的试验结果，以及文献中的有限元分析结果进行公式拟合。文献中的主要数据见表3-9。

表3-9　　　　　　　　　　　　　试验及有限元模拟主要结果和数据

构件编号	P_{crd}(kN)	P_{nL}(kN)	P_u(kN)
C2L1000s2a	253.89	275.70	229.48
C2L2000s1a	61.81	85.95	76.87
C2L1000h2a	225.54	300.25	280.15
C2L2000h1a	54.91	90.14	85.66
C2L2000h2a	225.54	256.38	253.51
C2L3000h2a	225.54	179.52	183.05
C2L1000s1b	61.68	94.71	96.47
C2L1000s2b	253.55	276.03	229.27
C2L2000s1b	61.68	85.96	72.89
C2L3000s1b	61.68	69.08	56.13

续表

构件编号	P_{crd}(kN)	P_{nL}(kN)	P_u(kN)
C2L1000h1b	55.18	102.49	107.35
C2L1000h2b	226.69	300.79	283.45
C2L2000h1b	55.18	92.82	87.26
C2L2000h2b	226.69	258.51	256.58
C2L3000h2b	226.69	183.88	186.41
C2L1000s2c	252.51	276.26	226.54
C2L2000s1c	61.39	85.95	74.77
C2L2000s2c	252.51	238.95	210.78
C2L3000s1c	61.39	69.40	56.66
C2L1000h2c	225.53	301.06	285.23
C2L2000h1c	54.77	92.60	86.12
C2L2000h2c	225.53	259.58	255.62
C2L3000h2c	225.53	186.03	187.12
C3L1000h2a	215.37	295.93	279.66
C3L2000h1a	51.94	87.71	87.39
C3L1000s1a	59.53	93.49	93.89
C3L1000s2a	246.89	289.26	224.78
C3L2000s1a	59.53	85.41	72.32
C3L3000s1a	59.53	69.99	56.34
C3L1000s2d	247.93	292.65	281.26
C3L1000h2d	218.18	304.37	230.43
C3L2000h1d	52.63	89.74	53.85
c21700a	230.33	350.12	351.06
c21700b	227.88	349.74	296.25
c31700a	211.24	332.41	296.67
c31700b	215.47	333.15	294.14
c211250a	229.73	334.97	302.72
c211250b	230.62	334.36	330.54
c311250a	214.68	318.91	255.47
c311250b	213.46	318.94	275.80
c211800a	230.61	311.89	215.75
c211800b	228.97	310.87	271.34
c311800a	211.87	304.31	243.38
c311800b	213.68	303.94	236.62

根据给出的数据，可以作得 λ_{Lde} 与 P/P_{nL} 的散点图，如图 3-18 所示。利用绘图软件 Origin 拟合曲线，得到的参数结果分别是：$a=0.12$，$b=0.42$，$c=0.861$。拟合曲线如图 3-18 所示。其公式具体为

$$P_{\mathrm{nLde}}=\begin{cases} P_{\mathrm{nL}} & \lambda_{\mathrm{Lde}}\leqslant 0.861 \\ \left[1-0.12\left(\dfrac{P_{\mathrm{crd}}}{P_{\mathrm{nL}}}\right)^{0.42}\right]\left(\dfrac{P_{\mathrm{crd}}}{P_{\mathrm{nL}}}\right)^{0.42}P_{\mathrm{nl}} & \lambda_{\mathrm{Lde}}> 0.86 \end{cases} \qquad (3-21)$$

$$\lambda_{\mathrm{Lde}}=\sqrt{P_{\mathrm{nL}}/P_{\mathrm{crd}}}$$

$$P_{\mathrm{crd}}=A\sigma_{\mathrm{crd}}$$

式中　P_{nL}——由式（3-19）求得；

　　　σ_{crd}——弹性畸变屈曲临界应力。

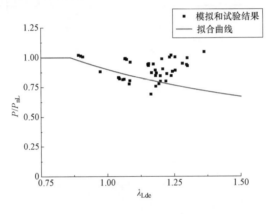

图 3-18　公式拟合

第4章　单轴对称冷弯薄壁型钢轴压开孔构件承载力直接强度法

为了减轻自重及满足建筑管线铺设的需要，腹板开孔形式的冷弯型钢受到越来越多的关注。冷弯型钢腹板处孔洞的存在会导致板件内薄膜应力重新分布，影响构件的屈曲特性和承载能力，甚至改变构件的屈曲模式。开孔参数（主要包括开孔宽度、开孔高度、开孔形状和开孔间距等，如图4-1所示）对冷弯型钢构件稳定承载力、屈曲模式和应力分布的影响是相关设计和科研人员所关心的问题。目前，我国已将冷弯型钢不开孔构件的直接强度法纳入《冷弯型钢结构技术规范》

图4-1　开孔参数物理意义示意

（GB 50018—2014）2016年修订征求意见稿中，而对于冷弯型钢开孔构件直接强度法的研究需要进一步完善。

本章研究了卷边槽钢（包括普通卷边槽钢和复杂卷边槽钢，如图4-2所示）开孔轴压构件极限承载力的直接强度法。在图4-2中，构件的相关参数信息主要包括构件长度 L、构件厚度 t、钢材屈服强度 f_y、腹板高度 H、翼缘宽度 B、卷边宽度 d 和再卷边宽度 a（复杂卷边槽

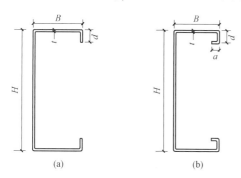

图4-2　试件截面形式和几何参数定义

(a) 普通卷边槽钢截面；(b) 复杂卷边槽钢截面

钢截面）等。同时，结合目前正在修编的《冷弯型钢结构技术规范》（GB 50018—2014）2016年修订征求意见稿中不开孔构件的直接强度法，提出适用于我国冷弯型钢材料力学性能的卷边槽钢开孔轴压构件极限承载力的实用计算方法，并验证了公式的适用性，以供实际工程应用和规范修订参考。

本章在开孔参数选取上，主要依据《低层冷弯薄壁型钢房屋建筑技术规程》（JGJ 227—2011）、国内外相关研究资料和工程实际情况，并进行适当扩充。JGJ 227—2011中4.5.5-4规定：孔宽不宜大于110mm。考虑到工程实际中构件开孔的主要目的是建筑管线的穿越和铺设，40mm及以上的开孔尺寸较为合理，且110mm的开孔尺寸足够满足以上要求，本章开孔宽度变化范围为40～110mm。JGJ 227—2011中4.5.5-3规定：竖向构件的孔高不应大于腹板高度的1/2和40mm的较小值。在部分国外相关研究中，开孔高度出现大于40mm的情况，但均未大于腹板高度的1/2。考虑到以上开孔方法的合理性，本章开孔高度变化范围为0～1/2腹板高度。在孔型的选择上，以目前研究较多的方孔和工程常用的椭圆孔为研究对象。JGJ 227—2011中4.5.5规定：孔口的中心距不应小于600mm，孔口边至最近端部边缘的距离不得小于250mm。根据上面可

知，对于本专著研究的开双孔的构件，其最小长度不宜小于 1200mm。考虑到实际住宅层高均在 3m 左右，且通常会在层高范围内通过加支撑等方式使构件计算长度减小，故本章选取构件长度均为 1500mm 的长柱为开孔间距的研究对象。

◇ 4.1　弹性屈曲应力的求解

构件腹板处孔洞的出现可能会导致开孔构件弹性局部临界应力 σ_{crL} 和弹性整体临界应力 σ_{cre} 的改变，而且带来了利用现有方法无法直接求解弹性畸变屈曲临界应力 σ_{crd} 的问题。在求解开孔构件弹性屈曲应力阶段，国内外相关学者相继做出了阶段性的探索与贡献。

1997 年，J·迈克尔·戴维斯（J. Michael Davies），菲利普·利奇（Philip Leach）和安吉拉·泰勒（Angela Taylor）提出"等效厚度法"的概念，该方法以折减板件厚度的方式将开孔构件简化处理为同截面不开孔构件，再进行计算。这种计算方法是通过广义梁理论和有限元分析综合得出，计算结果较为理想，但是计算过程相对烦琐，且没有与有效宽度法脱离。

1996 年，国内学者文双玲在试验研究与理论分析结合的基础上，提出"等效体积法"简化开孔处的计算。其具体方法可简单描述为：在每个孔洞处做外切矩形，再根据面积等效原则，将各外切矩形的总面积和以间隙的形式平均分配到构件中心线的两侧，即将矩形板等效为 3 个板条。但是，各板条并未真正分开，假定其间隙间有剪力流通过，构件可作为一个整体继续工作。由于研究构件均为等厚板，面积等效原则即为体积等效，故称作等效体积法。该计算方法虽能得到较为理想的结果，但计算过程太过繁琐，不适合设计人员直接使用。

2005 年，托马斯·斯普托（Thomas Sputo）和詹妮弗·托瓦尔（Jennifer Tovar）在进行了大量有限条分析的基础上，将冷弯型钢开孔构件简化出多种计算模型，经分析对比后提出开孔槽钢构件弹性临界应力的简化计算方法。具体可以阐释为：在计算弹性临界应力时，可保持构件弹性局部屈曲应力和弹性整体屈曲应力按照式（2 - 38）和式（2 - 45）计算不改变；对于弹性畸变屈曲应力，应采用构件厚度折减的简化计算方式后再按照式（2 - 39a）计算，厚度折减方法为

$$t_{web,hole} = \left(1 - \frac{L_{hole}}{L}\right)t_{web} \tag{4 - 1}$$

式中　　L_{hole}——开孔宽度（即沿柱长方向开孔长度）；

　　　　L——柱长；

　　　　t_{web}——构件折减后的腹板厚度。

相较于之前的研究，上述方法的计算过程得到了明显的简化，且具有较为成形的理论依据支持。2011 年，C·D·莫恩（C. D. Moen）和 B·W·沙费尔（B. W. Schafe）在研究轴压开孔构件直接强度法时，也使用了此方法。可见，对该方法进行深入研究是有必要的。

为此，本章选取部分普通卷边槽钢和复杂卷边槽钢轴压开孔构件的弹性临界应力，并与上述方法计算结果进行了对比。详细对比情况列于表 4 - 1 中。

表 4 - 1　　　　　　　　　　　　厚度折减简化算法弹性应力计算结果

构件编号	局部屈曲弹性应力 σ_{crL}(MPa)	畸变屈曲弹性应力 σ_{crd}(MPa)	整体屈曲弹性应力 σ_{crf}(MPa)	弹性临界应力计算值 $\sigma_{cr,cal}$(MPa)	弹性临界应力值 $\sigma_{cr,sim}$(MPa)
L900Ja10b80h60	79.50	100.97	10396.98	79.50	86.41
L900Ja10b100h60	79.50	97.16	10396.98	79.50	86.47
L800Ja5b100h40	362.66	313.79	6491.61	313.79	339.40
L700Jb1b40h40	102.66	255.72	14030.16	102.66	116.05
L1200Jb10b110h40	206.91	191.72	2344.79	191.72	177.37

注　表中构件编号方式见文献 [20]。

表 4 - 1 中普通卷边槽钢轴压开孔构件和复杂卷边槽钢轴压开孔构件的参数变化涵盖了改变柱长和构件截面尺寸、构件厚度、开孔宽度等关键因素。综合比较表中各所选构件弹性临界应力计算值可以发现，利用托马斯·斯普托和詹妮弗·托瓦尔的方法求解开孔轴压构件弹性临界应力结果较为理想，且该方法计算过程简单，操作方便，可以为设计人员使用。

◇ 4.2　普通卷边槽钢开孔轴压构件的方法有效性验证

4.2.1　普通卷边槽钢开孔轴压构件的方法有效性验证

腹板孔洞的存在会导致构件失稳方式和稳定承载力的改变。然而，仅对弹性临界应力进行开孔修正是不够的，还需要在现有不开孔构件直接强度法计算公式的基础上进行开孔部分的处理。

2011 年，C·D·莫恩和 B·W·沙费尔在总结前人的研究成果的基础上，通过大量试验数据和有限元模拟，提出了针对普通卷边槽钢开孔轴压构件的实用计算方法。其想法是保留直接强度法计算公式思路不变，仅对个别屈曲承载力计算结果进行替换或限制，是直接强度法计算方法的延续。为了给 AISI 行业标准的有效宽度法提供数据资料和对比，C·D·莫恩和 B·W·沙费尔提出了六种对不开孔构件直接强度法的建议修正方法，本章在下面作出简单归纳：

（1）方法一：仅对构件弹性临界应力 σ_{crL}、σ_{crd} 和 σ_{cre} 按照 4.1 节验证的方法进行考虑孔洞存在的修正，直接强度法计算公式保持不变。这种方法充分考虑了孔洞存在对构件弹性临界应力的影响，但是没有将非线性计算部分进行修正。如前文所述，改变开孔宽度、开孔形状和开孔间距确实对构件承载力影响不大，但是开孔高度的改变对构件极限承载力是有一定影响的。当腹板开孔高度达到腹板开孔高度 50% 时，构件极限承载力下降约 10% 左右。可见，忽略掉非线性部分的公式修正是偏于不安全的。

（2）方法二：将式（1 - 19）中的截面承载力 P_y 用净截面承载力 P_{ynet} 代替，且对构件弹性临界应力 σ_{crL}、σ_{crd} 和 σ_{cre} 按照 4.1 节验证的方法进行考虑孔洞存在的修正。其中，净截面承载力 $P_{ynet}=A_{net}f_y$，A_{net} 为净截面面积。这种方法不仅考虑了孔洞存在对构件弹性临界应力的影响，而且在计算畸变屈曲承载力时考虑到孔洞存在对截面承载力的削弱，但是没有对局部屈曲承载力进行修正。

（3）方法三：对构件弹性临界应力 σ_{crL}、σ_{crd} 和 σ_{cre} 按照 4.1 节验证的方法进行考虑孔洞存在的修正，且控制式（1-17）中的局部与整体相关屈曲承载力 P_{nL} 和式（1-19）中的畸变屈曲承载力 P_{nd} 不超过净截面承载力 P_{ynet}。该方法的思路是先按照方法一求出局部与整体相关屈曲承载力和畸变屈曲承载力，再验算求解出的数值，所得的 P_{nL} 和 P_{nd} 均不应大于净截面承载力。这种方法在理论上是合理的，但是不够精细。

（4）方法四：对构件弹性临界应力 σ_{crL}、σ_{crd} 和 σ_{cre} 按照 4.1 节验证的方法进行考虑孔洞存在的修正，控制式（1-18）中的整体屈曲承载力 P_{ne} 不超过净截面承载力 P_{ynet}，且用净截面承载力 P_{ynet} 代替畸变屈曲承载力 P_{nd}。该方法考虑到弹性求解部分和整体屈曲求解部分的修正，但是仅用净截面承载力代替畸变屈曲承载力的方法显然没有充分考虑到畸变屈曲特有的性质，其处理方法略显粗糙。

（5）方法五：对构件弹性临界应力 σ_{crL}、σ_{crd} 和 σ_{cre} 按照 4.1 节验证的方法进行考虑孔洞存在的修正，且用净截面承载力 P_{ynet} 代替式（1-18）中的整体屈曲承载力 P_{ne} 和式（1-19）中的畸变屈曲承载力 P_{nd}。方法五与方法四的思路类似。

（6）方法六：对构件弹性临界应力 σ_{crL}、σ_{crd} 和 σ_{cre} 按照 4.1 节验证的方法进行考虑孔洞存在的修正，控制式（1-17）中的局部与整体相关屈曲承载力 P_{nL} 不超过净截面承载力 P_{ynet}，且对畸变屈曲承载力 P_{nd} 进行如下修正：

$$P_{nd} = \begin{cases} P_{ynet} & \lambda_d \leqslant \lambda_{d1} \\ P_{ynet} - \left(\dfrac{P_{ynet} - P_{d2}}{\lambda_{d2} - \lambda_{d1}} \right)(\lambda_d - \lambda_{d1}) & \lambda_{d1} < \lambda_d \leqslant \lambda_{d2} \\ \left[1 - 0.25 \left(\dfrac{P_{crd}}{P_y} \right)^{0.6} \right]\left(\dfrac{P_{crd}}{P_y} \right)^{0.6} P_y & \lambda_{d2} < \lambda_d \end{cases} \quad (4-2)$$

$$\lambda_{d1} = 0.561(P_{ynet}/P_y) \quad (4-3)$$

$$\lambda_{d2} = 0.561[14(P_y/P_{ynet})^{0.4} - 13] \quad (4-4)$$

$$P_{d2} = \left[1 - 0.25 \left(\dfrac{1}{\lambda_{d2}} \right)^{1.2} \right]\left(\dfrac{1}{\lambda_{d2}} \right)^{1.2} P_y \quad (4-5)$$

为了得到计算普通卷边槽钢开孔轴压构件最为合适的方法，本章对上述 6 种直接强度法开孔修正公式进行了分析比较。对 40 个试件分别利用 C·D·莫恩和 B·W·沙费尔提出的 6 种直接强度法修正公式进行计算，选出相对最为合适的算法，以供设计人员和相关科研人员参考。应用各方法计算所选构件的结果列于表 4-2 中。表中构件编号见文献 [43]。

表 4-2 　　　　　　　　　　　　直接强度法开孔修正方法的对比

构件编号	构件极限承载力（kN）	方法一计算值（kN）	方法二计算值（kN）	方法三计算值（kN）	方法四计算值（kN）	方法五计算值（kN）	方法六计算值（kN）
L700Ja7b40h40	165.48	159.44	150.49	159.44	152.54	152.54	152.54
L700Ja7b70h40	164.47	155.22	146.59	155.22	152.54	152.54	152.54
L700Ja7b100h40	163.07	150.87	142.57	150.87	152.54	152.54	152.54
L700Ja1b40h40	169.55	160.87	160.87	160.87 ·	153.86	153.86	153.86
L700Ja1b70h40	170.82	160.87	160.87	160.87	153.86	153.86	153.86

续表

构件编号	构件极限承载力（kN）	方法一计算值（kN）	方法二计算值（kN）	方法三计算值（kN）	方法四计算值（kN）	方法五计算值（kN）	方法六计算值（kN）
L700Ja1b100h40	169.95	160.87	160.34	160.87	153.86	153.86	153.86
L900Ja2b60h60	183.34	165.99	157.11	165.99	183.88	183.88	183.88
L900Ja2b80h60	182.84	163.33	154.64	163.33	183.88	183.88	183.88
L900Ja2b100h60	184.45	160.11	151.62	160.11	183.88	183.88	183.88
L700Ja1b110h20	171.53	160.87	160.87	160.87	158.99	158.99	158.99
L700Ja1b110h30	169.17	160.87	160.87	160.87	156.44	156.44	156.44
L700Ja1b110h40	167.35	160.87	159.34	160.87	153.86	153.86	153.86
L700Ja1b110h50	164.37	160.87	157.08	160.87	151.26	151.26	151.26
L700Ja1b110h60	161.28	160.87	154.78	160.87	148.63	148.63	148.63
L700Ja1b110h70	157.16	160.87	152.44	160.87	145.97	145.97	145.97
L700Ja1b110h80	153.01	160.87	150.06	160.87	143.28	143.28	143.28
L700Ja1b110h100	146.87	160.87	145.15	160.87	137.81	137.81	137.81
L700Ja2b110h20	185.58	161.98	158.58	161.98	179.08	179.08	179.08
L700Ja2b110h30	184.10	161.98	156.84	161.98	176.58	176.58	176.58
L700Ja2b110h40	181.69	161.98	155.08	161.98	174.07	174.07	174.07
L700Ja2b110h50	178.82	161.98	153.29	161.98	171.53	171.53	171.53
L700Ja2b110h60	175.87	161.98	151.48	161.98	168.97	168.97	168.97
L700Ja2b110h70	172.34	161.98	149.64	161.98	166.38	166.38	166.38
L700Ja2b110h80	168.75	161.98	147.77	161.98	163.77	163.77	163.77
L700Ja2b110h100	165.59	161.98	143.94	161.98	158.48	158.48	158.48
L1600Ja1b110h20	162.56	148.20	148.20	148.20	148.20	158.99	158.99
L1600Ja1b110h30	161.02	148.20	148.20	148.20	148.20	156.44	156.44
L1600Ja1b110h40	159.48	148.20	148.20	148.20	148.20	153.86	153.86
L1600Ja1b110h50	156.83	148.20	148.20	148.20	148.20	151.26	151.26
L1600Ja1b110h60	154.24	148.20	148.20	148.20	148.20	148.63	148.63
L1600Ja1b110h70	151.52	148.20	148.20	148.20	145.97	145.97	145.97
L1600Ja1b110h80	148.80	148.20	148.20	148.20	143.28	143.28	143.28
L1600Ja1b110h100	135.26	148.20	148.20	148.20	137.81	137.81	137.81
L1000Ja8b110h20	69.53	60.29	59.11	60.29	71.76	72.33	72.33
L1000Ja8b110h40	69.50	60.29	57.89	60.29	70.25	70.25	70.25
L1000Ja8b110h60	68.97	60.29	56.64	60.29	68.13	68.13	68.13
L1000Ja8b110h80	68.13	60.29	55.35	60.29	65.98	65.98	65.98
L800Ja5b100h20	299.82	274.83	265.93	274.83	316.95	316.95	316.95
L800Ja5b100h40	283.72	274.83	256.67	274.83	304.53	304.53	304.53

续表

构件编号	构件极限承载力（kN）	方法一计算值（kN）	方法二计算值（kN）	方法三计算值（kN）	方法四计算值（kN）	方法五计算值（kN）	方法六计算值（kN）
L800Ja5b100h60	259.49	274.83	247.03	274.83	291.83	291.83	264.46
计算值/模拟值的平均值	—	0.946	0.910	0.946	0.962	0.967	0.964
计算值/模拟值的标准差	—	0.068	0.030	0.068	0.143	0.143	0.069

从表 4-2 中可以看出，以上各方法计算结果与模拟值相差都不大，误差均小于 10%。相比之下，后三种算法的计算值与模拟值的误差均在 5% 之内，比前三种方法更接近真实解，且偏于安全。从理论上分析：方法一没有充分考虑到孔洞存在的影响；方法二没有将孔洞存在的影响细化到各屈曲承载力上（尤其是局部屈曲承载力）；方法四和方法五在计算整体屈曲承载力 P_{ne} 时采用净截面参数，这与钢结构采用毛截面计算整体稳定的思路存在矛盾；方法三和方法六在开孔对局部屈曲影响的处理上是一致的，均考虑到局部屈曲不应小于净截面承载力的事实（尤其是钢材屈服强度较小时）；在处理畸变屈曲时，方法六显然将计算公式分段拟合地更为细致，也充分考虑到开孔较大时应留有的安全储备。综合考虑上述计算结果与理论分析，可以看出采用方法六对不开孔轴压构件直接强度法进行考虑孔洞存在的修正是最为合理的。

4.2.2　复杂卷边槽钢开孔轴压构件的方法有效性验证

应用式（4-2）～式（4-5）的算法计算普通卷边槽钢轴压构件极限承载力能够得到较为理想的结果，但是应用这种方法计算复杂卷边槽钢轴压构件，公式是否仍然适用还犹未可知。本节将上述公式扩展到计算复杂卷边槽钢轴压构件。共选取 67 个复杂卷边槽钢开孔轴压构件，各试件的计算结果列于表 4-3 中。

表 4-3　　　国外复杂卷边槽钢开孔轴压构件直接强度法修正方法计算结果

构件编号	构件极限承载力值（kN）	国外算法计算值（kN）	屈曲模式	国外计算值/模拟值
L700Jb1b40h40	181.46	174.40	L	0.96
L700Jb1b40h70	181.59	174.40	L	0.96
L700Jb1b40h100	180.29	174.40	L	0.97
L700Jb1b60h40	176.57	174.40	L	0.99
L700Jb1b60h70	175.89	174.40	L	0.99
L700Jb1b60h100	174.14	174.40	L	1.00
L700Jb1b80h40	170.48	174.40	L	1.02
L700Jb1b80h70	168.85	174.40	L	1.03
L700Jb1b80h100	166.37	174.40	L	1.05
L1200Jb7b40h60	174.92	178.19	L	1.02
L1200Jb7b40h90	172.57	178.19	L	1.03
L1200Jb7b60h70	159.71	178.19	L	1.12

构件编号	构件极限承载力值（kN）	国外算法计算值（kN）	屈曲模式	国外计算值/模拟值
L1200Jb7b60h100	158.39	178.19	L	1.13
L1200Jb1b40h60	176.02	168.72	L	0.96
L1200Jb1b40h90	175.43	168.72	L	0.96
L1200Jb1b60h70	167.48	168.72	L	1.01
L1200Jb1b60h100	166.46	168.72	L	1.01
L700Jb1b110h20	183.47	174.40	L	0.95
L700Jb1b110h30	181.21	174.40	L	0.96
L700Jb1b110h40	177.99	174.40	L	0.98
L700Jb1b110h50	175.44	174.40	L	0.99
L700Jb1b110h60	172.79	174.40	L	1.01
L700Jb1b110h70	167.81	174.40	L	1.04
L700Jb1b110h80	162.87	174.40	L	1.07
L700Jb1b110h100	154.40	174.40	L	1.13
L700Jb3b110h20	198.63	194.06	D	0.98
L700Jb3b110h30	197.34	194.06	D	0.98
L700Jb3b110h40	195.02	194.06	D	1.00
L700Jb3b110h50	191.45	194.06	D	1.01
L700Jb3b110h60	187.94	194.06	D	1.03
L700Jb3b110h70	184.37	194.06	D	1.05
L700Jb3b110h80	180.78	194.06	D	1.07
L700Jb3b110h100	176.29	194.06	D	1.10
L1600Jb1b110h20	171.77	162.24	L	0.94
L1600Jb1b110h30	170.55	162.24	L	0.95
L1600Jb1b110h40	168.14	162.24	L	0.96
L1600Jb1b110h50	165.33	162.24	L	0.98
L1600Jb1b110h60	162.63	162.24	L	1.00
L1600Jb1b110h70	159.86	162.24	L	1.01
L1600Jb1b110h80	157.11	162.24	L	1.03
L1600Jb1b110h100	147.78	162.24	L	1.10
L1200Jb8b110h40	181.53	189.16	D	1.04
L1200Jb8b110h60	170.18	189.16	D	1.11
L1200Jb8b110h80	165.36	189.16	D	1.14
L1200Jb9b110h40	357.74	353.34	D	0.99
L1200Jb9b110h60	327.92	353.34	D	1.08
L1200Jb9b110h80	316.52	353.34	D	1.12
L1200Jb10b110h30	174.16	167.91	D	0.96

续表

构件编号	构件极限承载力值（kN）	国外算法计算值（kN）	屈曲模式	国外计算值/模拟值
L1200Jb10b110h40	164.51	167.91	D	1.02
L1200Jb10b110h50	159.55	167.91	D	1.05
L1200Jb11b110h30	332.08	310.81	D	0.94
L1200Jb11b110h40	336.06	310.81	D	0.92
L1500Jb5b110h40	199.89	190.46	D	0.95
L1500Jb5b110h70	191.62	190.46	D	0.99
L1500Jb5b110h100	178.65	190.46	D	1.07
L1500Jb13b110h40	216.49	207.61	D	0.96
L1500Jb13b110h70	212.32	207.61	D	0.98
L1500Jb13b110h100	209.63	207.61	D	0.99
L1500Jb14b110h40	228.54	206.42	D	0.90
L1500Jb14b110h70	227.20	206.42	D	0.91
L1500Jb14b110h100	224.97	206.42	D	0.92
L1200Jb10b110h30Q235	132.66	136.05	D	1.03
L1200Jb10b110h40Q235	125.34	136.05	D	1.09
L1200Jb10b110h50Q235	120.17	136.05	D	1.13
L1200Jb11b110h30Q235	240.12	245.57	D	1.02
L1200Jb11b110h40Q235	237.91	244.66	D	1.03
L1200Jb11Fb110h50Q235	227.02	234.19	D	1.03
平均值				1.014
标准差				0.049

从表 4-3 中可以看出，应用式（4-2）～式（4-5）计算复杂卷边槽钢开孔轴压构件稳定极限承载力的结果较为理想，计算平均误差不超过 1.5%，标准差不超过 0.05。因此，公式可以作为该类构件的实用计算方法。

◇4.3　卷边槽钢开孔轴压构件的直接强度法

利用前文所述直接强度法计算卷边槽钢开孔轴压构件，公式的适用性较好。然而，直接强度法本就起源于国外，公式中各参数的确定均依赖于国外某些特定截面形式构件的试验研究。我国常用的冷弯型钢受压构件截面及材料的力学性能等均与国外有一定的差别，且计算中用到的构件稳定系数 φ 的确定方法也有所区别。因此，有必要结合我国冷弯型钢构件的特点，建立适合于我国的卷边槽钢开孔轴压构件直接强度法使用计算公式。

基于以上考虑，借鉴国外卷边槽钢开孔轴压构件建议计算方法，并结合现有《冷弯型钢结构技术规范》（GB 50018—2014）2016 年修订征求意见稿[56]，提出针对普通卷边槽钢和复杂卷边槽钢轴压开孔构件极限承载力的国内计算方法。相较于国外直接强度法，本专著提出的计算公式中的系数选取依据我国《冷弯型钢结构技术规范》（GB 50018—2014）2016 年修订征求意见稿[56]，其具体公式如下：

局部与整体相关屈曲极限荷载（P_{nL}）的计算公式为

$$P_{nL} = \begin{cases} P_{ne} & \lambda_L \leqslant 0.847 \\ \left[1 - 0.10\left(\dfrac{P_{crL}}{P_{ne}}\right)^{0.36}\right]\left(\dfrac{P_{crL}}{P_{ne}}\right)^{0.36} N_{ne} & \lambda_L > 0.847 \end{cases} \quad (4-6)$$

且

$$P_{nL} \leqslant P_{ynet}$$

畸变与整体相关屈曲极限荷载（P_{nd}）的计算公式为

$$P_{nd} = \begin{cases} P_{ynet} & \lambda_d \leqslant \lambda_{d1} \\ P_{ynet} - \left(\dfrac{P_{ynet} - P_{d2}}{\lambda_{d2} - \lambda_{d1}}\right)(\lambda_d - \lambda_{d1}) & \lambda_{d1} < \lambda_d \leqslant \lambda_{d2} \\ \left[1 - 0.25\left(\dfrac{P_{crd}}{P_{ne}}\right)^{0.6}\right]\left(\dfrac{P_{crd}}{P_{ne}}\right)^{0.6} P_{ne} & \lambda_{d2} < \lambda_d \end{cases} \quad (4-7)$$

式中，λ_{d1}、λ_{d2} 和 P_{d2} 的算法见式（4-2）～式（4-5）。

仍然利用 4.2 节和 4.3 节所选取的 40 个普通卷边槽钢开孔轴压构件和 67 个复杂卷边槽钢开孔轴压构件，应用上述提出的我国卷边槽钢开孔轴压构件实用计算式（4-6）和式（4-7）分别计算上述各构件的稳定极限承载力。计算结果及对比分别列于表 4-4 和表 4-5 中。

表 4-4　　　　　国内普通卷边槽钢开孔轴压构件直接强度法修正方法计算结果

构件编号	构件极限承载力值（kN）	国内算法计算值（kN）	屈曲模式	国内计算值/模拟值
L700Ja7b40h40	165.48	153.99	D	0.93
L700Ja7b70h40	164.47	149.96	D	0.91
L700Ja7b100h40	163.07	145.82	D	0.89
L700Ja1b40h40	169.55	169.94	D	1.00
L700Ja1b70h40	170.82	167.93	D	0.98
L700Ja1b100h40	169.95	163.42	D	0.96
L900Ja10b60h60	183.34	161.99	D	0.88
L900Ja10b80h60	182.84	159.42	D	0.87
L900Ja10b100h60	184.45	156.29	D	0.85
L700Ja1b110h20	171.53	162.40	D	0.95
L700Ja1b110h30	169.17	162.40	D	0.96
L700Ja1b110h40	167.35	162.40	D	0.97
L700Ja1b110h50	164.37	162.40	D	0.99
L700Ja1b110h60	161.28	162.40	D	1.01
L700Ja1b110h70	157.16	162.40	D	1.03
L700Ja1b110h80	153.01	162.40	D	1.06
L700Ja1b110h100	146.87	162.88	L	1.11
L700Ja2b110h20	185.58	158.20	L	0.85
L700Ja2b110h30	184.10	158.20	L	0.86

续表

构件编号	构件极限承载力值（kN）	国内算法计算值（kN）	屈曲模式	国内计算值/模拟值
L700Ja2b110h40	181.69	158.20	L	0.87
L700Ja2b110h50	178.82	158.20	L	0.88
L700Ja2b110h60	175.87	158.20	L	0.90
L700Ja2b110h70	172.34	158.20	L	0.92
L700Ja2b110h80	168.75	158.20	L	0.94
L700Ja2b110h100	165.59	158.20	D	0.96
L1600Ja1b110h20	162.56	158.02	D	0.97
L1600Ja1b110h30	161.02	158.02	D	0.98
L1600Ja1b110h40	159.48	158.02	L	0.99
L1600Ja1b110h50	156.83	158.02	D	1.01
L1600Ja1b110h60	154.24	158.02	D	1.02
L1600Ja1b110h70	151.52	158.02	D	1.04
L1600Ja1b110h80	148.80	158.02	D	1.06
L1600Ja1b110h100	135.26	158.02	D	1.17
L1000Ja8b110h20	69.53	57.86	D	0.83
L1000Ja8b110h40	69.50	57.86	D	0.83
L1000Ja8b110h60	68.97	57.86	D	0.84
L1000Ja8b110h80	68.13	57.86	D	0.85
L800Ja5100h20	299.82	262.79	D	0.88
L800Ja5b100h40	283.72	262.79	D	0.93
L800Ja5b100h60	259.49	264.46	D	1.02
平均值				0.949
标准差				0.064

表 4-5   国内复杂卷边槽钢开孔轴压构件直接强度修正方法计算结果

构件编号	构件极限承载力值（kN）	国内算法计算值（kN）	屈曲模式	国内计算值/模拟值
L700Jb1b40h40	181.46	184.43	L	1.02
L700Jb1b40h70	181.59	184.43	L	1.02
L700Jb1b40h100	180.29	184.43	L	1.02
L700Jb1b60h40	176.57	184.43	L	1.04
L700Jb1b60h70	175.89	184.43	L	1.05
L700Jb1b60h100	174.14	184.43	L	1.06
L700Jb1b80h40	170.48	184.43	L	1.08
L700Jb1b80h70	168.85	184.43	L	1.09
L700Jb1b80h100	166.37	184.43	L	1.11
L1200Jb7b40h60	174.92	186.35	L	1.07

构件编号	构件极限承载力值（kN）	国内算法计算值（kN）	屈曲模式	国内计算值/模拟值
L1200Jb7b40h90	172.57	186.35	L	1.08
L1200Jb7b60h70	159.71	186.35	L	1.17
L1200Jb7b60h100	158.39	182.60	D	1.15
L1200Jb1b40h60	176.02	177.98	L	1.01
L1200Jb1b40h90	175.43	177.98	L	1.01
L1200Jb1b60h70	167.48	177.98	L	1.06
L1200Jb1b60h100	166.46	177.98	L	1.07
L700Jb1b110h20	183.47	184.43	L	1.01
L700Jb1b110h30	181.21	184.43	L	1.02
L700Jb1b110h40	177.99	184.43	L	1.04
L700Jb1b110h50	175.44	184.43	L	1.05
L700Jb1b110h60	172.79	184.43	L	1.07
L700Jb1b110h70	167.81	184.43	L	1.10
L700Jb1b110h80	162.87	184.43	L	1.13
L700Jb1b110h100	154.40	184.43	L	1.19
L700Jb3b110h20	198.63	189.70	D	0.96
L700Jb3b110h30	197.34	189.70	D	0.96
L700Jb3b110h40	195.02	189.70	D	0.97
L700Jb3b110h50	191.45	189.70	D	0.99
L700Jb3b110h60	187.94	189.70	D	1.01
L700Jb3b110h70	184.37	189.70	D	1.03
L700Jb3b110h80	180.78	189.70	D	1.05
L700Jb3b110h100	176.29	189.70	D	1.08
L1600Jb1b110h20	171.77	172.50	L	1.00
L1600Jb1b110h30	170.55	172.50	L	1.01
L1600Jb1b110h40	168.14	172.50	L	1.03
L1600Jb1b110h50	165.33	172.50	L	1.04
L1600Jb1b110h60	162.63	172.50	L	1.06
L1600Jb1b110h70	159.86	172.50	L	1.08
L1600Jb1b110h80	157.11	172.50	L	1.10
L1600Jb1b110h100	147.78	172.50	L	1.17
L1200Jb8b110h40	181.53	182.68	D	1.01
L1200Jb8b110h60	170.18	182.68	D	1.07
L1200Jb8b110h80	165.36	182.68	D	1.10
L1200Jb9b110h40	357.74	340.19	D	0.95
L1200Jb9b110h60	327.92	340.19	D	1.04

构件编号	构件极限承载力值（kN）	国内算法计算值（kN）	屈曲模式	国内计算值/模拟值
L1200Jb9b110h80	316.52	340.19	D	1.07
L1200Jb10b110h30	174.16	160.06	D	0.92
L1200Jb10b110h40	164.51	160.06	D	0.97
L1200Jb10b110h50	159.55	160.06	D	1.00
L1200Jb11b110h30	332.08	294.78	D	0.89
L1200Jb11b110h40	336.06	294.78	D	0.88
L1500Jb5b110h40	199.89	184.14	D	0.92
L1500Jb5b110h70	191.62	184.14	D	0.96
L1500Jb5b110h100	178.65	184.14	D	1.03
L1500Jb13b110h40	216.49	202.33	D	0.93
L1500Jb13b110h70	212.32	202.33	D	0.95
L1500Jb13b110h100	209.63	202.33	D	0.97
L1500Jb14b110h40	228.54	202.22	D	0.88
L1500Jb14b110h70	227.20	202.22	D	0.89
L1500Jb14b110h100	224.97	202.22	D	0.90
L1200Jb10b110h30Q235	132.66	130.08	D	0.98
L1200Jb10b110h40Q235	125.34	130.08	D	1.04
L1200Jb10b110h50Q235	120.17	130.08	D	1.08
L1200Jb11b110h30Q235	240.12	233.30	D	0.97
L1200Jb11b110h40Q235	237.91	246.78	D	1.04
L1200Jb11Fb110h50Q235	227.02	236.54	D	1.04
平均值				1.026
标准差				0.014

　　从表 4-4 和表 4-5 中可以看出，应用式（4-6）和式（4-7）计算卷边槽钢开孔轴压构件极限承载力的计算值与有限元模拟值吻合较好，平均误差不超过 5%，足以满足计算精度要求。其中，普通卷边槽钢构件的计算结果略小于模拟数值，偏于安全；复杂卷边槽钢构件的计算结果虽略大于模拟数值，但误差不超过 3%，且离散性较好，计算结果较为理想。因此，本节提出的结合我国冷弯型钢构件特点的卷边槽钢开孔轴压构件实用计算公式适用性较好，可以为设计人员和相关研究工作者提供参考。

第 5 章　单轴对称冷弯薄壁型钢受弯构件极限承载力计算方法

用于校准直接强度法关于受弯构件的设计公式的试验数据均来自普通直卷边 8C 形和 Z 形截面受弯构件，对于斜卷边和复杂卷边截面则无试验数据可供参考。所给出的试验数据中试件的腹板高度 H 和翼缘宽度 B 的比值 H/B 取值较大，大多数的 $H/B>3$，而我国的《冷弯薄壁型钢结构技术规范》（GB 50018—2002）[59] 中规定的常用 C 形和 Z 形截面的 H/B 值一般不超过 2.5，由于构件高宽比的不同势必会影响构件的各方面性能有所差异，所以探索适合我国冷弯薄壁型钢构件的直接强度法势在必行。

已有的用于计算受弯构件承载力的直接强度法均来自对构件受纯弯时的研究结果，对于构件受梯度弯矩时的非纯弯状况则没有涉及。为此，本章将在对文献［44］中直卷边、斜卷边和复杂卷边 C 形和 Z 形截面构件在纯弯和非纯弯状态下的有限元参数分析的基础上，利用已有的分析结果回归出适合我国冷弯薄壁型钢受弯构件的直接强度法公式，为今后的工程应用和规范修订提供必要的参考。

如前文所述，沙费尔给出了用于求解受弯构件抗弯承载力的直接强度法公式，公式分别考虑了局部和整体的相关屈曲［式（1-14）］以及畸变屈曲［式（1-16）］。构件最终的抗弯承载力为 $M_n=\min(M_{nL}, M_{nd})$。

直接强度法的公式也是根据有效截面法得来的，有效截面法宽度的折减系数 $\rho=(1-0.22/\lambda)/\lambda$，$\lambda=\sqrt{f_y/f_{cr}}$。在直接强度法关于局部和整体相关屈曲的公式中用指数 0.4 而不是有效截面法中的 0.5，系数 0.22 也降为 0.15 是考虑了板件局部屈曲后强度提高这一因素，而畸变屈曲的公式中没有考虑这一因素的影响。

◇5.1　弹性屈曲应力的求解

在利用直接强度法公式进行求解构件承载力之前，需要预先求得构件的弹性局部屈曲荷载 M_{crL}、弹性畸变屈曲荷载 M_{crd} 以及整体屈曲荷载 M_{ne}。对于局部屈曲的研究较为广泛，成果也较为丰富。

对于 C 形截面构件绕其对称轴弯曲时，弹性整体弯扭屈曲临界弯矩为

$$M_{cre}=\frac{\pi}{l_y}\sqrt{EI_y\left(\frac{\pi^2 EI_\omega}{l_\omega^2}+GI_t\right)} \qquad (5-1)$$

截面边缘屈服弯矩为
$$M_y=W_x f_y$$

受弯构件的整体屈曲承载力 M_{ne} 的计算方法见式（1-15）。

对畸变屈曲的研究起步较晚，但随着近年来学者们的深入研究，对畸变屈曲有了一定见解，许多学者都提出了求解构件弹性畸变屈曲荷载的方法。求解弹性畸变屈曲荷载最有效的方法就是数值解法，其中以有限条法用得最多，目前国外已开发出了用于薄壁构件弹性屈曲

分析的有限条程序，如 CUFSM 和 THIN - WALL 等，其缺点就是必须由程序来完成，不便于工程设计人员应用。为此，许多学者也给出了手算求解弹性畸变屈曲荷载的方法，比较常用的为汉考克法和沙费尔法。汉考克法求解弹性畸变屈曲荷载（f_{crd}）的方法已被列入澳大利亚规范中。

$$f_{crd} = \frac{E}{2A_f}\left[\alpha_1 + \alpha_2 - \sqrt{(\alpha_1 + \alpha_2)^2 - 4\alpha_3}\right] \tag{5-2}$$

$$\alpha_1 = \frac{\eta}{\beta_1}(I_{xf}b_f^2 + 0.039J_f\lambda_d^2) + \frac{k_\phi}{\beta_1\eta E} \tag{5-3}$$

$$\alpha_2 = \eta\left(I_{yf} + \frac{2}{\beta_1}y_0 b_f I_{xyf}\right) \tag{5-4}$$

$$\alpha_3 = \eta\left(\alpha_1 I_{yf} - \frac{\eta}{\beta_1}I_{xyf}^2 b_f^2\right) \tag{5-5}$$

$$\beta_1 = x_0^2 + \left(\frac{I_{xf} + I_{yf}}{A_f}\right) \tag{5-6}$$

$$\lambda_d = 4.80\left(\frac{I_{xf}b_f^2 h}{2t^3}\right)^{0.25} \tag{5-7}$$

$$k_\phi = \frac{2Et^3}{5.46(h + 0.06\lambda_d)}\left[1 - \frac{1.11f_{crd}'}{Et^2}\left(\frac{b_w^4\lambda_d^2}{12.56\lambda_d^4 + 2.192h^4 + 13.39\lambda^2 h^2}\right)\right] \tag{5-8}$$

$$\eta = \left(\frac{\pi}{\lambda_d}\right)^2 \tag{5-9}$$

f_{crd} 即为构件的弹性畸变屈曲荷载。f_{crd}' 为式（5-3）中 $k_\phi = 0$ 时由式（5-2）求得。

沙费尔提出的方法为

$$f_{crd} = \frac{k_{\phi fe} + k_{\phi we}}{\widetilde{k}_{\phi fg} + \widetilde{k}_{\phi wg}} \tag{5-10}$$

$$L_{cr} = \left\{\frac{4\pi^4 h(1 - \nu^2)}{t^3}\left[I_{xf}(x_0 - h_x)^2 + C_{wf} - \frac{I_{xyf}^2}{I_{yf}}(x_0 - h_x)^2\right] + \frac{\pi^4 h^4}{720}\right\}^{1/4} \tag{5-11}$$

$$k_{\phi we} = \frac{Et^3}{12(1 - \nu^2)}\left[\frac{3}{h} + \left(\frac{\pi}{L}\right)^2\frac{19h}{60} + \left(\frac{\pi}{L}\right)^4\frac{h^3}{240}\right] \tag{5-12}$$

$$\widetilde{k}_{\phi wg} = \frac{ht\pi^2}{13440}\left\{\frac{\left[45360(1 - \xi_{web}) + 62160\right]\left(\frac{L}{h}\right)^2 + 448\pi^2 + \left(\frac{h}{L}\right)^2\left[53 + 3(1 - \xi_{web})\right]\pi^4}{\pi^4 + 28\pi^2\left(\frac{L}{h}\right)^2 + 420\left(\frac{L}{h}\right)^4}\right\}$$

$$\tag{5-13}$$

$$k_{\phi fe} = \left(\frac{\pi}{L}\right)^4\left[EI_{xf}(x_0 - h_x)^2 + EC_{wf} - E\frac{I_{xyf}^2}{I_{yf}}(x_0 - h_x)^2\right] + \left(\frac{\pi}{L}\right)^2 GJ_f \tag{5-14}$$

$$\widetilde{k}_{\phi fg} = \left(\frac{\pi}{L}\right)^2\left\{A_f\left[(x_0 - h_x)^2\left(\frac{I_{xyf}}{I_{yf}}\right)^2 - 2y_0(x_0 - h_x)\left(\frac{I_{xyf}}{I_{yf}}\right) + h_x^2 + y_0^2\right] + I_{xf} + I_{yf}\right\}$$

$$\tag{5-15}$$

$$L = \min(L_{cr}, L_m)$$

$$\xi_{web} = (f_1 - f_2)/f_1$$

式中　　　　　　　　　　E——弹性模量；

　　　　　　　　　　　　G——剪变模量；

ν——泊松比；

b_f——翼缘宽度；

h——腹板高度；

t——板厚；

x_0、y_0——剪心坐标；

A_f、I_{xf}、I_{yf}、I_{xyf}、J_f、C_{wf}——截面特性参数，具体计算公式可参见第 2 章中；

h_x——翼缘和腹板交点的横坐标；

ξ_{web}——腹板上的应力梯度；

f_1——腹板受压边缘最大压应力；

f_2——腹板受拉边缘最大拉应力，压应力为正，拉应力为负；

L_m——受压翼缘侧向支撑点间的距离。

对比两种方法不难看出，沙费尔法对腹板的贡献做了更多考虑，且考虑了侧向支撑点间距离的影响。利用上述公式求得的弹性畸变屈曲应力 f_{crd} 乘以全截面模量即可得到弹性畸变屈曲荷载 M_{crd}。

但是，由于我国《冷弯薄壁型钢结构技术规范》（GB 50018—2002）[59] 常用的截面形式中 C 形截面构件多以直卷边为主，而 Z 形截面构件多以卷边与翼缘成 45°角的斜卷边为主。卷边与翼缘所成角度的不同，使得卷边对翼缘的约束作用有所不同，其弹性畸变屈曲应力也有差异。由于斜卷边对翼缘的约束作用要弱于直卷边，使得截面参数相同的斜卷边构件的弹性畸变屈曲应力要低于直卷边构件的。为此，文献［21］分别建立了适用于求解直卷边和斜卷边构件的弹性畸变屈曲应力的简化计算公式。

直卷边构件弹性畸变屈曲应力的简化计算公式为

$$f_{crd} = \frac{\pi^2 E}{12(1-\nu^2)}\left[\left(0.47-0.08\frac{H}{B}\right)\frac{d}{t}+0.06\frac{H}{B}+0.368\right]\left(\frac{t}{B}\right)^2 \qquad (5\text{-}16)$$

斜卷边构件弹性畸变屈曲应力的简化计算公式为

$$f_{crd} = \frac{\pi^2 E}{12(1-\nu^2)}\left[\left(0.348-0.076\frac{H}{B}\right)\frac{d}{t}+0.136\frac{H}{B}+0.164\right]\left(\frac{t}{B}\right)^2 \qquad (5\text{-}17)$$

式（5-16）和式（5-17）的建立过程和检验可详见文献［21］。

鉴于对弹性畸变屈曲荷载的求解方法没有一个统一的定论，为此利用有限元程序 AN-SYS 对构件的弹性畸变屈曲荷载进行了求解，并且与用有限条程序 CUFSM 求得的结果进行了对比，对比发现二者相差不大。对于直卷边 C 形截面构件来说，二者之间的误差多在 5％左右，只有个别构件的误差超过了 7％；而对于斜卷边 C 形截面构件来说，二者之间的误差非常小，均在 1％左右。从而也证明了用有限条程序 CUFSM 求得的弹性畸变屈曲荷载是可以被接受的。用 ANSYS 和 CUFSM 求得的纯弯构件的弹性畸变屈曲荷载的对比结果列于文献［21］的附录 6 中。

由于有限条程序 CUFSM 是专门为求解构件的弹性屈曲荷载而开发的，且其计算效率高，操作方便，所以可以均采用 CUFSM 来求解各纯弯构件的弹性局部屈曲荷载和弹性畸变屈曲荷载。CUFSM 的不足就是只能求解构件受纯弯时的弹性畸变屈曲荷载。为此，对非纯弯作用下以畸变屈曲为主的构件，其弹性畸变屈曲荷载可以利用有限元程序 ANSYS 求得。

与用 CUFSM 求得的纯弯构件的弹性畸变屈曲荷载进行了对比发现，对于直卷边构件来说，非纯弯作用下的弹性畸变屈曲荷载约为纯弯作用下的 1.4 倍；对于斜卷边构件来说，非纯弯作用下的弹性畸变屈曲荷载约为纯弯作用下的 1.3 倍。

5.1.1 弹性畸变屈曲应力实用计算方法

针对畸变屈曲的计算方法，有限条法虽然能计算较为复杂的截面，但必须由程序完成，不便于实际工程应用。已开发的如 CUFSM、THIN - WALL 等有限条程序适用于等截面、两端铰接构件的弹性稳定性能分析，并不能对弹性畸变屈曲问题进行单独计算；汉考克等提出的纯弯构件弹性畸变屈曲应力近似计算解析式已列入澳大利亚/新西兰规范（AS/NZS4600：2018）。

$$\sigma_{\mathrm{crd}} = \frac{E}{2A_{\mathrm{f}}} \big[(\alpha_1 + \alpha_2) - \sqrt{(\alpha_1 + \alpha_2)^2 - 4\alpha_3} \big] \tag{5-18}$$

式中　　E——弹性模量；

　　　　A_{f}——卷边翼缘组合截面面积；

α_1、α_2 和 α_3——均为计算参数，其求解过程中需计算出卷边翼缘组合截面在两个主轴方向上的形心位置和惯性矩、截面的惯性积、扭转惯性矩等几何特性，其计算过程较烦琐。

因此，在采用 CUFSM 进行数值模拟的基础上，借鉴现有板件局部屈曲应力的表达方式，引入畸变屈曲系数 (k_{d})，经拟合分析，提出了复杂卷边槽钢、Σ 形复杂卷边槽钢和腹板 V 形加劲复杂卷边槽钢纯弯构件弹性畸变屈曲临界应力的简化计算公式。该公式在求解畸变屈曲应力时，仅需利用截面的几何参数，不必计算翼缘与卷边组合截面的各项截面几何特性，比现有汉考克提供的计算方法简单，更便于实际应用。

1. 截面参数的选取

复杂卷边槽钢截面的选取：腹板高度 $H = 177\mathrm{mm}$ 时，翼缘宽度 B 分别取 60、70mm 和 80mm；腹板高 $H = 198\mathrm{mm}$ 时，翼缘宽度 B 分别取 70、80mm 和 90mm；腹板高 $H = 219\mathrm{mm}$ 时，翼缘宽度 B 分别取 80、90mm 和 100mm；腹板高 $H = 238\mathrm{mm}$ 时，翼缘宽度 B 分别取 90、100mm 和 110mm。其卷边宽度 d 均取为 35mm，再卷边宽度 a 均取为 20mm。每种截面形式都选取了五种厚度 t，分别为 1.0、1.5、2.0、2.5mm 和 3.0mm；Σ 形复杂卷边槽钢截面试件除腹板设置加劲肋外，其他各板件均与复杂卷边槽钢截面相同。腹板中的三部分板件 H_1、H_3、H_2 按 2：3：2 的比例设置，S 取值为 20mm；腹板 V 形加劲的复杂卷边槽形截面试件也采用相同参数值，腹板中的板件 $H_1 = H_2$，S 取值为 20mm。上述截面各参数详见图 5 - 1。

2. 有限条法 CUFSM 计算结果

利用有限条程序 CUFSM 可分析出复杂卷边纯弯构件的局部屈曲和畸变屈曲弹性临界应力 σ_{crL}、σ_{crd} 与半波长度的关系曲线（图 5 - 2），从而可以得到每种截面的弹性畸变屈曲应力。

借鉴现有板件弹性局部屈曲应力计算公式（5 - 19），拟以翼缘板为计算对象，将式（5 - 19）中的板件局部系数 k 变为截面畸变屈曲系数 k_{d}，采用式（5 - 20）计算畸变屈曲应力 σ_{crd}。

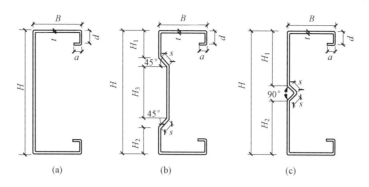

图 5-1　截面参数选取

（a）复杂卷边槽钢；（b）Σ 形复杂卷边槽钢；（c）腹板 V 形加劲复杂卷边槽钢

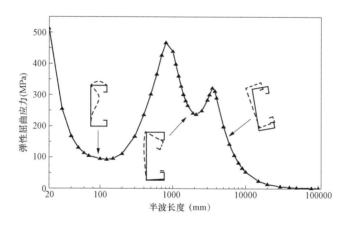

图 5-2　有限条模拟分析

$$\sigma_{crL} = \frac{k\pi^2 E}{12(1-v^2)(b/t)^2} \qquad (5-19)$$

$$\sigma_{crd} = \frac{k_d\pi^2 E}{12(1-v^2)(B/t)^2} \qquad (5-20)$$

式中　v——泊松比；

B——截面翼缘板的宽度。

将 CUFSM 分析出的 σ_{crd} 代入式（5-20），可以反算求出对应的畸变屈曲系数 k_d。受篇幅所限，仅将部分构件弹性畸变屈曲应力及其对应的畸变屈曲系数列于表 5-1，其余构件及截面数据详见文献。表 5-1 的构件编号规则如图 5-3 所示。

表 5-1　　　　　　　　　　　弹性畸变屈曲应力及对应的畸变屈曲系数

构件编号	σ_{crd_FSM}（N/mm²）	k_d
1H219B100d35a20t1.0	251.02	13.459
1H238B90d35a20t1.0	264.15	11.503
1H238B100d35a20t1.0	238.7	12.833
1H238B110d35a20t1.0	212.9	5.733

构件编号	σ_{crd_FSM}（N/mm²）	k_d
2H219B100d35a20t1.0	244.71	13.156
2H238B90d35a20t1.0	256.18	11.156
2H238B100d35a20t1.0	231	12.419
2H238B110d35a20t1.0	208.85	13.849
3H219B100d35a20t1.0	248.37	13.352
3H238B90d35a20t1.0	261.22	11.375
3H238B100d35a20t1.0	234.85	12.626
3H238B110d35a20t1.0	210.92	13.849

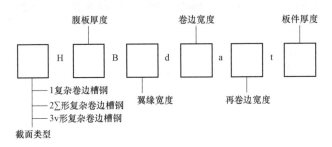

图 5-3　构件编号规则

3. 卷边宽厚比 $(d+a)/t$ 的影响

卷边宽厚比对畸变屈曲影响较大。图 5-4 为以复杂卷边槽钢构件腹板高度 $H=177\text{mm}$ 时，翼缘宽度 B 分别取 60、70mm 和 80mm 的构件为例，绘制了其畸变屈曲系数随卷边和再卷边宽度之和与板厚之比的变化关系曲线。由图 5-4 可见，畸变屈曲系数 k_d 与卷边宽厚比 $(d+a)/t$ 基本呈线性关系，其他构件的结果也表现出相同的规律，因此可以把二者的关系表达成：

$$k_d = m\frac{(d+a)}{t} + n \tag{5-21}$$

随着腹板高度与翼缘宽度的比值 H/B 的变化，各曲线之间存在一定差异，说明 H/B 也是一个重要影响因素。

4. 腹板高度和翼缘宽度比值 H/B 的影响

腹板高度和翼缘宽度的比值 H/B 是腹板对翼缘支撑作用强弱的体现。图 5-5 (a) 所示为以复杂卷边槽钢为例，选取具有不同腹板高度和翼缘宽度，但两者的比值 H/B 均为 2 的构件其畸变屈曲系数 k_d 与卷边宽厚比 $(d+a)/t$ 的关系曲线。可以发现，图 5-5 (a) 中所示的四条曲线基本重合，彼此相差很小，表明无论腹板高度和翼缘宽度是多

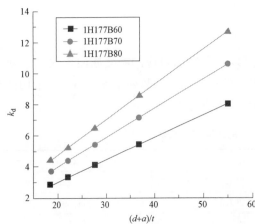

图 5-4　畸变屈曲系数与卷边宽厚比的关系曲线

少，只要二者的比值 H/B 一定，那么得到的畸变屈曲系数 k_d 就近似为一定值。

图 5 - 5 (b) 所示为选取不同 H/B 构件的畸变屈曲系数 k_d 与卷边宽厚比 $(d+a)/t$ 关系曲线。可以看出，随着 H/B 的增加曲线逐渐向下移动，也就是说在卷边宽厚比 $(d+a)/t$ 一定的情况下，随着 H/B 的增加，畸变屈曲系数 k_d 在逐渐减小，这是由于随着 H/B 的增加，腹板对翼缘的约束作用逐渐减小所致。

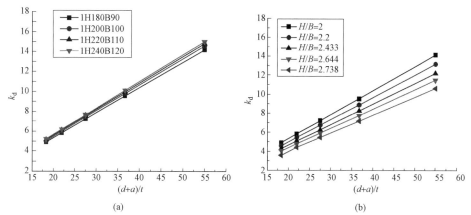

图 5 - 5　H/B 对畸变屈曲系数 k_d 的影响规律

(a) $H/B=2$；(b) H/B 取不同值

已知 $k_d = m\dfrac{(d+a)}{t} + n$，且 m、n 为 H/B 的函数，又根据图 5 - 6 得到的 k_d 与 H/B 也呈线性关系，那么 m、n 可以分别写为 H/B 的一次函数，即

$$m = \beta_1 \frac{H}{B} + \beta_2 \qquad (5 - 22)$$

$$n = \beta_3 \frac{H}{B} + \beta_4 \qquad (5 - 23)$$

式中，β_1、β_2、β_3、β_4 为常数。

把式 (5 - 22)、式 (5 - 23) 带入式 (5 - 21) 可得到

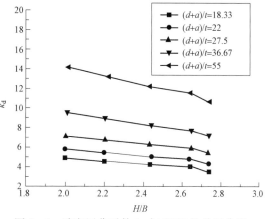

图 5 - 6　畸变屈曲系数 k_d 与 H/B 的关系曲线

$$k_d = \left(\beta_1 \frac{H}{B} + \beta_2\right)\frac{(d+a)}{t} + \left(\beta_3 \frac{H}{B} + \beta_4\right) \qquad (5 - 24)$$

5. 系数的确定

为了得到更好的通用性，用图 5 - 4 曲线的斜率值和截距值分别对式 (5 - 22)、式 (5 - 23) 进行线性拟合，得出：对于复杂卷边槽钢，斜率 $\beta_1 = -0.099$，截距 $\beta_2 = 0.454$，斜率 $\beta_3 = -0.164$，截距 $\beta_4 = 0.657$；对于 Σ 形复杂卷边槽钢，斜率 $\beta_1 = -0.084$，截距 $\beta_2 = 0.415$，斜率 $\beta_3 = -0.183$，截距 $\beta_4 = 0.719$；对于腹板 V 形加劲复杂卷边槽钢，斜率 $\beta_1 = -0.097$，截距 $\beta_2 = 0.446$，斜率 $\beta_3 = -0.121$，截距 $\beta_4 = 0.562$。

故对于三种复杂卷边槽形截面的畸变屈曲系数 k_d 的计算公式可简化为

$$k_d = \left(-0.1\frac{H}{B} + 0.45\right)\frac{(d+a)}{t} + \left(-0.16\frac{H}{B} + 0.66\right) \qquad (5 - 25)$$

$$k_{d} = \left(-0.08\frac{H}{B}+0.42\right)\frac{(d+a)}{t} + \left(-0.18\frac{H}{B}+0.72\right) \qquad (5-26)$$

$$k_{d} = \left(-0.1\frac{H}{B}+0.45\right)\frac{(d+a)}{t} + \left(-0.12\frac{H}{B}+0.56\right) \qquad (5-27)$$

把式（5-25）、式（5-26）代入式（5-20）就可反算求得三种复杂卷边槽形截面弹性畸变屈曲应力的简化计算公式。

$$\sigma_{crd} = \frac{\pi^2 E}{12(1-\upsilon^2)}\left[\left(-0.1\frac{H}{B}+0.45\right)\frac{(d+a)}{t}+\left(-0.16\frac{H}{B}+0.66\right)\right]\left(\frac{t}{B}\right)^2 \quad (5-28)$$

$$\sigma_{crd} = \frac{\pi^2 E}{12(1-\upsilon^2)}\left[\left(-0.08\frac{H}{B}+0.42\right)\frac{(d+a)}{t}+\left(-0.18\frac{H}{B}+0.72\right)\right]\left(\frac{t}{B}\right)^2 \quad (5-29)$$

$$\sigma_{crd} = \frac{\pi^2 E}{12(1-\upsilon^2)}\left[\left(-0.1\frac{H}{B}+0.45\right)\frac{(d+a)}{t}+\left(-0.12\frac{H}{B}+0.56\right)\right]\left(\frac{t}{B}\right)^2 \quad (5-30)$$

6. 公式的归并

根据构件截面的应力状态可知：在受压翼缘宽厚比和腹板高度一定的条件下，受压区腹板宽厚比对截面畸变屈曲应力影响较大。腹板 V 形加劲肋的位置在中和轴附近，对受压区腹板宽厚比的影响很小，因此其与复杂卷边槽钢构件的屈曲应力相近。由求解复杂卷边槽钢和腹板 V 形加劲复杂卷边槽钢构件弹性畸变屈曲应力的式（5-28）和式（5-30）亦可看出，两式间的各项形式和参数一致，仅部分系数有微小差别，因此考虑将二者合并。

将式（5-28）和式（5-30）的各项系数取平均值得到以下合并后的公式：

$$\sigma_{crd} = \frac{\pi^2 E}{12(1-\upsilon^2)}\left[\left(-0.1\frac{H}{B}+0.45\right)\frac{(d+a)}{t}+\left(-0.14\frac{H}{B}+0.61\right)\right]\left(\frac{t}{B}\right)^2 \quad (5-31)$$

7. 公式的检验

Σ形截面三种方法计算结果的对比见表 5-2。

表 5-2　　　　　　　　　　Σ形截面三种方法计算结果的对比

构件编号	σ_{crd_FSM} (N/mm²)	σ_{crd_Hand} (N/mm²)	σ_{crd_Simp} (N/mm²)	$\dfrac{\sigma_{crd\_Hand}}{\sigma_{crd\_FSM}}$	$\dfrac{\sigma_{crd\_Simp}}{\sigma_{crd\_FSM}}$
2H220B110d35a20t1.0	222.49	199.23	225.71	0.895	1.014
2H220B110d35a20t1.5	337.28	315.52	342.72	0.935	1.016
2H220B110d35a20t2.0	454.43	441.38	462.51	0.971	1.018
2H220B110d35a20t2.5	573.94	573.15	585.06	0.999	1.019
2H240B120d35a20t1.0	190.11	180.82	189.66	0.951	0.998
2H240B120d35a20t1.5	288.28	281.03	287.98	0.975	0.999
2H240B120d35a20t2.0	388.51	392.80	388.64	1.011	1.000
2H240B120d35a20t2.5	490.81	509.52	491.62	1.038	1.002
平均值				0.972	1.008
标准差				0.045	0.009

注　表中 σ_{crd_FSM} 为用有限条程序 CUFSM 求得的构件弹性畸变屈曲应力；σ_{crd_Hand} 为汉考克等提出的手算公式求得的构件弹性畸变屈曲应力；σ_{crd_Simp} 为本专著提出的简化公式求得的构件弹性畸变屈曲应力。

为了验证三种截面复杂卷边槽钢纯弯构件的弹性畸变屈曲应力简化计算公式的准确性，选取公式拟合过程中未用到的部分，将有限条软件 CUFSM 的计算结果分别与汉考克等提出的近似计算解析式和上述建议的计算公式进行了对比。其中，CUFSM 以及汉考克等提出的手算公式，和 Σ 形复杂卷边槽钢计算式（5 - 28）的对比结果列于表 5 - 2 中；和复杂卷边槽钢与腹板 V 形加劲复杂卷边槽钢归并后的计算式（5 - 30）的对比结果列于表 5 - 3 中。

表 5 - 3　　　　　复杂卷边槽钢和腹板 V 形加劲复杂卷边槽钢三种方法结果的对比

构件编号	σ_{crd_FSM} (N/mm²)	σ_{crd_Hand} (N/mm²)	σ_{crd_Simp} (N/mm²)	$\dfrac{\sigma_{crd\_Hand}}{\sigma_{crd\_FSM}}$	$\dfrac{\sigma_{crd\_Simp}}{\sigma_{crd\_FSM}}$
1H180B90d35a20t1.0	325.32	275.35	323.83	0.846	0.995
1H180B90d35a20t1.5	492.6	438.53	491.44	0.890	0.998
1H200B100d35a20t1.0	270.48	250.41	262.31	0.926	0.970
1H200B100d35a20t1.5	409.72	400.07	398.07	0.976	0.972
3H180B90d35a20t1.0	320.79	275.35	323.83	0.858	1.009
3H180B90d35a20t1.5	485.86	438.53	491.44	0.903	1.011
3H200B100d35a20t1.0	266.73	250.41	262.31	0.939	0.983
3H200B100d35a20t1.5	405.25	400.07	398.07	0.987	0.982
平均值				0.916	0.990
标准差				0.051	0.015

注　表中 σ_{crd_FSM} 为用有限条程序 CUFSM 求得的构件弹性畸变屈曲应力；σ_{crd_Hand} 为汉考克等提出的手算公式求得的构件弹性畸变屈曲应力；σ_{crd_Simp} 为本专著提出的简化公式求得的构件弹性畸变屈曲应力。

从表 5 - 2、表 5 - 3 可以看出，与有限条法相比，通过汉考克等提出的手算公式来计算复杂卷边槽钢弹性畸变屈曲应力的结果略显保守，而通过上述提出的简化计算式（5 - 29）和式（5 - 31）求得的计算结果与以上二者相差均很小，且更加趋近于有限条法的计算结果。可见，以上提出的弹性畸变屈曲应力简化计算公式是可行的，满足精度要求。

◇ 5.2　纯弯构件抗弯承载力的直接强度法

我国《冷弯薄壁型钢结构技术规范》（GB 50018—2002）[59] 中规定对于 Q345 钢材来说，翼缘宽厚比 $B/t \leqslant 50$，卷边宽厚比 $d/t \leqslant 12$，腹板高厚比 $H/t \leqslant 200$，卷边宽与翼缘宽的比值 $d/B > 0.183$。

美国规范 AISI 2004 和澳大利亚/新西兰规范 AS/NZS4600：2018 的规定相同：腹板高厚比 $H/t \leqslant 200$，对于简单卷边构件来说翼缘宽厚比 $B/t \leqslant 60$，对于复杂卷边构件来说翼缘宽厚比 $B/t \leqslant 90$。英国规范 BS 5950 的规定也与上述两种规范基本相同，但腹板的高厚比可放大到 500。

欧洲规范 EC3 的规定相对较为详细：对于简单卷边构件来说，翼缘宽厚比 $B/t \leqslant 60$，卷边宽厚比 $d/t \leqslant 50$；对于复杂卷边构件来说，翼缘宽厚比 $B/t \leqslant 90$，卷边宽厚比 $d/t \leqslant 60$，再卷边宽厚比 $a/t \leqslant 50$，且要求了卷边和再卷边的宽度范围为 $0.2 \leqslant d/B \leqslant 0.6$，$0.1 \leqslant a/B \leqslant 0.3$。

从上述的几本规范规定的限制范围来看，欧洲规范的规定是最详细的，而且其限制范围也是最大的，然而本专著选取的许多参数仍然超出了欧洲规范的规定。本专著将在修正直接强度法公式的过程中把全部的分析结果和符合规范规定的最大限制范围的分析结果分别考虑，以此来研究修正公式在适用于规范规定的限制范围内的基础上，同样能够适用于超出规范规定的限制范围的可能性。

对文献［21］中纯弯构件的有限元参数分析结果为依托，建立用于计算直卷边构件、斜卷边构件和复杂卷边构件受纯弯时的抗弯承载力的直接强度法公式。由于有限元参数分析求得的同样截面参数的 C 形和 Z 形截面构件的抗弯承载力相差不大，且由有限条程序 CUFSM 求得的 C 形和 Z 形截面构件的弹性局部屈曲荷载和弹性畸变屈曲荷载均相差很小，所以在回归公式的时候把 C 形和 Z 形截面构件一起考虑，以此来回归出适用于不同卷边形式的求解构件抗弯承载力的直接强度法公式。

传统的直接强度法公式没有考虑局部和畸变的相关屈曲，而是把两种屈曲模式分开来用不同的计算公式来考虑。试验分析发现，当构件的特征值屈曲模态为局部屈曲时，由于研究区段范围内的受压翼缘没有盖板相连，所以在非线性分析过程中随着荷载的增加，受压翼缘和卷边的交线处总会出现一定程度的畸变变形，表现为局部和畸变的相关屈曲，而这种相关屈曲的出现会使得构件的抗弯承载力有所降低。相关屈曲影响的程度与板厚、卷边对受压翼缘的约束作用有关，板越薄、卷边的约束越弱，受压翼缘的抗弯刚度就越弱，相关屈曲的影响程度就越大；相反的，当板较厚、卷边的约束作用也强时，受压翼缘的抗弯刚度越强，相关屈曲的影响程度就小些。当构件的特征值屈曲模态为畸变屈曲时，在非线性分析时一般不会出现局部屈曲。

5.2.1 纯弯构件直接强度法修正公式的建立

在建立直接强度法公式回归的时候把构件分为两部分，一部分为考虑局部和畸变相关屈曲的，一部分为考虑畸变屈曲的。为了使修正公式的适用性更强，不区分卷边的形式，把所研究的直卷边、斜卷边和复杂卷边构件作为一个整体来考虑。最初的直接强度法公式也没有区分卷边的形式。

1. 局部和畸变相关屈曲直接强度法修正公式

图 5-7 所示为发生局部和畸变相关屈曲的纯弯构件各散点的分布状况以及直接强度法原始曲线和直接强度法修正曲线，其中已经剔除了超出规范规定的最大限制范围的参数分析结果。由图中可以看出，无论是直卷边构件，还是斜卷边和复杂卷边构件，各构件散点的分布大多数都位于直接强度法原始曲线的下方，只有部分直卷边和复杂卷边构件的散点位于直接强度法原始曲线的上方，说明了此时构件的抗弯承载力如果仍沿用直接强度法原始公式计算的话，得到的结果多数都是偏于不安全的，有必要对直接强度法原始公式做适当修正。大多数构件的抗弯承载力都低于直接强度法原始公式计算的结果也是受到了相关屈曲的不利影响。

修正后的直接强度法公式的基本形式与直接强度法原始公式保持一致，只对公式中的个别系数、指数和分界点做适当修正，使得修正后的曲线与参数分析的结果更为接近。取 ANSYS 分析得到的构件抗弯承载力 M_u 与截面边缘屈服弯矩 M_y 的比值 M_u/M_y 作为曲线纵坐标，$\lambda_L = (M_y/M_{crL})^{0.5}$ 作为横坐标（M_{crL} 为构件弹性局部屈曲荷载），根据散点的分布最大程度地拟合二者的关系曲线，得到修正后的直接强度法曲线。需要指出的是修正公式中使用的是截面边缘屈服弯矩 M_y，而非原始公式中的整体弯扭屈曲弯矩 M_{ne}，原因是上述的研究限制整体弯扭屈曲的发生。在可能发生整体弯扭屈曲时，应将式（5-18）中的 M_y 改用 M_{ne}。

在公式回归时，首先对曲线的分界点做了修正，由于原始曲线对应的结果多偏于不安全，所以对整条曲线都进行了下移，尽量使得修正后的曲线能够对构件的抗弯承载力做较准确的预测。经修正后的直接强度法曲线对应的公式为

$$M_{nL} = \begin{cases} M_y & \lambda_L \leqslant 0.683 \\ \left[1 - 0.22\left(\dfrac{M_{crL}}{M_y}\right)^{0.52}\right]\left(\dfrac{M_{crL}}{M_y}\right)^{0.52} M_y & \lambda_L > 0.683 \end{cases} \tag{5-32}$$

由图 5-7 中散点的分布状况来看，修正后的直接强度法公式均能满足规范规定的限制范围内和限制范围外的要求。

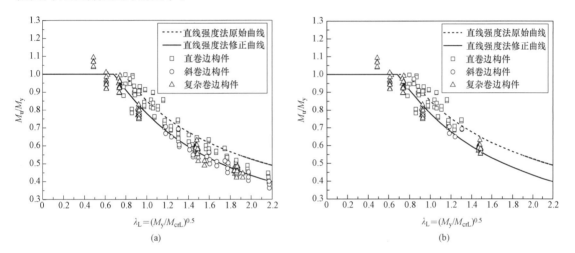

图 5-7　纯弯构件局部和畸变相关屈曲直接强度法原始曲线和修正曲线
（a）全部；（b）剔除超限

2. 畸变屈曲直接强度法修正公式

图 5-8 所示为发生畸变屈曲的纯弯构件各散点的分布状况以及直接强度法原始曲线和直接强度法修正曲线。图 5-8（a）所示为全部的参数分析结果，图 5-8（b）所示为剔除了超出规范规定的最大限制范围的参数分析结果。对于发生畸变屈曲的纯弯构件来说，只有少数截面参数超出了规范规定的限制范围。由图中可以发现，无论是直卷边构件，还是斜卷边和复杂卷边构件，各构件散点的分布大多数都位于直接强度法原始曲线的上方，直接强度法原始公式基本都能得到偏于安全的结果。在分界点附近区域散点分布较为集中，与原始公式相差很小。随着 λ_d 的增加，散点分布与原始曲线的距离也在增加，原始公式的计算结果与分析结果相差越来越大，所以有必要对直接强度法原始公式做适当修正。

修正后的直接强度法公式的基本形式与直接强度法原始公式保持一致。取 ANSYS 分析得到的构件抗弯承载力 M_u 与截面边缘屈服弯矩 M_y 的比值 M_u/M_y 作为曲线纵坐标，$\lambda_d = (M_y/M_{crd})^{0.5}$ 作为横坐标（M_{crd} 为构件弹性畸变屈曲荷载）。为使修正公式的计算结果偏于保

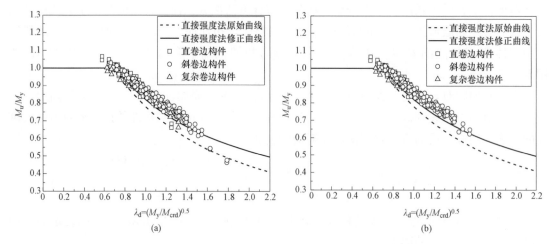

图 5 - 8 纯弯构件畸变屈曲直接强度法原始曲线和修正曲线

(a) 全部；(b) 剔除超限

守，在修正曲线的过程中尽量让大多数散点位于修正曲线的上方，同时也不偏离整条曲线的走势。经修正后的直接强度法曲线对应的公式为

$$M_{nd} = \begin{cases} M_y & \lambda_d \leqslant 0.702 \\ \left[1 - 0.18\left(\dfrac{M_{crd}}{M_y}\right)^{0.38}\right]\left(\dfrac{M_{crd}}{M_y}\right)^{0.38} M_y & \lambda_d > 0.702 \end{cases} \tag{5-33}$$

图 5 - 8（a）、（b）中的直接强度法修正曲线对应的公式均为式（5 - 33）。由图中散点的分布状况来看，修正后的直接强度法公式均能满足规范规定的限制范围内和限制范围外的要求。

5.2.2 纯弯构件直接强度法修正公式的验证

1. 局部和畸变相关屈曲直接强度法修正公式的验证

为了验证局部和畸变相关屈曲直接强度法修正公式计算结果的有效性，并且与直接强度法原始公式的计算结果进行对比，选择了腹板高为 200mm 的直卷边、斜卷边和复杂卷边 C 形截面构件，分别用直接强度法原始公式和修正公式计算其抗弯承载力，并且与分析结果进行对比，对比结果列于表 5 - 4 中。

表 5 - 4 相关屈曲纯弯构件抗弯承载力分析值与直接强度法原始公式和修正公式计算值的对比

构件编号	分析值 M_u(kN・m)	直接强度法原有公式计算值 M_{DSM}(kN・m)	直接强度法修正公式计算值 M_{R_DSM}(kN・m)	$\dfrac{M_{DSM}}{M_u}$	$\dfrac{M_{R\_DSM}}{M_u}$
LUH200B70d20t1.0	5.007	4.921	4.241	0.983	0.847
LUH200B70d20t1.5	10.537	9.609	8.768	0.912	0.832
LUH200B80d20t1.0	4.855	5.180	4.431	1.067	0.913
LUH200B80d20t1.5	10.257	10.140	9.209	0.989	0.898
LUH200B100d20t1.0	4.689	5.330	4.425	1.137	0.944

续表

构件编号	分析值 M_u(kN·m)	直接强度法原有公式计算值 M_{DSM}(kN·m)	直接强度法修正公式计算值 M_{R_DSM}(kN·m)	$\dfrac{M_{DSM}}{M_u}$	$\dfrac{M_{R\_DSM}}{M_u}$
LUH200B100d20t1.5	9.289	10.513	9.349	1.132	1.006
LUH200B100d25t1.0	4.949	5.440	4.516	1.099	0.913
LUH200B100d25t1.5	9.880	10.740	9.552	1.087	0.967
LUH200B100d25t2.0	16.466	17.169	15.785	1.043	0.959
LUH200B100d25t2.2	19.203	19.987	18.498	1.041	0.963
LUH200B100d25t2.5	21.537	24.431	22.699	1.134	1.054
平均值				1.057	0.936
LIH200B70d20t1.0	4.557	5.003	4.310	1.098	0.946
LIH200B80d20t1.0	4.291	5.255	4.493	1.225	1.047
LIH200B100d20t1.0	4.120	5.389	4.470	1.308	1.085
LIH200B100d25t1.0	4.659	5.516	4.576	1.184	0.982
LIH200B100d25t1.5	9.186	10.916	9.700	1.188	1.056
平均值				1.201	1.023
LWH200B100d12.5a6.25t1	4.228	5.427	4.526	1.284	1.070
LWH200B100d12.5a12.5t1	4.588	5.770	4.847	1.258	1.056
LWH200B100d25a12.5t1	5.160	6.002	5.044	1.163	0.978
LWH200B100d25a25t1	5.182	6.285	5.283	1.213	1.019
LWH200B100d25a12.5t2	17.201	18.877	17.429	1.097	1.013
LWH200B100d25a25t2	17.354	19.894	18.380	1.146	1.059
LWH200B100d25a12.5t3	30.790	30.913	30.913	1.004	1.004
LWH200B100d25a25t3	31.359	32.427	32.427	1.034	1.034
LWH200B100d50a25t1	5.530	6.301	5.281	1.139	0.955
LWH200B100d50a50t1	5.601	6.540	5.480	1.168	0.978
LWH200B100d50a25t2	17.414	20.045	18.504	1.151	1.063
LWH200B100d50a50t2	17.749	20.842	19.238	1.174	1.084
LWH200B100d50a25t3	31.653	33.017	33.017	1.043	1.043
LWH200B100d50a50t3	31.669	34.390	34.390	1.086	1.086
LAH200B100d12.5a12.5t1	4.362	5.716	4.795	1.310	1.099
LAH200B100d25a12.5t1	5.126	5.970	5.012	1.165	0.978
LAH200B100d25a25t1	5.166	6.306	5.300	1.221	1.026
LAH200B100d25a25t2	17.345	19.801	18.287	1.142	1.054
LAH200B100d50a25t1	5.483	6.330	5.307	1.154	0.968
LAH200B100d50a50t1	5.335	6.678	5.599	1.252	1.049
LAH200B100d50a25t2	17.632	20.055	18.511	1.137	1.050
LAH200B100d50a50t2	17.737	21.229	19.599	1.197	1.105
LAH200B100d50a50t3	32.006	34.904	34.904	1.091	1.091
平均值				1.158	1.038

　　由列于表 5-4 的对比结果可以发现，对于直卷边构件来说，两个公式的计算误差总体相差都不大，但是直接强度法原始公式的计算结果多偏于不安全，且有的构件的直接强度法原始公式计算结果超过分析结果达到 10% 以上；修正后的公式的计算结果虽然对于有的构件来说误差仍偏大，但总体来说得到的结果都是偏于安全的。对于斜卷边和复杂卷边构件来说，由直接强度法原始公式求得的多数构件的抗弯承载力都高于分析值，偏于不安全，且二者相差较大；根据修正后的公式得到的结果误差减小许多，总体在误差允许的范围内。

　　2. 畸变屈曲直接强度法修正公式的验证

　　为了验证畸变屈曲直接强度法修正公式计算结果的有效性，并且与直接强度法原始公式的计算结果进行对比，仍选择了腹板高为 200mm 的直卷边、斜卷边 C 形截面构件进行了对比，由于复杂卷边构件发生畸变屈曲的个数较少，所以选择了所有发生畸变屈曲的 C 形截面复杂卷边构件进行了对比，对比结果列于表 5-5 中。

表 5-5　　　　　畸变屈曲纯弯构件抗弯承载力分析值与直接强度法原始公式和
修正公式计算值的对比

构件编号	分析值 M_u(kN·m)	直接强度法原有公式计算值 M_{DSM}(kN·m)	直接强度法修正公式计算值 M_{R_DSM}(kN·m)	$\dfrac{M_{DSM}}{M_u}$	$\dfrac{M_{R\_DSM}}{M_u}$
LUH200B70d20t2.0	13.759	13.169	13.645	0.957	0.992
LUH200B70d20t2.2	15.621	14.900	15.367	0.954	0.984
LUH200B70d20t2.5	18.062	17.603	18.059	0.975	1.000
LUH200B70d20t3.0	22.102	22.062	22.306	0.998	1.009
LUH200B80d20t2.0	14.805	13.459	14.080	0.909	0.951
LUH200B80d20t2.2	16.589	15.335	15.937	0.924	0.961
LUH200B80d20t2.5	18.978	18.068	18.656	0.952	0.983
LUH200B80d20t3.0	23.306	22.872	23.443	0.981	1.006
LUH200B100d20t2.0	15.230	13.807	14.773	0.907	0.970
LUH200B100d20t2.2	17.493	15.717	16.688	0.898	0.954
LUH200B100d20t2.5	20.344	18.645	19.611	0.916	0.964
LUH200B100d20t3.0	25.021	23.858	24.773	0.954	0.990
LUH200B100d25t3.0	27.276	25.915	26.692	0.950	0.979
平均值				0.944	0.980
LIH200B70d20t1.5	8.900	7.743	8.450	0.870	0.949
LIH200B70d20t2.0	13.015	11.677	12.402	0.897	0.953
LIH200B70d20t2.2	14.689	13.314	14.034	0.906	0.955
LIH200B70d20t2.5	17.201	15.904	16.602	0.925	0.965
LIH200B70d20t3.0	21.512	20.443	21.091	0.950	0.980
LIH200B80d20t1.5	9.113	7.873	8.711	0.864	0.956
LIH200B80d20t2.0	13.375	11.850	12.750	0.886	0.953
LIH200B80d20t2.2	15.172	13.593	14.493	0.896	0.955
LIH200B80d20t2.5	17.616	16.273	17.160	0.924	0.974

续表

构件编号	分析值 M_u(kN·m)	直接强度法原有公式计算值 M_{DSM}(kN·m)	直接强度法修正公式计算值 M_{R_DSM}(kN·m)	$\dfrac{M_{DSM}}{M_u}$	$\dfrac{M_{R\_DSM}}{M_u}$
LIH200B80d20t3.0	22.136	20.920	21.765	0.945	0.983
LIH200B100d20t1.5	8.150	8.019	9.126	0.984	1.120
LIH200B100d20t2.0	13.741	12.104	13.368	0.881	0.973
LIH200B100d20t2.2	15.794	13.934	15.226	0.882	0.964
LIH200B100d20t2.5	18.681	16.663	17.992	0.892	0.963
LIH200B100d20t3.0	23.246	21.598	22.922	0.929	0.986
LIH200B100d25t2.0	15.310	13.205	14.389	0.863	0.94
LIH200B100d25t2.2	17.332	15.070	16.283	0.869	0.939
LIH200B100d25t2.5	20.386	18.002	19.233	0.883	0.943
LIH200B100d25t3.0	25.408	23.293	24.493	0.917	0.964
平均值				0.903	0.969
LWH160B80d10a10t2	10.010	9.278	9.884	0.927	0.987
LWH160B80d20a10t3	18.739	19.448	19.448	1.038	1.038
LWH160B80d20a20t3	20.034	20.426	20.426	1.020	1.020
LWH200B100d12.5a6.25t2	12.962	12.356	13.537	0.953	1.044
LWH200B100d12.5a12.5t2	14.613	13.414	14.549	0.918	0.996
平均值				0.971	1.017

由表 5-5 的对比结果可以看出，对于所选取的绝大多数构件来说，两个公式计算的抗弯承载力都低于分析值，说明了两个公式的计算结果都是偏于安全的。对于直卷边构件来说，原始公式的计算结果虽误差也不大，但修正公式的计算结果与分析值更为接近，误差更小些。对于斜卷边构件来说，原始公式的计算结果显得过于保守，多数构件的计算结果与分析值相差在 10% 以上，而修正公式的计算误差则减小很多。对于复杂卷边构件来说，两个公式的计算误差相差不大，总体来说修正公式的计算结果与分析结果更接近些。

◇5.3　非纯弯构件抗弯承载力的直接强度法

5.3.1　非纯弯构件直接强度法修正公式的建立

对于直接强度法原始公式来说，都是根据构件受纯弯时的结果得来的，而对于构件受其他弯矩形式时的抗弯承载力是否仍可沿用原始公式求解还不得而知。为了拓宽直接强度法计算受弯构件抗弯承载力的适用范围，本节将在文献 [21] 有限元参数分析结果的基础上，回归出适用于求解非纯弯状态下构件抗弯承载力的直接强度法公式。

由于所受弯矩为梯度形式，相比纯弯构件，非纯弯构件更多地表现出了局部和畸变的相关屈曲，单纯表现为畸变屈曲的构件有所减少。回归公式的时候也把构件分为两部分，一部分为考虑局部和畸变相关屈曲的，一部分为考虑畸变屈曲的。

1. 局部和畸变相关屈曲直接强度法修正公式

图 5-9 所示为发生局部和畸变相关屈曲的非纯弯构件各散点的分布状况以及直接强度法原始曲线和直接强度法修正曲线。图 5-9（a）所示为全部的参数分析结果，图 5-9（b）所示为剔除了超出规范规定的最大限制范围的参数分析结果。由图中可以看出，无论是直卷边构件，还是斜卷边和复杂卷边构件，散点的分布状况与纯弯构件相似，大多数散点都位于直接强度法原始曲线的下方。

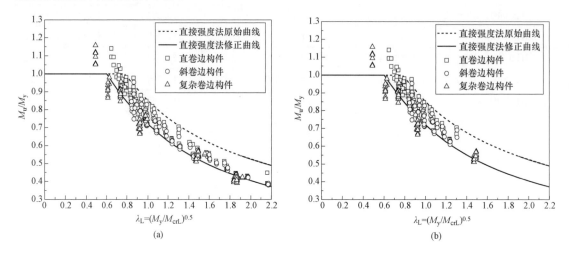

图 5-9　非纯弯构件局部和畸变相关屈曲直接强度法原始曲线和修正曲线
（a）全部；（b）剔除超限

非纯弯状态下的直接强度法修正公式的基本形式与纯弯状态下的公式保持一致。取 ANSYS 分析得到的构件抗弯承载力 M_u 与截面边缘屈服弯矩 M_y 的比值 M_u/M_y 作为曲线纵坐标，$\lambda_L = (M_y/M_{crL})^{0.5}$ 作为横坐标。为使修正公式的计算结果偏于保守起见，在修正过程中尽量让大多数散点位于修正曲线的上方，同时也不偏离整条曲线的走势。经修正后的直接强度法曲线对应的公式为

$$M_{nL} = \begin{cases} M_y & \lambda_L \leqslant 0.6 \\ 0.9\left[1 - 0.2\left(\dfrac{M_{crL}}{M_y}\right)^{0.5}\right]\left(\dfrac{M_{crL}}{M_y}\right)^{0.5}M_y & \lambda_L > 0.6 \end{cases} \tag{5-34}$$

图 5-9（a）和（b）中的直接强度法修正曲线对应的公式均为式（5-34），由图中散点的分布状况来看，修正后的直接强度法公式均能满足规范规定的限制范围内和限制范围外的要求。

2. 畸变屈曲直接强度法修正公式

对于在两种受弯状态下均呈现畸变屈曲的构件来说，非纯弯状态下的抗弯承载力往往比纯弯状态下的高出 10%～20%，如果仍沿用直接强度法原始公式来计算非纯弯状态下的抗弯承载力的话，得到的结果显然过于保守，且二者相差较多。为此，有必要根据非纯弯状态下的参数分析结果回归出适用于梯度弯矩作用下的直接强度法公式。

图 5-10 所示为发生畸变屈曲的非纯弯构件各散点的分布状况以及直接强度法原始曲线和直接强度法修正曲线。图 5-10（a）所示为全部的参数分析结果，图 5-10（b）所示为剔

除了超出规范规定的最大限制范围的参数分析结果，对于发生畸变屈曲的非纯弯构件只有个别截面参数超出了规范规定的限制范围，这使得图 5 - 10（a）和（b）几乎没有区别。由图中可以看出，大多数散点都位于直接强度法原始曲线的上方，只有少数直卷边构件散点位于原始曲线的下方。

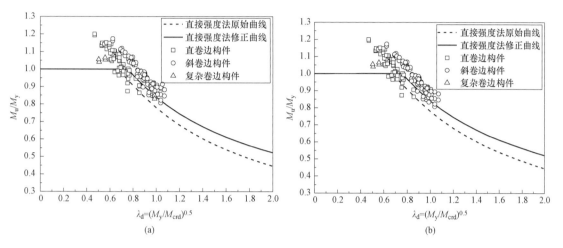

图 5 - 10　非纯弯构件畸变屈曲直接强度法原始曲线和修正曲线

（a）全部；（b）剔除超限

非纯弯状态下的直接强度法修正公式的基本形式与纯弯状态下的公式保持一致。取 ANSYS 分析得到的构件抗弯承载力 M_u 与截面边缘屈服弯矩 M_y 的比值 M_u/M_y 作为曲线纵坐标，$\lambda_d = (M_y/M_{crd})^{0.5}$ 作为横坐标（M_{crd} 为构件弹性畸变屈曲荷载）。需要指出的是，这里的非纯弯状态下的弹性畸变屈曲荷载 M_{crd} 都是根据有限元程序 ANSYS 求得的。

为了使修正公式能更准确地求解非纯弯状态下构件的抗弯承载力，根据散点的分布状态及走势，对原始曲线的位置做了提升，经修正后的直接强度法曲线对应的公式为：

$$M_{nd} = \begin{cases} M_y & \lambda_d \leqslant 0.756 \\ \left[1 - 0.16\left(\dfrac{M_{crd}}{M_y}\right)^{0.4}\right]\left(\dfrac{M_{crd}}{M_y}\right)^{0.4} M_y & \lambda_d > 0.756 \end{cases} \tag{5 - 35}$$

5.3.2　非纯弯构件直接强度法修正公式的验证

1. 局部和畸变相关屈曲直接强度法修正公式的验证

为了验证非纯弯状态下的局部和畸变相关屈曲直接强度法修正公式计算结果的有效性，并且与直接强度法原始公式的计算结果进行对比，选择了腹板高为 200mm 的直卷边、斜卷边和复杂卷边 C 形截面构件，分别用直接强度法原始公式和修正公式计算其抗弯承载力，并且与分析结果进行对比，对比结果列于表 5 - 6 中。

由表 5 - 6 可以看出，对于直卷边和斜卷边构件来说，原始公式的计算误差较大，且结果偏于不安全，而修正公式的计算结果与分析值较为接近，误差基本在允许的范围内，且得到的结果是偏于安全的。对于复杂卷边构件来说，原始公式的计算结果显得过于不安全，多数构件的计算结果与分析值相差在 10% 以上，修正公式的计算结果虽仍偏于不安全，但误差减小许多。

表 5 - 6　　　　相关屈曲非纯弯构件抗弯承载力分析值与直接强度法原始公式和
修正公式计算值的对比

构件编号	分析值 $M_u'(kN \cdot m)$	直接强度法原有公式计算值 $M_{DSM}'(kN \cdot m)$	直接强度法修正公式计算值 $M_{R\_DSM}'(kN \cdot m)$	$\dfrac{M_{DSM}'}{M_u'}$	$\dfrac{M_{R\_DSM}'}{M_u'}$
SUH200B70d20t1.0	4.426	4.921	3.934	1.112	0.889
SUH200B70d20t1.5	9.089	9.609	8.093	1.057	0.890
SUH200B70d20t2.0	14.260	15.186	13.064	1.065	0.916
SUH200B70d20t2.2	16.354	16.830	15.176	1.029	0.928
SUH200B80d20t1.0	4.386	5.180	4.114	1.181	0.938
SUH200B80d20t1.5	9.146	10.140	8.501	1.109	0.929
SUH200B80d20t2.0	14.763	16.065	13.792	1.088	0.934
SUH200B80d20t2.2	17.337	18.315	16.058	1.056	0.926
SUH200B100d20t1.0	4.265	5.330	4.124	1.250	0.967
SUH200B100d20t1.5	9.019	10.513	8.643	1.166	0.958
SUH200B100d20t2.0	14.812	16.785	14.245	1.133	0.962
SUH200B100d20t2.2	17.482	19.531	16.700	1.117	0.955
SUH200B100d25t1.0	4.314	5.440	4.210	1.261	0.976
SUH200B100d25t1.5	9.041	10.740	8.830	1.188	0.977
SUH200B100d25t2.0	15.023	17.167	14.572	1.143	0.970
SUH200B100d25t2.2	17.705	19.987	17.093	1.129	0.965
SUH200B100d25t2.5	21.741	24.431	21.033	1.124	0.967
平均值				1.130	0.944
SIH200B70d20t1.0	4.390	5.003	3.998	1.140	0.911
SIH200B70d20t1.5	8.997	9.809	8.258	1.090	0.918
SIH200B80d20t1.0	4.383	5.255	4.171	1.199	0.952
SIH200B80d20t1.5	9.199	10.318	8.645	1.122	0.940
SIH200B100d20t1.0	4.280	5.389	4.167	1.259	0.974
SIH200B100d20t1.5	8.835	10.648	8.745	1.205	0.990
SIH200B100d20t2.0	14.137	17.017	14.427	1.204	1.021
SIH200B100d20t2.2	16.890	19.807	16.919	1.173	1.002
SIH200B100d25t1.0	4.394	5.516	4.266	1.255	0.971
SIH200B100d25t1.5	8.970	10.916	8.967	1.217	1.000
SIH200B100d25t2.0	14.926	17.483	14.829	1.171	0.993
SIH200B100d25t2.2	16.799	20.370	17.408	1.213	1.036
平均值				1.187	0.976
SWH200B100d12.5a6.25t1	4.209	5.427	4.216	1.289	1.002
SWH200B100d12.5a12.5t1	4.266	5.770	4.511	1.353	1.057
SWH200B100d12.5a6.25t2	14.010	16.683	14.138	1.191	1.009

续表

构件编号	分析值 M'_u(kN·m)	直接强度法原有公式计算值 M'_{DSM}(kN·m)	直接强度法修正公式计算值 M'_{R_DSM}(kN·m)	$\dfrac{M'_{DSM}}{M'_u}$	$\dfrac{M'_{R\_DSM}}{M'_u}$
SWH200B100d12.5a12.5t2	14.893	17.444	14.804	1.171	0.994
SWH200B100d25a12.5t1	4.466	6.002	4.694	1.344	1.051
SWH200B100d25a25t1	4.475	6.285	4.916	1.404	1.099
SWH200B100d25a12.5t2	15.217	18.877	16.097	1.241	1.058
SWH200B100d25a25t2	15.336	19.894	16.977	1.297	1.107
SWH200B100d25a12.5t3	29.186	30.913	30.223	1.059	1.036
SWH200B100d25a25t3	29.354	32.427	32.155	1.105	1.095
SWH200B100d50a25t1	4.470	6.301	4.916	1.410	1.100
SWH200B100d50a50t1	4.802	6.540	5.102	1.362	1.062
SWH200B100d50a25t2	15.578	20.045	17.089	1.287	1.097
SWH200B100d50a50t2	15.695	20.842	17.767	1.328	1.132
SWH200B100d50a25t3	30.079	33.017	32.658	1.098	1.086
SWH200B100d50a50t3	30.224	34.390	34.024	1.138	1.126
SAH200B100d12.5a12.5t1	4.251	5.716	4.463	1.345	1.050
SAH200B100d25a12.5t1	4.459	5.970	4.665	1.339	1.046
SAH200B100d25a25t1	4.471	6.306	4.932	1.410	1.103
SAH200B100d25a25t2	15.247	19.801	16.889	1.299	1.108
SAH200B100d50a25t1	4.690	6.330	4.940	1.350	1.053
SAH200B100d50a50t1	4.781	6.678	5.212	1.397	1.090
SAH200B100d50a25t2	15.553	20.055	17.095	1.289	1.099
SAH200B100d50a50t2	15.791	21.229	18.101	1.344	1.146
SAH200B100d50a50t3	30.234	34.904	34.549	1.154	1.143
平均值				1.280	1.078

2. 畸变屈曲直接强度法修正公式的验证

为了验证非纯弯状态下的畸变屈曲直接强度法修正公式计算结果的有效性，并且与直接强度法原始公式的计算结果进行对比，选择了腹板高为 200mm 的直卷边和斜卷边构件 C 形截面以及所有发生畸变屈曲的复杂卷边 C 形截面构件，分别用直接强度法原始公式和修正公式计算其抗弯承载力，并且与分析结果进行对比，对比结果列于表 5-7 中。

表 5-7　畸变屈曲非纯弯构件抗弯承载力分析值与直接强度法原始公式和修正公式计算值的对比

构件编号	分析值 M'_u(kN·m)	直接强度法原有公式计算值 M'_{DSM}(kN·m)	直接强度法修正公式计算值 M'_{R_DSM}(kN·m)	$\dfrac{M'_{DSM}}{M'_u}$	$\dfrac{M'_{R\_DSM}}{M'_u}$
SUH200B70d20t2.5	20.158	18.923	18.923	0.939	0.939
SUH200B70d20t3.0	25.313	22.651	22.651	0.895	0.895

构件编号	分析值 M'_u(kN·m)	直接强度法原有公式计算值 M'_{DSM}(kN·m)	直接强度法修正公式计算值 M'_{R_DSM}(kN·m)	$\dfrac{M'_{DSM}}{M'_u}$	$\dfrac{M'_{R\_DSM}}{M'_u}$
SUH200B80d20t2.5	20.490	20.086	20.605	0.980	1.006
SUH200B80d20t3.0	26.046	24.314	24.314	0.933	0.933
SUH200B100d20t2.5	20.703	20.832	22.253	1.006	1.075
SUH200B100d20t3.0	27.337	26.308	28.062	0.962	1.027
SUH200B100d25t3.0	27.940	28.878	28.953	1.034	1.036
平均值				0.964	0.987
SIH200B70d20t2.0	13.784	12.824	13.763	0.930	0.998
SIH200B70d20t2.2	16.412	14.612	15.635	0.890	0.953
SIH200B70d20t2.5	20.047	17.398	18.568	0.868	0.926
SIH200B70d20t3.0	24.917	22.146	23.160	0.889	0.929
SIH200B80d20t2.0	13.871	13.035	14.079	0.940	1.015
SIH200B80d20t2.2	17.344	14.905	16.029	0.859	0.924
SIH200B80d20t2.5	20.741	17.786	19.040	0.858	0.918
SIH200B80d20t3.0	26.041	22.767	24.288	0.874	0.933
SIH200B100d20t2.5	20.806	18.235	19.744	0.876	0.949
SIH200B100d20t3.0	26.552	23.455	25.190	0.883	0.949
SIH200B100d25t2.5	20.991	19.818	21.325	0.944	1.016
SIH200B100d25t3.0	28.111	25.377	27.143	0.903	0.966
平均值				0.893	0.956
SWH160B80d10a10t2	10.854	10.080	10.844	0.929	0.999
SWH160B80d20a10t3	20.476	19.448	19.448	0.950	0.950
SWH160B80d20a20t3	21.253	20.426	20.426	0.961	0.961
平均值				0.947	0.970

由表 5-7 可以看出，对于直卷边构件和复杂卷边构件来说，两个公式的计算误差都不大，误差基本都在允许的范围内，且得到的结果都是偏于安全的，但修正公式的计算误差更小些。对于斜卷边构件来说，原始公式的计算结果过于保守，多数构件的计算结果与分析值相差在 10% 以上，而修正公式的计算误差则减小很多。

◇5.4 普通卷边槽钢受弯构件的直接强度法

上述对直接强度法计算公式的修正公式与沙费尔提出的公式形式基本一致，只对其中的系数、指数和分界点进行修正，修正公式的计算结果与实际结果更为接近。但是其中计算整体弯扭屈曲弯矩 M_{ne} 方法仍然采用国外计算方法，跟我国《冷弯薄壁型钢结构技术规范》

（GB 50018—2002）[59]存在较大差异，建立与我国规范相结合的公式势在必行。

　　鉴于以上两点原因，本节提出对直接强度法进行改进。主要的修改在于整体稳定弯矩 M_{ne} 的计算方法，整体稳定的计算方法需要与我国《冷弯薄壁型钢结构技术规范》（GB 50018—2002）[59]相结合，利用受弯构件整体稳定系数 φ_{bx} 按公式计算 M_{ne}：

$$M_{ne} = \varphi_{bx} W_x f_y \tag{5 - 36}$$

$$\varphi_{bx} = \frac{4320Ah}{\lambda_y^2 W_x} \xi_1 (\eta^2 + \zeta + \eta) \left(\frac{235}{f_y}\right) \tag{5 - 37}$$

当 $\varphi_{bx} > 0.7$ 时：

$$\varphi'_{bx} = 1.091 - \frac{0.274}{\varphi_{bx}}$$

$$\eta = 2\xi_2 e_a / h \tag{5 - 38}$$

$$\zeta = \frac{4I_\omega}{h^2 I_y} + \frac{0.165I_t}{I_y} \left(\frac{l_0}{h}\right)^2 \tag{5 - 39}$$

式中，各参数定义如《冷弯薄壁型钢结构技术规范》（GB 50018—2002）[59]附录 A.2 所示。

　　关于板件的弹性局部相关屈曲应力计算，各国给出的计算方法各有不同，主要有 BS 5950 规范给出的计算公式和沙费尔提出的计算公式。

　　BS 5950 规范中关于纯弯构件的弹性局部相关屈曲应力计算公式如下：

$$\sigma_{crL} = \frac{k_f \pi^2 E}{12(1 - \nu^2)} \left(\frac{t}{b}\right)^2 \tag{5 - 40}$$

$$k_f = 5.4 - \frac{1.4 \dfrac{h}{b}}{0.6 + \dfrac{h}{b}} - 0.02 \left(\frac{h}{b}\right)^3 \tag{5 - 41}$$

式中　　k_f——腹板的局部相关屈曲系数；

　　　　E——钢材的弹性模量；

　　　　ν——泊松比；

　　　　t——板厚；

　　b、h——分别为翼缘和腹板的宽度，计算时翼缘和腹板的宽度按轴线间宽度取值，忽略板件交线处弯角的影响。

　　沙费尔提出的弹性局部相关屈曲应力计算公式如下（此公式收录于 NAS 2004 中）：

$$\sigma_{crL} = \frac{k \pi^2 E}{12(1 - \nu^2)} \left(\frac{t}{b}\right)^2 \tag{5 - 42}$$

$$k = \begin{cases} 4[2 - (b/h)^{0.4}](b/h)^2 & h/b \geqslant 1 \\ 4[2 - (h/b)^{0.2}] & h/b < 1 \end{cases} \tag{5 - 43}$$

式中　　k——屈曲系数；

　　　　E——钢材的弹性模量；

　　　　ν——泊松比；

　　　　t——板厚；

　　h、b——分别为腹板和翼缘的平直段宽度，计算时取板件中心线之间的距离，忽略了弯角部分的影响。

　　为验证公式的有效性，采用上述公式对王海明、张耀春，程.Y（Cheng Y），沙费尔.

B. W（Schafer B. W）等学者的 3 组共计 58 个构件的试验数据进行了计算，截面参数详见表 5-8 及各文献。首先分别采用国外直接强度法 M_{DSM1}、国内学者提出的直接强度法 M_{DSM2} 和上述提出的直接强度法 M_{DSM3} 计算 58 个构件的极限承载力，将所有计算结果和已有的有效截面法计算结果 M_A 与已有的试验结果 M_{Test} 进行对比，计算结果见表 5-9。由计算结果可以看出，采用改进的直接强度法 DSM$_3$ 所得的计算结果与有效截面法的计算精确度差别不大，但这两种方法均优于采用 DSM$_1$ 和 DSM$_2$ 两种方法所得的结果。同时，采用改进的直接强度法 DSM$_3$ 所得的计算结果的标准差比有效截面法的更小。由于考虑到工程实际应用时采用设计值进行计算和简单方便的原则，所以此方法具有实际应用价值。

表 5-8 截 面 参 数

截面形式	L(mm)	H(mm)	b(mm)	a(mm)	t(mm)	f_y(MPa)
L_UH200B80d20-1	2520	198	81.7	21.8	3	351.4
L_UH200B80d20-2	2520	196.1	82.2	22.4	3	351.4
L_UH200B80d40-1	2520	198.2	82.2	42.4	3	351.4
L_UH200B80d40-2	2520	198.8	81.2	42.4	3	351.4
8C097-2	4878	204	54	15	2.49	412.7
8C097-2	4878	204	53	14	2.39	410.6
8C068-4	4878	204	52	13	1.91	334.9
8C068-5	4878	203	52	13	1.96	365.9
8C068-2	4878	204	52	13	1.93	356.2
8C068-1	4878	204	52	14	1.92	354.2
8C054-1	4878	203	52	13	1.40	275.6
8C054-8	4878	205	51	15	1.37	277.7
8C043-5	4878	204	51	14	1.26	309.4
8C043-6	4878	205	51	14	1.24	310.1
8C043-3	4878	204	51	14	1.20	316.9
8C043-1	4878	204	51	14	1.21	314.9
12C068-9	4878	305	49	13	1.66	241.7
12C068-5	4878	305	45	14	1.66	240.9
12C068-3	4878	304	50	15	1.70	390.3
12C068-4	4878	305	51	13	1.70	394.7
10C068-2	4878	256	49	13	1.45	231.2
10C068-1	4878	255	52	14	1.45	235.6
6C054-2	4878	153	51	14	1.56	248.7
6C054-1	4878	153	51	14	1.57	256.6

续表

截面形式	L(mm)	H(mm)	b(mm)	a(mm)	t(mm)	f_y(MPa)
4C054 - 1	4878	100	51	14	1.40	309.9
4C054 - 2	4878	100	49	13	1.42	308.1
3.62C054 - 1	4878	93	50	12	1.41	225.8
3.62C054 - 2	4878	93	50	13	1.41	220.4
D8C097 - 7	4878	207	55	16	2.54	586.9
D8C097 - 6	4878	207	53	16	2.55	587.5
D8C097 - 5	4878	205	51	17	2.54	576.9
D8C097 - 4	4878	205	52	17	2.53	579.8
D8C085 - 2	4878	205	50	16	2.10	363.8
D8C085 - 1	4878	205	50	16	2.15	357.2
D8C068 - 6	4878	202	49	17	1.8	543.9
D8C068 - 7	4878	202	50	16	1.8	550.3
D8C054 - 7	4878	204	52	14	1.34	281.2
D8C054 - 6	4878	203	52	15	1.32	280.3
D8C045 - 1	4878	208	49	17	0.88	147.3
D8C045 - 2	4878	207	49	17	0.88	144.9
D8C043 - 4	4878	204	51	13	1.17	313.1
D8C043 - 2	4878	204	51	13	1.20	313.3
D8C033 - 2	4878	207	51	17	0.86	141.0
D8C033 - 1	4878	205	51	16	0.86	140.2
D12C068 - 10	4878	306	52	13	1.64	226.7
D12C068 - 11	4878	306	51	14	1.65	239.1
D12C068 - 2	4878	303	52	13	1.69	388.0
D12C068 - 1	4878	304	54	13	1.70	384.9
D10C068 - 4	4878	256	51	12	1.59	151.7
D10C068 - 3	4878	257	53	14	1.61	155.3
D10C056 - 3	4878	254	50	17	1.45	532.4
D10C056 - 4	4878	254	49	18	1.45	530.0
D10C048 - 1	4878	253	52	16	1.21	351.9
D10C048 - 2	4878	253	51	16	1.24	348.8
D6C063 - 2	4878	152	51	16	1.47	385.4
D6C063 - 1	4878	152	51	16	1.42	398.4
D3.62C054 - 4	4878	95	48	10	1.41	221.2
D3.62C054 - 3	4878	95	48	9	1.41	226.8

表 5 - 9   **四种计算方法的计算结果对比**

截面形式	M_{test} (kN·m)	M_A (kN·m)	M_{DSM1} (kN·m)	M_{DSM2} (kN·m)	M_{DSM3} (kN·m)	$\dfrac{M_{test}}{M_A}$	$\dfrac{M_{test}}{M_{DSM1}}$	$\dfrac{M_{test}}{M_{DSM2}}$	$\dfrac{M_{test}}{M_{DSM3}}$
L_UH200B80d20 - 1	26.95	26.03	24.62	25.25	24.84	1.04	1.09	1.07	1.08
L_UH200B80d20 - 2	26.95	26.42	24.50	25.12	24.71	1.02	1.10	1.07	1.09
L_UH200B80d40 - 1	30.04	28.56	28.64	28.64	29.03	1.05	1.05	1.05	1.03
L_UH200B80d40 - 2	30.04	28.67	28.65	29.52	29.04	1.05	1.05	1.02	1.03
8C097 - 2	19.5	18.22	15.55	15.55	17.59	1.07	1.25	1.25	1.11
8C097 - 2	19.5	17.26	14.73	14.73	16.58	1.13	1.32	1.32	1.18
8C068 - 4	11.7	11.14	10.11	10.11	10.39	1.05	1.16	1.16	1.13
8C068 - 5	11.7	12.32	10.97	10.97	11.53	0.95	1.07	1.07	1.01
8C068 - 2	11.1	11.81	10.70	10.70	11.15	0.94	1.04	1.04	1.00
8C068 - 1	11.1	11.81	10.61	10.61	11.03	0.94	1.05	1.05	1.01
8C054 - 1	6.3	6.63	5.90	6.18	6	0.95	1.07	1.02	1.05
8C054 - 8	6.3	6.77	5.87	5.89	5.96	0.93	1.07	1.07	1.06
8C043 - 5	5.8	6.11	5.65	5.41	5.8	0.95	1.03	1.07	1.00
8C043 - 6	5.8	5.47	5.40	5.28	5.58	1.06	1.07	1.10	1.04
8C043 - 3	5.4	5.81	5.28	5.05	5.47	0.93	1.02	1.07	0.99
8C043 - 1	5.4	5.81	5.40	5.10	5.57	0.93	1.00	1.06	0.97
12C068 - 9	11.8	10.93	10.07	9.25	10.38	1.08	1.17	1.28	1.14
12C068 - 5	11.8	10.54	10.03	9.27	10.33	1.12	1.18	1.27	1.14
12C068 - 3	15.5	16.67	12.94	11.71	14.62	0.93	1.20	1.32	1.06
12C068 - 4	15.5	16.32	12.85	11.61	14.55	0.95	1.21	1.34	1.07
10C068 - 2	7.9	7.12	6.48	5.94	6.71	1.11	1.22	1.33	1.18
10C068 - 1	7.9	7.45	7.12	6.55	7.35	1.06	1.11	1.21	1.07
6C054 - 2	5.1	4.68	4.54	4.54	4.67	1.09	1.12	1.12	1.09
6C054 - 1	5.1	4.81	4.73	4.73	4.83	1.06	1.08	1.08	1.06
4C054 - 1	3.1	2.82	2.84	2.84	2.95	1.10	1.09	1.09	1.05
4C054 - 2	3.1	2.79	2.75	2.75	2.93	1.11	1.13	1.13	1.06
3.62C054 - 1	2.3	1.92	1.96	1.96	2.04	1.20	1.17	1.17	1.13
3.62C054 - 2	2.3	1.92	1.92	1.92	2.03	1.20	1.20	1.20	1.13
D8C097 - 7	23.1	23.33	20.27	20.27	22.74	0.99	1.14	1.14	1.02
D8C097 - 6	23.1	23.33	19.32	19.32	22.73	0.99	1.20	1.20	1.02
D8C097 - 5	18.7	22.26	17.88	17.88	17.9	0.84	1.05	1.05	1.04
D8C097 - 4	18.7	20.11	18.19	18.19	18.2	0.93	1.03	1.03	1.03
D8C085 - 2	13.8	12.55	11.73	11.73	13.45	1.10	1.18	1.18	1.03
D8C085 - 1	13.8	12.90	11.86	11.86	13.68	1.07	1.16	1.16	1.01
D8C068 - 6	11.8	13.26	11.73	11.64	14.36	0.89	1.01	1.01	0.82

截面形式	M_{test} (kN·m)	M_A (kN·m)	M_{DSM1} (kN·m)	M_{DSM2} (kN·m)	M_{DSM3} (kN·m)	$\dfrac{M_{test}}{M_A}$	$\dfrac{M_{test}}{M_{DSM1}}$	$\dfrac{M_{test}}{M_{DSM2}}$	$\dfrac{M_{test}}{M_{DSM3}}$
D8C068 - 7	11.8	13.26	12.00	11.83	14.51	0.89	0.98	1.00	0.81
D8C054 - 7	5.5	5.45	5.82	5.85	5.92	1.01	0.95	0.94	0.93
D8C054 - 6	5.5	5.56	5.74	5.70	5.83	0.99	0.96	0.96	0.94
D8C045 - 1	1.9	2.26	2.25	2.07	2.21	0.84	0.84	0.92	0.86
D8C045 - 2	1.9	2.26	2.23	2.05	2.19	0.84	0.85	0.93	0.87
D8C043 - 4	4.8	4.75	3.81	4.27	4.13	1.01	1.26	1.12	1.16
D8C043 - 2	4.8	4.95	5.24	4.99	5.41	0.97	0.92	0.96	0.89
D8C033 - 2	1.8	2.02	2.12	1.95	2.07	0.89	0.85	0.92	0.87
D8C033 - 1	1.8	1.96	2.13	1.97	2.08	0.92	0.85	0.91	0.87
D12C068 - 10	10.7	8.84	9.64	8.83	9.89	1.21	1.11	1.21	1.08
D12C068 - 11	10.7	9.30	9.98	9.15	10.3	1.15	1.07	1.17	1.04
D12C068 - 2	11.1	12.91	12.80	11.51	10.3	0.86	0.87	0.96	1.09
D12C068 - 1	11.1	13.06	12.91	11.61	10.3	0.85	0.86	0.96	1.08
D10C068 - 4	5.8	5.52	5.99	6.10	5.97	1.05	0.97	0.95	0.97
D10C068 - 3	5.8	5.98	6.33	6.49	6.31	0.97	0.92	0.89	0.92
D10C056 - 3	9.6	11.85	9.27	8.29	11.3	0.81	1.04	1.16	0.85
D10C056 - 4	9.6	12.15	9.07	8.08	11.02	0.79	1.06	1.19	0.87
D10C048 - 1	7	7.00	6.43	5.72	6.78	1.00	1.09	1.22	1.03
D10C048 - 2	7	7.14	6.52	5.81	6.91	0.98	1.07	1.20	1.01
D6C063 - 2	5.9	5.90	5.91	5.78	6.2	1.00	1.00	1.02	0.95
D6C063 - 1	5.9	5.73	5.83	5.56	6.07	1.03	1.01	1.06	0.97
D3.62C054 - 4	1.9	1.81	1.85	1.85	1.97	1.05	1.03	1.03	0.96
D3.62C054 - 3	1.9	1.74	1.82	1.82	1.91	1.09	1.04	1.04	0.99
平均值						1.00	1.06	1.10	1.02
标准差						0.099	0.110	0.115	0.091

◇ 5.5　计算方法有效性验证

采用上述三种计算方法对 3 篇文献共计 62 个受弯构件的试验数据进行了计算，文献 [45] 的计算结果列于表 5 - 10 中，其余文献只给出了统计分析结果（见表 5 - 11、表 5 - 12），其中 M_t 为受弯的试验承载力，M_1、M_2、M_3 分别为现行有效宽度法、修订有效宽度法、直接强度法的计算结果。试验结果与现行有效宽度法的计算结果比值 M_t / M_1 的平均值为 1.050，试验结果与修订有效宽度法的计算结果比值 M_t/M_2 的平均值为 1.004，试验结果与直接强度法的计算结果比值 M_t / M_3 的平均值为 1.075。三者的变异系数分别为 0.123、

0.112、0.102，从变异系数的结果可以看出修订有效宽度法和直接强度法的计算结果离散性较小。受弯部分的总体规律虽与轴压一致，但与文献［45］的对比结果表明两种有效宽度法计算结果与试验相比略显不安全。

表 5 - 10　　　　　　　　　　　文献［45］试验与计算结果对比

试件编号	$M_t(kN \cdot m)$	$M_1(kN \cdot m)$	$M_2(kN \cdot m)$	$M_3(kN \cdot m)$	M_t/M_1	M_t/M_2	M_t/M_3
D8C097 - 7	23.1	21.42	22.3	21.94	1.08	1.04	1.05
D8C097 - 6	23.1	20.93	21.7	21.14	1.10	1.06	1.09
D8C097 - 5	18.7	19.92	20.59	19.85	0.94	0.91	0.94
D8C097 - 4	18.7	20.09	20.78	20.12	0.93	0.90	0.93
D8C085 - 2	13.8	11.87	12.25	12.28	1.16	1.13	1.12
D8C085 - 1	13.8	12.06	12.45	12.40	1.14	1.11	1.11
D8C068 - 6	11.8	12.11	12.49	12.53	0.97	0.94	0.94
D8C068 - 7	11.8	12.31	12.72	12.72	0.96	0.93	0.93
D8C054 - 7	5.5	5.77	5.98	5.92	0.95	0.92	0.93
D8C054 - 6	5.5	5.65	5.87	5.78	0.97	0.94	0.95
D8C045 - 1	1.9	2.18	2.25	2.07	0.87	0.84	0.92
D8C045 - 2	1.9	2.14	2.21	2.06	0.89	0.86	0.92
D8C043 - 4	4.8	4.58	4.68	4.34	1.05	1.03	1.10
D8C043 - 2	4.8	5.27	5.47	5.08	0.91	0.88	0.94
D8C033 - 2	1.8	2.03	2.1	1.95	0.89	0.86	0.92
D8C033 - 1	1.8	2.03	2.11	1.96	0.89	0.85	0.92
D12C068 - 10	10.7	10.35	10.5	8.91	1.03	1.02	1.20
D12C068 - 11	10.7	10.7	10.84	9.26	1.00	0.99	1.16
D12C068 - 2	11.1	15.34	15.67	11.83	0.72	0.71	0.94
D12C068 - 1	11.1	15.45	15.77	11.91	0.72	0.70	0.93
D10C068 - 4	5.8	5.86	5.94	6.10	0.99	0.98	0.95
D10C068 - 3	5.8	6.19	6.28	6.52	0.94	0.92	0.89
D10C056 - 3	9.6	12.06	12.3	8.81	0.80	0.78	1.09
D10C056 - 4	9.6	12.12	12.37	8.62	0.79	0.78	1.11
D10C048 - 1	7	7.77	7.91	5.86	0.90	0.88	1.19
D10C048 - 2	7	7.89	8.04	5.95	0.89	0.87	1.18
D6C063 - 2	5.9	5.52	5.93	5.97	1.07	0.99	0.99
D6C063 - 1	5.9	5.39	5.81	5.74	1.09	1.02	1.03
D3.62C054 - 4	1.9	1.78	1.91	1.87	1.07	0.99	1.01
D3.62C054 - 3	1.9	1.75	1.87	1.85	1.09	1.02	1.03
平均值					0.9602	0.9281	1.0146
方差					0.0134	0.0112	0.0096
变异系数					0.1207	0.1141	0.0963

表 5 - 11　　　　　　　　　　　文献 [46] 受弯承载力对比

试件编号	P_t(kN)	P_1(kN)	P_2(kN)	P_3(kN)	P_t/P_1	P_t/P_2	P_t/P_3
L_UH200B80d20 - 1	26. 95	24. 04	26. 32	23. 30	1. 12	1. 02	1. 16
L_UH200B80d40 - 1	26. 95	23. 85	26. 11	23. 19	1. 13	1. 03	1. 16
L_UH200B80d40 - 2	30. 04	26. 07	28. 36	26. 80	1. 15	1. 06	1. 12
S_UH200B80d20 - 2	30. 04	26. 1	28. 37	26. 76	1. 15	1. 06	1. 12
S_UH200B80d40 - 1	28. 59	24. 02	26. 32	25. 25	1. 19	1. 09	1. 13
S_UH200B80d40 - 2	28. 59	24. 07	26. 35	25. 26	1. 19	1. 09	1. 13
S_UH200B80d20 - 2	30. 8	26. 28	28. 57	28. 57	1. 17	1. 08	1. 08
L_UH200B80d20 - 2	30. 8	26. 36	28. 67	28. 67	1. 17	1. 07	1. 07
平均值					1. 1591	1. 0622	1. 1224
方差					0. 0006	0. 0006	0. 0010
变异系数					0. 0218	0. 0222	0. 0286

表 5 - 12　　　　　　　　　　　文献 [47] 受弯承载力对比

试件编号		P_t(kN)	P_1(kN)	P_2(kN)	P_3(kN)	P_t/P_1	P_t/P_2	P_t/P_3
8C097 - 2E3W	8C097 - 2	19. 5	15. 96	16. 63	16. 20	1. 22	1. 17	1. 20
	8C097 - 2	19. 5	15. 04	15. 64	15. 37	1. 30	1. 25	1. 27
8C068 - 4E5W	8C068 - 4	11. 7	9. 8	10. 13	10. 41	1. 19	1. 15	1. 12
	8C068 - 5	11. 7	10. 72	11. 1	11. 37	1. 09	1. 05	1. 03
8C068 - 1E2W	8C068 - 2	11. 1	10. 41	10. 77	11. 07	1. 07	1. 03	1. 00
	8C068 - 1	11. 1	10. 31	10. 66	10. 97	1. 08	1. 04	1. 01
8C054 - 1E8W	8C054 - 1	6. 3	5. 92	6. 13	6. 22	1. 06	1. 03	1. 01
	8C054 - 8	6. 3	5. 77	5. 93	5. 98	1. 09	1. 06	1. 05
8C043 - 5E6W	8C043 - 5	5. 8	5. 59	5. 8	5. 51	1. 04	1. 00	1. 05
	8C043 - 6	5. 8	5. 48	5. 7	5. 37	1. 06	1. 02	1. 08
8C043 - 3E1W	8C043 - 3	5. 4	5. 34	5. 56	5. 14	1. 01	0. 97	1. 05
	8C043 - 1	5. 4	4. 79	4. 89	5. 19	1. 13	1. 10	1. 04
12C068 - 9E5W	12C068 - 9	11. 8	10. 73	10. 88	9. 36	1. 10	1. 08	1. 26
	12C068 - 5	11. 8	10. 54	10. 69	9. 41	1. 12	1. 10	1. 25
12C068 - 3E4W	12C068 - 3	15. 5	15. 26	15. 6	12. 10	1. 02	0. 99	1. 28
	12C068 - 4	15. 5	15. 18	15. 49	11. 97	1. 02	1. 00	1. 29
10C068 - 2E1W	10C068 - 2	7. 9	7. 02	7. 1	6. 00	1. 13	1. 11	1. 32
	10C068 - 1	7. 9	7. 33	7. 43	6. 62	1. 08	1. 06	1. 19
6C054 - 2E1W	6C054 - 2	5. 1	4. 27	4. 6	4. 61	1. 19	1. 11	1. 11
	6C054 - 1	5. 1	4. 44	4. 78	4. 80	1. 15	1. 07	1. 06
4C054 - 1E2W	4C054 - 1	3. 1	2. 63	2. 88	2. 90	1. 18	1. 08	1. 07
	4C054 - 2	3. 1	2. 59	2. 82	2. 82	1. 20	1. 10	1. 10

续表

试件编号		P_t(kN)	P_1(kN)	P_2(kN)	P_3(kN)	P_t/P_1	P_t/P_2	P_t/P_3
3.62C054-1E2W	3.62C054-1	2.3	1.85	2.01	1.98	1.24	1.14	1.16
	3.62C054-2	2.3	1.82	1.97	1.93	1.26	1.17	1.19
平均值						1.1259	1.0794	1.1342
方差						0.0814	0.0663	0.1028
变异系数						0.0066	0.0044	0.0106

◇5.6　普通卷边槽钢受弯构件直接强度法算例

本算例取自文献［46］。构件编号：L_UH200B80d20-1。

计算简图如图5-11、图5-12。截面参数按轴线尺寸数据如下：

腹板高度 $h=195$mm

翼缘宽度 $b=78.95$mm

卷边长度 $d=20.65$mm

长度 $l=2520$mm

厚度 $t=3$mm

弹性模量 $E=206000$N/mm²

泊松比 $\nu=0.3$

屈服强度 $f_y=351.4$N/mm²

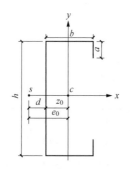

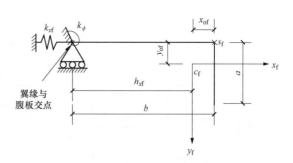

图5-11　普通卷边槽钢全截面计算简图　　　图5-12　卷边与翼缘组合截面计算简图

（1）卷边与翼缘组合截面几何特性的计算。

$$x_{of}=b^2/[2(b+a)]=31.29\text{mm}$$

$$y_{of}=-a^2/[2(b+a)]=-2.14\text{mm}$$

$$h_{xf}=-(b-x_{of})=-47.66\text{mm}$$

$$I_{xf}=t[(b+a)bt^2+(4b+a)a^3]/[12(b+a)]=7614.01\text{mm}^4$$

$$I_{yf}=t(b^4+4b^3a)/[12(b+a)]=199\,546.46\text{mm}^4$$

$$I_{xyf}=tb^2a^2/[4(b+a)]=20\,014.57\text{mm}^4$$

$$I_{tf}=t^3(b+a)/3=896.40\text{mm}^4$$

$$I_{\omega f} = 0$$

$$A_f = (b+a)t = 298.80 \text{mm}^2$$

（2）全截面几何特性的计算。

$$A = (h+2b+2a)t = 1182.60 \text{mm}^2$$

$$z_0 = \frac{b(b+2a)}{h+2b+2a} = 24.08 \text{mm}$$

$$I_x = \frac{1}{12}h^3t + \frac{1}{2}bh^2t + \frac{1}{6}a^3t + \frac{1}{2}a(h-a)^2t = 7\,302\,807.84 \text{mm}^4$$

$$I_y = hz_0^2t + \frac{1}{6}b^3t + 2b\left(\frac{b}{2}-z_0\right)^2t + 2a(b-z_0)^2t = 1\,070\,559.44 \text{mm}^4$$

$$I_t = \frac{1}{3}(h+2b+2a)t^3 = 3547.80 \text{mm}^4$$

$$d = \frac{b}{I_x}\left(\frac{1}{4}bh^2 + \frac{1}{2}ah^2 - \frac{2}{3}a^3\right)t = 36.88 \text{mm}$$

$$I_\omega = \frac{d^2h^3t}{12} + \frac{h^2}{6}\left[d^3 + (b-d)^3\right]t + \frac{a}{6}\left[3h^2(d-b)^2 - 6ha(d^2-b^2) + 4a^2(d+b)^2\right]t$$

$$= 8\,427\,153\,136 \text{mm}^6$$

（3）板件的弹性局部屈曲应力的计算。

板件的弹性局部相关屈曲应力，可以通过下式得到：

$$\sigma_{crL} = \frac{k_f\pi^2E}{12(1-v^2)(b/t)^2} = 1066.19 \text{N/mm}^2$$

$$k_f = 5.4 - \frac{1.4\dfrac{h}{b}}{0.6+\dfrac{h}{b}} - 0.02\left(\frac{h}{b}\right)^3 = 3.97$$

式中　k_f——翼缘的局部相关屈曲系数；

b、h——分别为翼缘和腹板的宽度；

t——板件厚度，计算时取板件中心线之间的距离，忽略弯角部分的影响。

（4）截面畸变的弹性屈曲应力的计算。

畸变屈曲应力的具体计算方法如下：

$$\sigma_{crd} = \frac{E}{2A_f}\left[\alpha_1 + \alpha_2 - \sqrt{(\alpha_1+\alpha_2)^2 - 4\alpha_3}\right] = 610.58 \text{N/mm}^2$$

$$\alpha_1 = \frac{\eta}{\beta_1}(I_{xf}b^2 + 0.039I_{tf}\lambda^2) + \frac{k_\phi}{\beta_1\eta E} = 1.057$$

$$\alpha_2 = \eta\left(I_{yf} - \frac{2}{\beta_1}y_{of}bI_{xyf}\right) = 6.600$$

$$\alpha_3 = \eta\left(\alpha_1 I_{yf} - \frac{\eta}{\beta_1}I_{xyf}^2b^2\right) = 5.997$$

$$\beta_1 = h_{xf}^2 + (I_{xf} + I_{yf})/A_f = 2964.78$$

$$\lambda = 4.80\left(\frac{I_{xf}b^2h}{2t^3}\right)^{0.25} = 549.20$$

$$\eta = (\pi/\lambda)^2 = 3.27 \times 10^{-5}$$

$$k_\phi = \frac{2Et^3}{5.46(h+0.06\lambda)}\left[1-\frac{1.11\sigma'}{Et^2}\left(\frac{h^4\lambda^2}{2.192h^4+13.39h^2\lambda^2+12.56\lambda^4}\right)\right] = 8337.20$$

式中，如果 k_ϕ 为负值时，则应该用 $\sigma'=0$，重新计算 k_ϕ。如果计算所得到的半波长度 λ 大于侧向约束长度 l_y，应该用侧向约束长度 l_y 代替半波长度 λ。

（5）构件整体受弯承载力的计算。

国内规范公式：

$$\varphi_{bx} = \frac{4320Ah}{\lambda_y^2 W_x}\xi_1\left(\sqrt{\eta^2+\zeta}+\eta\right)\cdot\left(\frac{235}{f_y}\right) = 11.510$$

其中，因为该简支梁中间段为纯弯受力状态，并且跨间无侧向支撑，所以查表得

$$\mu_b = 1.0,\ \xi_1 = 1.0,\ \xi_2 = 0$$

所以

$$\eta = 2\xi_2 e_a/h = 0$$

$$\zeta = \frac{4I_\omega}{h^2 I_y} + \frac{0.156I_t}{I_y}\left(\frac{l_0}{h}\right)^2 = 0.837$$

对 x 轴的截面模量　　　$W_x = 2I_x/h = 74\ 900.59\mathrm{mm}^3$

$$i_y = \sqrt{\frac{I_y}{A}} = 30.09\mathrm{mm}$$

纯弯段长度　　　$l_y = \dfrac{l-120}{3} = 800\mathrm{mm}$

$$\lambda_y = \frac{l_y}{i_y} = 26.59$$

梁的侧向计算长度　　　$l_0 = \mu_b l_y = 800\mathrm{mm}$

当 $\varphi_{bx} > 0.7$ 时：

$$\varphi'_{bx} = 1.091 - \frac{0.274}{\varphi_{bx}} = 1.067 > 1.0$$

故 φ'_{bx} 取 1.0。

所以构件整体受弯承载力　　　$M_{ne} = \varphi'_{bx}f_y W_x = 26.32\mathrm{kN}\cdot\mathrm{m}$

（6）局部与整体相关屈曲极限承载力 M_{nL} 的计算。

$$M_{nL} = \begin{cases} M_{ne} & \lambda_L \leqslant 0.683 \\ \left[1-0.22\left(\dfrac{M_{crL}}{M_{ne}}\right)^{0.52}\right]\left(\dfrac{M_{crL}}{M_{ne}}\right)^{0.52}M_{ne} & \lambda_L > 0.683 \end{cases}$$

$$M_{crL} = W_x\sigma_{crL} = 79.86\mathrm{kN}\cdot\mathrm{m}$$

$$\lambda_L = \sqrt{M_{ne}/M_{crL}} = 0.574$$

$$M_{nL} = 26.32\mathrm{kN}\cdot\mathrm{m}$$

式中　M_{crL}——弹性局部屈曲临界弯矩；

　　　M_{ne}——不考虑局部屈曲影响的受弯构件的整体屈曲弯矩；

　　　W_x——x 轴的截面模量。

（7）畸变屈曲极限承载力 M_{nd} 的计算。

$$M_{nd} = \begin{cases} M_y & \lambda_d \leqslant 0.702 \\ \left[1-0.18\left(\dfrac{M_{crd}}{M_y}\right)^{0.38}\right]\left(\dfrac{M_{crd}}{M_y}\right)^{0.38}M_y & \lambda_d > 0.702 \end{cases}$$

$$M_{crd} = W_x \sigma_{crd} = 45.73 \text{kN} \cdot \text{m}$$

$$M_y = W_x f_y = 26.32 \text{kN} \cdot \text{m}$$

$$\lambda_d = \sqrt{M_y / M_{crd}} = 0.759$$

$$M_{nd} = 25.26 \text{kN} \cdot \text{m}$$

式中　　M_{crd}——弹性畸变屈曲临界弯矩；

　　　　M_y——截面边缘纤维屈服弯矩；

　　　　W_x——x 轴的截面模量。

综上所述：$M = \min(M_{nL}, M_{nd}) = M_{nd} = 25.26 \text{kN} \cdot \text{m}$

（8）与试验结果的对比。

本算例试验值为 $M_u = 26.95 \text{kN} \cdot \text{m}$

试验值/直接强度法计算值＝26.95/25.26＝1.067

◇ 5.7　腹板加劲复杂卷边槽钢的直接强度法

5.7.1　腹板 V 形加劲复杂卷边槽钢梁直接强度法验证

本章将公式计算结果与于欣永学者已完成的试验结果及有限元模拟结果作对比，通过对比结果以此验证，在弯剪联合作用下本专著所提出的腹板 V 形加劲复杂卷边槽钢梁公式的准确性和可行性，为以后实际工程抗弯承载力的计算提供参考依据，详细的对比结果见表5-13 和表 5-14。

表 5-13　　　　　　　　　非纯弯试验结果与公式计算结果对比

构件编号	M'_{Test}(kN·m)	M (kN·m)	M/M'_{Test}
B3L1330a	24.33	23.65	0.97
B3L1330b	24.33	23.42	0.96
均值			0.965
标准差			0.05

注　M'_{Test} 是于欣永学者试验的结果；M 是本章修正公式的计算结果。

通过表 5-13 修正公式的计算结果与于欣永学者试验结果对比，可知，公式的计算结果与试验结果的误差标准值为 5%，其误差在允许范围之内，故可得，在梯度弯矩形式时的弯剪组合作用下，本专著提出复杂卷边 C 形截面槽钢梁的计算方法同样适用于求解腹板 V 形加劲复杂卷边槽钢梁的极限承载力。

表 5-14　　　　　　　　　有限元模拟结果与公式计算结果对比

构件编号	M_1 (kN·m)	M'_{FEA}(kN·m)	M'_{FEA}/M_1
H180B60d35a20t1.0	21.01	21.38	0.98
H180B60d35a20t2.0	22.75	21.60	0.98
H180B60d35a20t3.0	24.06	22.04	1.08
H180B70d35a20t1.0	22.78	22.49	0.94

续表

构件编号	M_1 （kN·m）	M'_{FEA}（kN·m）	M'_{FEA}/M_1
H180B70d35a20t2.0	23.86	22.94	0.96
H180B70d35a20t3.0	25.41	23.40	0.90
H180B80d35a20t1.0	23.64	24.10	0.91
H180B80d35a20t2.0	24.81	24.35	1.07
H180B80d35a20t3.0	26.42	23.62	1.02
H200B70d35a20t1.0	23.34	23.14	1.03
H200B70d35a20t2.0	24.35	26.89	1.14
H200B70d35a20t3.0	25.64	22.86	0.97
H200B80D35a20t1.0	24.35	23.30	0.94
H200B80D35a20t2.0	25.60	23.52	1.01
H200B80D35a20t3.0	26.48	23.71	1.07
H200B90D35a20t1.0	21.01	24.13	0.96
H200B90D35a20t2.0	26.05	23.59	0.90
H200B90D35a20t3.0	26.56	25.06	0.94
H220B80D35a20t1.0	26.98	24.64	0.91
H220B80D35a20t2.0	25.01	23.46	0.93
均差			0.98
标准差			0.06

注　M_1 是直接强度法计算的抗弯承载力；M'_{FEA} 是腹板 V 形加劲复杂卷边槽钢梁模拟结果。

通过表 5-14 推理可知，运用复杂卷边 C 形槽钢梁的直接强度法公式计算腹板 V 形加劲复杂卷边槽钢梁的抗弯承载力，结果表明公式计算结果与有限元模拟结果相近，且误差在允许范围以内，即上述提出在弯剪联合作用下，复杂卷边 C 形截面槽钢梁的计算方法同样适用于求解腹板 V 形加劲复杂卷边槽钢梁的极限承载力。

5.7.2　非纯弯复杂卷边 Σ 形槽钢梁的直接强度法

通过构件的截面形式可知，复杂卷边 Σ 形槽钢梁与复杂卷边 C 形槽钢梁除了腹板加劲处的不同，其余截面形式均是相同的。因此，本专著采用复杂卷边 C 形截面的直接强度法对复杂卷边 Σ 形槽钢梁的抗弯承载力计算，在梯度弯矩形式时的弯剪组合作用下，将公式计算结果与有限元模拟结果对比，验证复杂卷边 C 形截面的直接强度法公式是否能求解复杂卷边 Σ 形槽钢梁的抗弯承载力。将公式的计算结果与有限元的模拟结果作对比，对比结果见表 5-15。

表 5-15　　　　　　　　有限元模拟结果与公式计算的结果对比

构件编号	M_1 （kN·m）	M_2 （kN·m）	M_2/M_1
S2h1t2.0	19.74	25.44	1.29
S2h2 t2.0	21.96	24.75	1.13
S2h3 t2.0	20.41	23.99	1.18

续表

构件编号	M_1（kN·m）	M_2（kN·m）	M_2/M_1
S2h4 t2.0	21.86	24.05	1.10
S2h5 t2.0	20.30	25.15	1.24
S2h6 t2.0	19.76	24.19	1.22
S2h7 t2.0	22.51	26.71	1.19
S2h8 t2.0	19.74	25.30	1.28
S2h10 t2.0	21.49	27.13	1.26
S2h11 t2.0	21.68	27.18	1.25
S2h12 t2.0	18.51	25.63	1.38
S2h13 t2.0	19.66	25.43	1.29
S2h14 t2.0	18.38	23.95	1.30
S2h15 t2.0	19.06	24.93	1.31
均差			1.25
标准差			0.07

注　M_1 是直接强度法计算的抗弯承载力；M_2 是有限元模拟结果。

通过表 5-15 可知，采用复杂卷边 C 形槽钢梁的直接强度法公式计算复杂卷边 Σ 形槽钢梁的抗弯承载力，对比公式计算结果与有限元模拟结果，可得复杂卷边 C 形槽钢梁的直接强度法公式计算的结果过于偏小，计算结果过于保守，且与实际复杂卷边 Σ 形槽钢梁的模拟结果误差较大，故有限元模拟的结果与复杂卷边 C 形截面公式的计算的结果相差较大，可推断出复杂卷边 C 形槽钢梁的计算方法在同等受力状态下不能用于求解复杂卷边 Σ 形槽钢梁的抗弯承载力。

5.7.3　复杂卷边 Σ 形截面梁的直接强度法公式修正

在纯弯状态下，对于受弯构件承载力计算的直接强度法公式的研究已很成熟，然而根据构件在纯弯作用下修正出来的计算方法，由于剪切力对构件的影响，是否能应用到弯剪联合作用下的构件求解中，仍需要探索。因此，本专著对弯剪联合作用下的复杂卷边 Σ 形截面梁进行了有限元参数分析，在有限元参数分析的基础之上回归出适用于复杂卷边 Σ 形槽钢梁的直接强度法。

由于在有限元参数分析时限制了整体屈曲模式的发生，所以在直接强度法公式中没有考虑整体屈曲模式的情况。对于弯剪组合作用下复杂卷边 Σ 形截面梁公式的修订，参考王海明学者推导非纯弯作用下复杂卷边 C 形槽钢梁直接强度法的思路，具体推导过程参照文献［45］。

由于剪力的存在，对构件的腹板处有剪切力的影响，相比于纯弯构件的破坏模式，弯剪联合作用下的构件更多地表现出局部和畸变相关屈曲，仅仅表现出畸变屈曲的构件大大减少。因此，当回归复杂卷边 Σ 形截面梁构件的直接强度法公式时，在纯弯直接强度法公式的基础上，在系数的修订时，充分考虑剪力的作用。将构件公式的求解分成两部分：一部分单独考虑构件发生畸变屈曲，另一部分考虑局部和畸变相关屈曲。

5.7.4 截面参数限值的规定

在梯度弯矩形式时的弯剪组合作用下，在第3章进行了大量的有限元模拟，对于复杂卷边 Σ 槽钢梁截面参数的选取，参考了我国《冷弯薄壁型钢结构技术规范》（GB 50018—2002），并在此基础上将截面形式的尺寸做了一定范围的拓展，使本专著有限元参数分析的适用性更加广泛，在选取的截面参数中，有一定构件的翼缘宽厚比和腹板宽厚比超出了我国规范的限制范围。

故在本章直接强度法公式推导中，将符合规范要求的有限元参数分析值和部分超出规范限制的有限元分析结果考虑在内，推导出适合我国规范要求的复杂卷边 Σ 槽钢梁直接强度法。

5.7.5 非纯弯局部屈曲的直接强度法修正

本专著公式的修订，是在纯弯作用下的直接强度法公式上修正的，为了使修正后公式计算的准确，直接强度法公式的参数修正时，考虑剪切力对构件的影响因素，利用 Origin 软件，将在梯度弯矩形式时的弯剪联合作用下有限元模拟结果的散点拟合，分布如图 5-13 所示。原始曲线所对应的公式既是式（5-34），图中所有的散点均是原始参数计算的结果。曲线坐标的纵坐标为有限元模拟所得的抗弯承载力结果 M_u 与截面边缘屈服弯矩 M_y 的比值，即 M_u/M_y 作为曲线坐标的纵坐标。$\lambda_L = (M_y/M_{crL})^{0.5}$ 作为曲线坐标的横坐标。

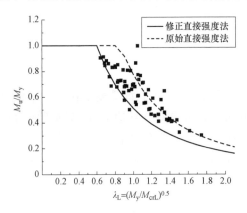

图 5-13　局部和整体屈曲拟合曲线

在梯度弯矩形式时的弯剪联合作用下，为了使本专著提出的公式计算结果更加准确，考虑剪切力的影响，不仅使修正过后计算的散点尽量地位于修正公式曲线的上方，同时散点的分布走势与修正后曲线的走势是基本相同的。本专著提出的复杂卷边 Σ 形槽钢梁的局部和畸变相关屈曲的公式为

$$M_{nL} = \begin{cases} M_y & \lambda_L \leqslant 0.67 \\ 0.95 \left[1 - 0.15 \left(\dfrac{M_{crL}}{M_y}\right)^{0.5}\right] \left(\dfrac{M_{crL}}{M_y}\right)^{0.5} M_y & \lambda_L > 0.67 \end{cases} \tag{5-44}$$

5.7.6 非纯弯畸变屈曲的直接强度法修正

由于受力作用的不同，在有限元参数分析时发现，构件的屈曲模式和稳定性都发生了改变，对于纯弯作用和弯剪组合作用下的畸变屈曲来说，纯弯状态下的抗弯承载力通常比弯剪组合状态下的低 10%～20%。如果仍沿用纯弯状态下的直接强度法计算弯剪组合状态下的抗弯承载力的话，得到的结果过于保守，并且二者的误差较大。因此，在纯弯作用下的直接强度法公式不能应用到弯剪联合作用下构件抗弯承载力的求解。为此，有必要根据梯度弯矩形式时的弯剪组合有限元参数分析，回归出适用梯度弯矩作用下的直接强度法公式。

通过图 5-14 可知大多散点主要集中在原始直接强度法曲线（虚线）和修正后的直接强度法曲线（实线）之间，本节所述的原始公式对应的是式（5-35），为了使修正后的公式计算结果保守起见，让大多数散点位于修正曲线的上方，只有少部分散点位于修正曲线的下方，并且散点的分布走势与修正曲线走势基本相同。

在弯剪联合作用下，复杂卷边 Σ 形槽钢梁的畸变屈曲公式的修正基本形式与纯弯作用下的公式形式一致。曲线坐标的纵坐标是构件的极限承载力 M_u 与截面边缘屈服弯矩 M_y 的比值，即 M_u/M_y。$\lambda_d = (M_y/M_{crd})^{0.5}$ 作为图表的横坐标。公式中 M_{crd} 是构件在弹性屈曲时的弹性畸变屈曲荷载，在弹性屈曲应力时的求解均是利用有限元求解。为了能够准确地计算出在弯剪联合作用下时受弯构件的抗弯承载力，根据数据的拟合和曲线的走势，修正的畸变屈曲公式如下：

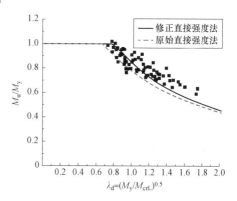

图 5 - 14　畸变屈曲拟合曲线

$$
M_{nd} = \begin{cases} M_y & \lambda_d \leqslant 0.75 \\ \left[1 - 0.18\left(\dfrac{M_{crd}}{M_y}\right)^{0.4}\right]\left(\dfrac{M_{crd}}{M_y}\right)^{0.4} M_y & \lambda_d > 0.75 \end{cases} \qquad (5-45)
$$

5.7.7　复杂卷边 Σ 槽钢受弯构件直接强度法计算公式的验证

在弯剪联合作用下，为了验证修正后复杂卷边 Σ 槽钢梁的直接强度法准确性和可行性，分别将修正公式的计算结果与于欣永学者试验结果、复杂卷边 Σ 槽钢梁有限元模拟的结果作对比，对比结果见表 5 - 16 和表 5 - 17。

表 5 - 16　　　　　　　　　非纯弯试验结果与公式计算结果对比

构件编号	$M'_{Test}(kN \cdot m)$	M（kN $\cdot$ m）	M/M'_{Test}
B2L1330a	27.43	26.52	0.97
B2L1330b	27.43	26.34	0.96
均值			0.96
标准差			0.05

注　M'_{Test} 是于欣永学者试验的结果；M 是本章修正公式的计算结果。

由表 5 - 16 可知，通过将上述修正公式的计算结果与于欣永学者的试验结果对比，本专著提出的复杂卷边 Σ 形槽钢梁直接强度法公式在弯剪联合作用下所计算的抗弯承载力结果与试验的结果相近，其结果的抗弯承载力的误差在允许范围之内，且计算结果相对于试验数据偏安全，由此推论可知上述修正的复杂卷边 Σ 形槽钢梁的直接强度法是可行的。

表 5 - 17　　　　　　　　　有限元模拟结果与公式的结果对比

构件编号	M_1（kN $\cdot$ m）	M_2（kN $\cdot$ m）	M_2/M_1
S2h1t3.0	25.74	26.36	1.03
S2h2 t3.0	24.96	25.24	1.01
S2h3 t3.0	24.41	24.35	1.01

构件编号	M_1（kN·m）	M_2（kN·m）	M_2/M_1
S2h4 t3.0	23.97	24.35	1.02
S2h5 t3.0	23.37	24.23	1.04
S2h6 t3.0	29.70	27.02	0.90
S2h7 t3.0	26.51	25.53	0.96
S2h8 t3.0	26.74	25.73	0.95
S2h9 t3.0	26.00	26.99	1.04
S2h10 t3.0	25.49	26.84	1.05
S2h11 t3.0	25.68	26.45	1.02
S2h12 t3.0	24.51	25.47	1.04
S2h13 t3.0	25.68	26.33	1.03
S2h14 t3.0	25.98	26.12	1.01
S2h15 t3.0	24.16	24.89	1.03
均差			1.04
标准差			0.04

注　M_1 是修正公式的计算结果；M_2 是有限元的模拟抗弯承载力。

由表 5 - 14 修正公式的计算结果与本章有限元模拟结果对比，修正的复杂卷边 Σ 形槽钢梁直接强度法公式计算结果与有限元模拟结果的误差为 4%，其误差在规范的允许范围之内，可得，以此验证了本章修正公式的准确性，可将公式应用到实际工程计算中。

第6章 单轴对称冷弯薄壁型钢受弯开孔构件极限承载力计算方法

为了研究冷弯薄壁C形截面开孔梁抗弯承载力计算方法，本章在参考国外普通卷边开孔梁抗弯承载力的直接强度法基础上，结合我国规范，提出了适于我国实际的开孔梁抗弯承载力直接强度法公式，并分别利用国外开孔梁的直接强度法公式和本专著建议的开孔梁抗弯承载力公式计算普通卷边和复杂卷边槽钢的抗弯承载力，计算结果与试验所得数据进行了对比。

◇6.1 卷边槽钢开孔受弯构件的直接强度法

国外学者 C·D·摩恩等，在现有无孔构件直接强度法的基础上，不再考虑局部与整体、畸变屈曲三者之间的相关作用，而是将三者分开，各自单独考虑，通过试验和数值模拟，提出了开孔梁的直接强度法公式。其中，整体屈曲求解公式同式（1-15），局部屈曲和畸变屈曲公式分别如下：

（1）局部屈曲的直接强度法公式见式（6-1）。

$$M_{nL} = \begin{cases} M_{ynet} & \lambda_L \leqslant 0.776 \\ \left[1 - 0.15\left(\dfrac{M_{crL}}{M_{ne}}\right)^{0.4}\right]\left(\dfrac{M_{crL}}{M_{ne}}\right)^{0.4} M_{ne} & \lambda_L > 0.776 \end{cases} \tag{6-1}$$

$$M_{crL} = W_x \sigma_{crL}$$

$$M_{ynet} = f_y W_{xn} = f_y \frac{2I_{xn}}{h} \tag{6-2}$$

$$\sigma_{crL} = \frac{k_f \pi^2 E}{12(1 - v^2)(b/t)^2} \tag{6-3}$$

$$k_f = 5.4 - \frac{1.4\dfrac{h}{b}}{0.6 + \dfrac{h}{b}} - 0.02\left(\frac{h}{b}\right)^3 \tag{6-4}$$

$$M_{ne} = \begin{cases} M_{cre} & M_{cre} < 0.56M_y \\ \dfrac{10}{9}M_y\left(1 - \dfrac{10M_y}{36M_{cre}}\right) & 0.56M_y \leqslant M_{cre} \leqslant 2.78M_y \\ M_{cre} & M_{cre} > 2.78M_y \end{cases} \tag{6-5}$$

$$M_{cre} = \frac{\pi}{l_y}\sqrt{EI_y\left(\frac{\pi^2 EI_w}{l_w^2} + GI_t\right)} \tag{6-6}$$

$$M_y = W_x f_y \tag{6-7}$$

式中　M_{crL}——弹性局部屈曲临界弯矩，考虑了孔洞的影响；

　　　M_{ynet}——净截面边缘屈服弯矩；

W_{xn}——绕 x 轴的净截面模量；

σ_{crL}——弹性局部屈曲应力；

k_f——翼缘的局部相关屈曲系数；

b、h——分别为翼缘和腹板的宽度和高度；

t——板件厚度；

M_{ne}——不考虑局部屈曲影响的受弯构件的整体屈曲承载力；

M_{cre}——构件的弹性弯扭屈曲荷载。

（2）畸变屈曲的直接强度法公式：

$$M_{nd} = \begin{cases} M_{ynet} & \lambda_d \leqslant \lambda_{d1} \\ M_{ynet} - \left(\dfrac{M_{ynet}-M_{d2}}{\lambda_{d2}-\lambda_{d1}}\right)(\lambda_d - \lambda_{d1}) \leqslant \left[1 - 0.22\left(\dfrac{M_{crd}}{M_y}\right)^{0.5}\right]\left(\dfrac{M_{crd}}{M_y}\right)^{0.5} & \lambda_d > \lambda_{d1} \end{cases}$$

$$(6-8)$$

$$M_{crd} = W_x \sigma_{crd} \tag{6-9}$$

$$\sigma_{crd} = \frac{E}{2A_f}\left[\alpha_1 + \alpha_2 - \sqrt{(\alpha_1+\alpha_2)^2 - 4\alpha_3}\right] \tag{6-10}$$

$$\alpha_1 = \frac{\eta}{\beta_1}(I_{xf}b^2 + 0.039I_{tf}l_{cr}^2) + \frac{k_\phi}{\beta_1 \eta E} \tag{6-11}$$

$$\alpha_2 = \eta(I_{yf} - 2y_{of}bI_{xyf}/\beta_1) \tag{6-12}$$

$$\alpha_3 = \eta(\alpha_1 I_{yf} - \eta b^2 I_{xyf}^2/\beta_1) \tag{6-13}$$

$$\beta_1 = h_{xf}^2 + (I_{xf} + I_{yf})/A_f \tag{6-14}$$

$$l_{cr} = 4.80\left(\frac{I_{xf}b^2h}{2t^3}\right)^{0.25} \tag{6-15}$$

$$\eta = (\pi/l_{cr})^2 \tag{6-16}$$

$$k_\phi = \frac{Et^3}{5.46(h+0.06\lambda)}\left[1 - \frac{1.11\sigma'}{Et^2}\left(\frac{h^4 l_{cr}^2}{2.192h^4 + 13.39h^2 l_{cr}^2 + 12.56l_{cr}^4}\right)\right] \tag{6-17}$$

$$\lambda_d = \sqrt{M_y/M_{crd}} \tag{6-18}$$

$$\lambda_{d1} = 0.673\left(\frac{M_{ynet}}{M_y}\right)^3 \tag{6-19}$$

$$\lambda_{d2} = 0.673\left[1.7\left(\frac{M_y}{M_{ynet}}\right)^{2.7} - 0.7\right] \tag{6-20}$$

$$M_{d2} = \left[1 - 0.22\left(\frac{1}{\lambda_{d2}}\right)\right]\left(\frac{1}{\lambda_{d2}}\right)M_y \tag{6-21}$$

式中 M_{nd}——开孔构件的畸变屈曲承载力；

M_{crd}——弹性畸变屈曲临界弯矩；

M_{ynet}——净截面边缘屈服弯矩计算方法同式（6-2）。

最终构件承载力取 M_{nl}，M_{nd} 和 M_{ne} 中的较小者。

参考国外开孔梁直接强度法提出的形式，结合我国规范及国内现有无孔梁直接强度法的研究成果，提出适于我国实际的开孔梁直接强度法计算公式，计算数值均考虑孔洞的影响。

构件整体屈曲弯矩 M_{ne}，按式（6-22）计算：

$$M_{ne} = \varphi_{bx}W_x f_y \tag{6-22}$$

$$\varphi_{bx} = \frac{4320Ah}{\lambda_y W_x} \xi_1 (\eta^2 + \zeta + \eta) \left(\frac{235}{f_y}\right)$$

$$\eta = \frac{2\xi_2 e_a}{h} \tag{6-23}$$

$$\zeta = \frac{4I_w}{h^2 I_y} + \frac{0.165I_t}{I_y} \left(\frac{l_o}{h}\right)^2$$

当 $\varphi_{bx} > 0.7$ 时：
$$\varphi'_{bx} = 1.091 - \frac{0.274}{\varphi_{bx}} \tag{6-24}$$

局部屈曲承载力计算过程中，考虑孔洞的影响，其弹性阶段的计算公式应用不开孔弹性阶段的计算公式，具体如下：

$$M_{nL} = \begin{cases} M_{ynet} & \lambda_L \leqslant 0.683 \\ \left[1 - 0.22\left(\frac{M_{crL}}{M_{ne}}\right)^{0.52}\right]\left(\frac{M_{crL}}{M_{ne}}\right)^{0.52} M_{ne} & \lambda_L > 0.683 \end{cases} \tag{6-25}$$

$$M_{crL} = W_x \sigma_{crL} \tag{6-26}$$

$$\sigma_{crL} = \frac{k_f \pi^2 E}{12(1-\upsilon^2)(b/t)^2} \tag{6-27}$$

$$k_f = 5.4 - \frac{1.4\frac{h}{b}}{0.6 + \frac{h}{b}} - 0.02\left(\frac{h}{b}\right)^3 \tag{6-28}$$

$$M_{ynet} = f_y W_{xn} = f_y \frac{2I_{xn}}{h} \tag{6-29}$$

式中　M_{crL}——弹性局部屈曲临界弯矩；

　　　W_x——绕 x 轴的截面模量；

　　　σ_{crL}——弹性局部屈曲应力；

　　　k_f——翼缘的局部相关屈曲系数；

　　　b、h——分别为翼缘和腹板的宽度和高度；

　　　t——板件厚度；

　　　M_{ynet}——净截面边缘屈服弯矩；

　　　W_{xn}——绕 X 轴的净截面模量。

畸变屈曲承载力计算过程中，考虑到孔洞的影响，其在弹性阶段的计算按折减厚度重新计算，具体公式如下：

$$M_{nd} = \begin{cases} M_{ynet} & \lambda_d \leqslant \lambda_{d1} \\ M_{ynet} - \left(\frac{M_{ynet} - M_{d2}}{\lambda_{d2} - \lambda_{d1}}\right)(\lambda_d - \lambda_{d1}) \leqslant \left[1 - 0.18\left(\frac{M_{crd}}{M_y}\right)^{0.38}\right]\left(\frac{M_{crd}}{M_y}\right)^{0.38} M_y & \lambda_d > \lambda_{d1} \end{cases}$$
$$\tag{6-30}$$

$$\lambda_d = \sqrt{M_y/M_{crd}} \tag{6-31}$$

$$\lambda_{d1} = 0.702\left(\frac{M_{ynet}}{M_y}\right)^3 \tag{6-32}$$

$$\lambda_{d2} = 0.702\left[1.7\left(\frac{M_y}{M_{ynet}}\right)^{2.7} - 0.7\right] \tag{6-33}$$

$$M_{d2} = \left[1 - 0.18\left(\frac{1}{\lambda_{d2}}\right)\right]\left(\frac{1}{\lambda_{d2}}\right)M_y \tag{6-34}$$

$$M_{crd} = W_x \sigma_{crd} \tag{6-35}$$

$$\sigma_{crd} = \frac{E}{2A_f}\left[\alpha_1 + \alpha_2 - \sqrt{(\alpha_1 + \alpha_2)^2 - 4\alpha_3}\right] \tag{6-36}$$

$$t = (1 - l/L)t_1 \tag{6-37}$$

$$\alpha_2 = \eta(I_{yf} - 2y_{of}bI_{xyf}/\beta_1) \tag{6-38}$$

$$\alpha_3 = \eta(\alpha_1 I_{yf} - \eta b^2 I_{xyf}^2/\beta_1) \tag{6-39}$$

$$\beta_1 = h_{xf}^2 + (I_{xf} + I_{yf})/A_f \tag{6-40}$$

$$l_{cr} = 4.80\left[\frac{I_{xf}b^2h}{2t^3}\right]^{0.25} \tag{6-41}$$

$$\eta = (\pi/l_{cr})^2 \tag{6-42}$$

$$k_\phi = \frac{Et^3}{5.46(h + 0.06\lambda)}\left[1 - \frac{1.11\sigma'}{Et^2}\left(\frac{h^4 l_{cr}^2}{2.192h^4 + 13.39h^2 l_{cr}^2 + 12.56l_{cr}^4}\right)\right] \tag{6-43}$$

式中 t——折减后的腹板厚度；

   l——孔洞的长度；

   L——腹板的长度；

   t_1——原腹板厚度。

最终构件的承载力取 M_{nl}，M_{nd} 和 M_{ne} 中的较小者。

◇6.2   计算方法有效性验证

从文献 [23] 中选取 6 组不同截面的普通卷边槽钢试件，从文献 [24] 中选取 2 组复杂卷边槽钢试件，并测得每个构件的承载力数值。采用国外开孔梁直接强度法公式和上述建议公式分别计算上述所选构件的承载力，将计算结果与试验结果进行对比，如表 6-1 所示。

表 6-1   公式计算结果与试验对比

构件编号	M_t (kN·m)	M_n (kN·m)	M_n^l (kN·m)	M_t/M_n	M_t/M_n^l
H0.9-1.1	9.7	9.4	10.1	1.03	0.96
H0.9-2.2	10.5	9.7	10.2	1.09	1.03
H0.9-3.1	10.8	9.9	10.3	1.09	1.03
H0.8-1.2	8.2	8.5	9.1	0.96	0.90
H0.8-2.2	8.6	8.6	9.0	1.00	0.96
H0.8-3.2	8.6	8.8	9.3	0.98	0.92
平均值				1.03	0.97
B1L1930Ha	23.7	25.5	23.0	0.93	1.03
B1L1930Hb	23.7	25.5	23.0	0.93	1.03
平均值				0.93	1.03

注 M_t 为试验测得承载力，M_n 为国外公式计算所得承载力值，M_n^l 为上述建议公式计算所得承载力值。

可以看出，在纯弯状态下，上述建议公式可应用于普通卷边槽钢开孔构件的计算，且两种方法均可推广应用于复杂卷边槽钢开孔梁的抗弯承载力计算。与国外公式计算结果及试验数据对比表明，上述建议公式计算结果与试验数据更为接近。

◆ 6.3　腹板加劲复杂卷边槽钢开孔梁的直接强度法

对于直接强度法公式的雏形，根据文献记载开始于 20 世纪 80 年代的悉尼大学，近几十年来随着畸变屈曲的探讨逐渐扩展开来。相较于之前的有效截面法，直接强度法在计算过程中更加简便，而且更加适合用来计算复杂的截面，因为它不需要对构件的每一块板件进行单独的计算，大大加快了手算的速度。在用直接强度法计算构件的极限承载力的过程中，只需要首先计算出构件的弹性屈曲荷载，之后便可将计算出的荷载带入直接强度法计算公式中进行计算。直接强度法对于冷弯薄壁型钢的计算来说是一个历史性的突破，在未来的工程实际中会得到广泛的应用。另外，直接强度法在计算过程中单独考虑了构件的畸变屈曲，这对于之前的有效宽度法来说也是一个重大突破。目前，直接强度法已经被美国冷弯型钢规范 AI-SI 和澳大利亚/新西兰规范 AS/NZS4600：2018 所采用。

现有的针对梁抗弯承载力的直接强度法计算公式都是用来计算纯弯和非纯弯状态下不开孔构件的，至于开孔构件的直接强度法，国外研究较多，而且基本都是针对 C 形普通卷边槽钢梁，国内对于冷弯薄壁型钢开孔构件的直接强度法研究较少，由于缺乏有效的计算公式，大大地限制了工程相关人员的应用。因此，为了补充这一空缺，本专著基于有限元参数分析结果基础上，提出了纯弯状态下冷弯薄壁型钢 Σ 形开孔复杂卷边槽钢梁的直接强度法计算公式以及非纯弯状态下冷弯薄壁型钢 C 形和 Σ 形开孔复杂卷边槽钢梁的直接强度法计算公式。

6.3.1　纯弯开孔梁抗弯承载力的直接强度法研究

由于本专著的研究中约束了整体弯扭屈曲的发生，因而所建立的直接强度法公式没有包括整体弯扭屈曲的内容。在对直接强度法公式回归的时候把构件分为两部分，一部分为考虑局部屈曲的，一部分为考虑畸变屈曲的。

通过构件的截面形式可知，Σ 形开孔复杂卷边槽钢梁与 C 形开孔复杂卷边槽钢梁除了腹板加劲处的不同，其余截面形式均相同。因此，本节采用 C 形开孔复杂卷边槽钢梁的直接强度法对 Σ 形开孔复杂卷边槽钢梁的抗弯承载力进行计算，在纯弯状态下，将公式计算结果与有限元模拟结果对比，验证 C 形开孔复杂卷边槽钢梁的直接强度法公式是否能求解 Σ 形开孔复杂卷边槽钢梁的抗弯承载力。将公式的计算结果与有限元的模拟结果作对比。对比结果见表 6 - 2。

表 6 - 2	有限元模拟结果与公式计算的结果对比		
构件编号	M_1（kN・m）	M_2（kN・m）	M_2/M_1
Jb1b40h40	19.65	24.91	1.27
Jb1b70h40	19.52	24.67	1.26
Jb1b100h40	19.05	24.32	1.28

续表

构件编号	M_1（kN·m）	M_2（kN·m）	M_2/M_1
Jb1b40h60	18.92	24.46	1.29
Jb1b70h60	18.15	23.96	1.32
Jb1b100h60	17.96	23.50	1.31
Jb2b40h40	20.23	24.97	1.23
Jb2b70h40	19.94	24.50	1.23
Jb2b100h40	19.62	23.98	1.22
Jb2b40h60	20.01	25.21	1.26
Jb2b70h60	19.53	24.75	1.27
Jb2b100h60	19.22	24.40	1.27
Jb3b40h40	21.05	25.09	1.19
Jb3b70h40	20.57	24.73	1.20
Jb3b100h40	20.16	24.20	1.20
Jb3b40h60	20.85	24.83	1.19
Jb3b70h60	20.51	24.22	1.18
b3b100h60	20.16	23.63	1.17
均差			1.24
标准差			0.04

注　M_1 是直接强度法计算的抗弯承载力；M_2是有限元模拟结果。

通过表6-2可知，采用C形开孔复杂卷边槽钢梁的直接强度法公式计算Σ形开孔复杂卷边槽钢梁的抗弯承载力，对比公式计算结果与有限元模拟结果，可得C形开孔复杂卷边槽钢梁的直接强度法公式计算的结果过于偏小，计算结果过于保守，且与实际Σ形开孔复杂卷边槽钢梁的模拟结果误差较大，故有限元模拟的结果与C形开孔复杂卷边槽钢梁公式的计算的结果相差较大，因此推断C形开孔复杂卷边槽钢梁的计算方法在同等受力状态下不能用于求解Σ形开孔复杂卷边槽钢梁的抗弯承载力。

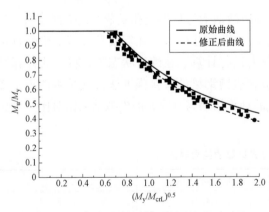

图6-1　Σ形截面纯弯构件局部屈曲原始和修正后的直接强度法曲线

1. Σ形开孔复杂卷边槽钢梁直接强度法公式修正

（1）Σ形开孔复杂卷边槽钢梁关于局部屈曲的直接强度法公式修正。

图6-1所示的是局部屈曲构件的散点情况以及直接强度法原始曲线和修正后的曲线。可以从图中清晰地看出，散点基本都处于原始公式曲线下面，只有个别的点在曲线上面，说明如果继续沿用原始针对纯弯状态下C形开孔复杂卷边槽钢梁局部屈曲的直接强度法来计算Σ形开孔复杂卷边槽钢梁

的抗弯承载力，那么计算结果有些不安全，所以对于原始公式需要进行进一步修正。

修正后的直接强度法公式基本和原始公式形式一样，只是在系数、指数和分界点做了适当修改，这样使修正后的直接强度法公式计算结果与有限元分析结果之间的误差更小。将 AN-SYS 分析得到的构件极限抗弯承载力 M_u 与构件截面边缘屈服弯矩 M_y 的比值 M_u/M_y 作为纵坐标，$\lambda_L = (M_y/M_{crL})^{0.5}$ 作为曲线的横坐标，之后根据散点的分布状况，利用 Oringe 软件重新拟合一条新的曲线，拟合后的曲线能够特别好的反映这些点的分布状况。另外，在这里需要特别强调的是，修正后的公式中使用的是构件截面边缘屈服弯矩 M_y，而非原始公式中的 M_{ne}，这样做的原因主要是考虑到本专著所研究的构件由于盖板的原因，已经限制了构件的整体弯扭屈曲。当然，如果构件屈曲时涉及整体屈曲，再将二者换过来。修正后的直接强度法公式为：

$$M_{nL} = \begin{cases} M_{ynet} & \lambda_1 \leqslant 0.589 \\ \left[1 - 0.25 \left(\dfrac{M_{crL}}{M_y}\right)^{0.62}\right] \left(\dfrac{M_{crL}}{M_y}\right)^{0.62} M_y & \lambda_1 > 0.589 \end{cases} \qquad (6-44)$$

图 6-1 中修正后的曲线对应的公式即为式（6-44），由图中可以看出，散点基本都处于曲线的上方，说明修正后的公式适用于对 Σ 形开孔复杂卷边槽钢梁在纯弯状态下关于局部屈曲抗弯承载力的计算。

（2）Σ 形开孔复杂卷边槽钢梁关于畸变屈曲的直接强度法公式修正。

图 6-2 所示为纯弯状态下 Σ 形截面开孔构件的散点分布情况以及直接强度法的原始曲线和修正后的曲线，原始曲线对应的公式为式（6-8）。由图中可以清晰地看出，大部分散点均位于原始曲线的上面，说明如果继续沿用原始针对纯弯状态下 C 形开孔复杂卷边槽钢梁畸变屈曲的直接强度法来计算 Σ 形开孔复杂卷边槽钢梁的抗弯承载力，那么计算结果过于保守，因此对于原始公式需要进行进一步修正。

构件畸变屈曲的直接强度法公式修正的方式和构件局部屈曲直接强度法公式的方式类似，也是对原始公式中的系数、指数和分界点做了进一步的调整。将 AN-SYS 分析得到的构件极限抗弯承载力 M_u 与构件截面边缘屈服弯矩 M_y 的比值 M_u/M_y 作为纵坐标，$\lambda_d = (M_y/M_{crd})^{0.5}$ 作为曲线的横坐标，其中，M_{crd} 是构件弹性畸变屈曲荷载，对于 Σ 形截面，M_{crd} 按照式（6-9）进行计算。在修正过程中尽量让散点位于曲线的上面，这样使计算得到的结果更加偏于安全，而且修正后的曲线和原始的曲线走势也基本相同。修正后的公式为：

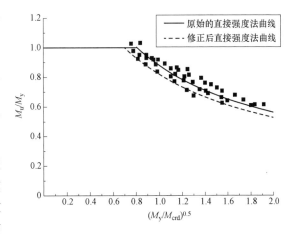

图 6-2　Σ 形截面纯弯构件畸变屈曲原始和
修正后的直接强度法曲线

$$M_{nd} = \begin{cases} M_{ynet} & \lambda_d \leqslant \lambda_{d1} \\ M_{ynet} - \left(\dfrac{M_{ynet} - M_{d2}}{\lambda_{d2} - \lambda_{d1}}\right)(\lambda_{d2} - \lambda_{d1}) \leqslant \left[1 - 0.12\left(\dfrac{M_{crd}}{M_y}\right)^{0.36}\right]\left(\dfrac{M_{crd}}{M_y}\right)^{0.36} M_y & \lambda_d > \lambda_{d1} \end{cases}$$

$$(6-45)$$

$$\lambda_{d1} = 0.805 \left(\frac{M_{\text{yet}}}{M_{\text{y}}}\right)^3 \qquad\qquad (6-46)$$

图 6-2 中修正后的曲线对应的公式即为式（6-45），由图 6-2 可以看出修正后的公式适用于对 Σ 形开孔复杂卷边槽钢梁在纯弯状态下关于畸变屈曲抗弯承载力的计算。

2. Σ 形开孔复杂卷边槽钢梁直接强度法公式验证

（1）Σ 形开孔复杂卷边槽钢梁关于局部屈曲的直接强度法公式验证。

为验证纯弯状态下修正的针对 Σ 形开孔复杂卷边槽钢梁抗弯承载力直接强度法公式的正确性，用修正后的公式计算文献中纯弯试件的极限抗弯承载力，并且和试验结果进行对比。计算结果和试验结果、模拟结果的对比分别如表 6-3 和表 6-4。

表 6-3　　　　　　　　　　　纯弯试验结果与公式计算结果对比

构件编号	M'_{Test} (kN·m)	M (kN·m)	M/M'_{Test}
B2L1930a	26.49	25.92	0.98
B2L1930b	26.49	25.43	0.96
均值			0.97
标准差			0.01

注　M'_{Test} 是梁润嘉学者试验的结果；M 是本章修正公式的计算结果。

表 6-4　　　　　　　　　　有限元模拟结果与公式的结果对比

构件编号	M_1 (kN·m)	M_2 (kN·m)	M_2/M_1
L1930Jb1b40h40	24.91	25.86	1.04
L1930Jb1b70h40	24.67	25.06	1.02
L1930Jb1b100h40	24.32	24.62	1.01
L1930Jb1b40h60	24.46	24.39	0.99
L1930Jb1b70h60	23.96	24.06	1.00
L1930Jb1b100h60	23.50	23.82	1.01
L1930Jb2b40h40	24.97	24.85	0.99
L1930Jb2b70h40	24.50	25.79	1.05
L1930Jb2b100h40	23.98	25.04	1.04
L1930Jb2b40h60	25.21	25.68	1.02
L1930Jb2b70h60	24.75	25.86	1.05
L1930Jb2b100h60	24.40	24.98	1.02
L1930Jb3b40h40	25.09	25.88	1.03
L1930Jb3b70h40	24.73	24.69	1.00
L1930Jb3b100h40	24.20	23.62	0.98
L1930Jb3b40h60	24.83	25.36	1.02
L1930Jb3b70h60	24.22	24.84	1.03
L1930Jb3b100h60	23.63	24.09	1.02
均差			1.02
标准差			0.02

注　M_1 是修正公式的计算结果；M_2 是有限元的模拟抗弯承载力。

由表 6-3 和表 6-4 可以看出，使用修正后的公式计算的构件抗弯承载力和试验分析的结果均值为 0.97，标准差为 0.01，使用修正后的公式计算的构件抗弯承载力和有限元模拟的结果均差为 1.02，标准差为 0.02。以上两种对比的结果误差都不超过 5%，在误差允许的范围内。综上，认为本章修正的针对纯弯状态下 Σ 形开孔复杂卷边槽钢梁抗弯承载力直接强度法公式是行之有效的，可以应用于相关工程实际中。

（2）Σ 形开孔复杂卷边槽钢梁关于畸变屈曲的直接强度法公式验证。

为验证纯弯状态下畸变屈曲的直接强度法公式的正确性，用修正后的公式计算梁润嘉试验中纯弯试件的极限抗弯承载力，并且和试验结果进行对比。计算结果和试验结果、模拟结果的对比分别如表 6-5 和表 6-6。

表 6-5　　　　　　　　　　纯弯试验结果与公式计算结果对比

构件编号	M'_{Test}（kN·m）	M（kN·m）	M/M'_{Test}
B2L1930a	26.49	27.08	1.02
B2L1930b	26.49	26.95	1.02
均值			1.02
标准差			0.00

注　M'_{Test} 是梁润嘉学者试验的结果；M 是本章修正公式的计算结果。

表 6-6　　　　　　　　　　有限元模拟结果与公式的结果对比

构件编号	M_1（kN·m）	M_2（kN·m）	M_2/M_1
L1930Jb1b40h40	24.91	26.01	1.04
L1930Jb1b70h40	24.67	25.76	1.04
L1930Jb1b100h40	24.32	25.06	1.03
L1930Jb1b40h60	24.46	24.88	1.02
L1930Jb1b70h60	23.96	23.90	1.00
L1930Jb1b100h60	23.50	23.19	0.99
L1930Jb2b40h40	24.97	25.85	0.99
L1930Jb2b70h40	24.50	24.79	1.04
L1930Jb2b100h40	23.98	24.04	1.00
L1930Jb2b40h60	25.21	25.68	1.02
L1930Jb2b70h60	24.75	25.86	1.05
L1930Jb2b100h60	24.40	25.09	1.03
L1930Jb3b40h40	25.09	24.42	0.97
L1930Jb3b70h40	24.73	24.28	0.98
L1930Jb3b100h40	24.20	24.62	1.02
L1930Jb3b40h60	24.83	25.37	1.02
L1930Jb3b70h60	24.22	24.96	1.03
L1930Jb3b100h60	23.63	24.52	1.04
均差			1.02
标准差			0.02

注　M_1 是修正公式的计算结果；M_2 是有限元的模拟抗弯承载力。

由表 6-5 和表 6-6 可以看出，使用修正后的公式计算的构件抗弯承载力和试验分析的结果均值为 1.02，标准差为 0，使用修正后的公式计算的构件抗弯承载力和有限元模拟的结果均差为 1.02，标准差为 0.02。以上两种对比的结果误差都不超过 5%，在误差允许的范围内。综上，认为本章修正的针对纯弯状态下 Σ 形开孔复杂卷边槽钢梁关于畸变屈曲的抗弯承载力直接强度法公式是行之有效的，可以应用于相关工程实际中。

6.3.2　非纯弯开孔构件抗弯承载力的直接强度法研究

目前，国内外对于冷弯薄壁开孔梁的直接强度法仅限于纯弯开孔构件，而对于非纯弯状态下开孔构件的直接强度法鲜有研究。对此，参考王海明学者针对非纯弯状态下不开孔构件的直接强度法以及刘健针对纯弯状态下开孔梁的直接强度法，同时结合第 3 章针对非纯弯开孔构件的有限元分析结果，回归出适合我国工程实际的针对冷弯薄壁型钢 C 形和 Σ 形开孔复杂卷边槽钢梁在非纯弯状态下的直接强度法公式。在回归公式时将构件的局部屈曲和畸变屈曲单独考虑。

1. Σ 形开孔复杂卷边槽钢梁的直接强度法公式

（1）Σ 形开孔复杂卷边槽钢梁关于局部屈曲的直接强度法公式。

本小节参考刘健学者修正纯弯状态下 C 形开孔复杂卷边槽钢梁直接强度法公式的思路，同时结合刘健学者关于非纯弯状态下 Σ 形不开孔复杂卷边槽钢梁直接强度法公式，修正适合我国工程实际的针对非纯弯状态下 Σ 形开孔复杂卷边槽钢梁关于局部屈曲的直接强度法计算公式，公式如下：

$$M_{nL} = \begin{cases} M_{ynet} & \lambda_L \leqslant 0.67 \\ 0.95\left[1-0.15\left(\dfrac{M_{crL}}{M_y}\right)^{0.5}\right]\left(\dfrac{M_{crL}}{M_y}\right)^{0.5}M_y & \lambda_L > 0.67 \end{cases} \qquad (6-47)$$

（2）Σ 形开孔复杂卷边槽钢梁关于畸变屈曲的直接强度法公式。

本小节同样参考刘健学者修正纯弯状态下 C 形开孔复杂卷边槽钢梁直接强度法公式的思路，同时结合刘健学者关于非纯弯状态下 Σ 形不开孔复杂卷边槽钢梁直接强度法公式，修正适合我国工程实际的针对非纯弯状态下 Σ 形开孔复杂卷边槽钢梁关于局部屈曲的直接强度法计算公式，公式如下：

$$M_{nd} = \begin{cases} M_{ynet} & \lambda_d \leqslant \lambda_{d1} \\ M_{ynet} - \left(\dfrac{M_{ynet}-M_{d2}}{\lambda_{d2}-\lambda_{d1}}\right)(\lambda_{d2}-\lambda_{d1}) \leqslant \left[1-0.18\left(\dfrac{M_{crd}}{M_y}\right)^{0.4}\right]\left(\dfrac{M_{crd}}{M_y}\right)^{0.4}M_y & \lambda_d > \lambda_{d1} \end{cases}$$

$$(6-48)$$

$$\lambda_{d1} = 0.75\left(\dfrac{M_{yet}}{M_y}\right)^3 \qquad (6-49)$$

$$\lambda_{d2} = 0.75\left[1.7\left(\dfrac{M_y}{M_{ynet}}\right)^{2.7}-0.7\right] \qquad (6-50)$$

$$M_{d2} = \left[1-0.18\left(\dfrac{1}{\lambda_{d2}}\right)\right]\left(\dfrac{1}{\lambda_{d2}}\right)M_y \qquad (6-51)$$

2. Σ 形开孔复杂卷边槽钢梁的直接强度法公式的验证

（1）Σ 形开孔复杂卷边槽钢梁关于局部屈曲的直接强度法公式验证。

为验证非纯弯状态下修正的针对 Σ 形开孔复杂卷边槽钢梁抗弯承载力直接强度法公式

的正确性，用修正后的公式计算文献［52］中纯弯试件的极限抗弯承载力，并且和试验结果进行对比。计算结果和试验结果、模拟结果的对比分别如表 6-7 和表 6-8。

表 6-7　　　　　　　　　　非纯弯试验结果与公式计算结果对比

构件编号	M'_{Test}（kN·m）	M（kN·m）	M/M'_{Test}
B2L1330a	27.43	28.42	1.04
B2L1330b	27.43	28.01	1.02
均值			1.03
标准差			0.01

注　M'_{Test}是梁润嘉学者试验的结果；M是本章修正公式的计算结果。

表 6-8　　　　　　　　　　有限元模拟结果与公式的结果对比

构件编号	M_1（kN·m）	M_2（kN·m）	M_2/M_1
L1330Jb1b40h40	22.71	23.62	1.04
L1330Jb1b70h40	22.49	23.15	1.03
L1330Jb1b100h40	22.17	22.56	1.02
L1330Jb1b40h60	22.30	22.09	0.99
L1330Jb1b70h60	21.84	21.77	1.00
L1330Jb1b100h60	21.42	21.12	0.99
L1330Jb2b40h40	22.76	24.01	1.05
L1330Jb2b70h40	22.33	23.08	1.03
L1330Jb2b100h40	21.86	22.68	1.04
L1330Jb2b40h60	22.98	24.13	1.05
L1330Jb2b70h60	22.56	23.35	1.04
L1330Jb2b100h60	22.56	23.26	1.03
L1330Jb3b40h40	22.24	23.16	1.04
L1330Jb3b70h40	22.87	22.78	1.00
L1330Jb3b100h40	22.54	22.41	0.99
L1330Jb3b40h60	22.06	23.43	1.06
L1330Jb3b70h60	22.63	23.02	1.02
L1330Jb3b100h60	22.08	22.51	1.02
均差			1.02
标准差			0.02

注　M_1是修正公式的计算结果；M_2是有限元的模拟抗弯承载力。

由表 6-7 和表 6-8 可以看出，使用修正后的公式计算的构件抗弯承载力和试验分析的结果均值为 1.03，标准差为 0.01，使用修正后的公式计算的构件抗弯承载力和有限元模拟的结果均差为 1.02，标准差为 0.02。以上两种对比的结果误差都不超过 5%，在误差允许的范围内。综上，认为本章修正的针对非纯弯状态下 Σ 形开孔复杂卷边槽钢梁抗弯承载力直接强度法公式是行之有效的，可以应用于相关工程实际中。

（2）Σ形开孔复杂卷边槽钢梁关于畸变屈曲的直接强度法公式验证。

为验证非纯弯状态下畸变屈曲的直接强度法公式的正确性，用修正后的公式计算梁润嘉学者试验中纯弯试件的极限抗弯承载力，并且和试验结果进行对比。计算结果和试验结果、模拟结果的对比分别如表6-9和表6-10。

表 6 - 9 非纯弯试验结果与公式计算结果对比

构件编号	M'_{Test}(kN·m)	M（kN·m）	M/M'_{Test}
B2L1330a	27.43	28.08	1.02
B2L1330b	27.43	27.96	1.02
均值			1.02
标准差			0

注 M'_{Test}是梁润嘉学者试验的结果；M是本章修正公式的计算结果。

表 6 - 10 有限元模拟结果与公式的结果对比

构件编号	M_1（kN·m）	M_2（kN·m）	M_2/M_1
L1330Jb1b40h40	22.71	23.45	1.03
L1330Jb1b70h40	22.49	23.10	1.02
L1330Jb1b100h40	22.17	22.57	1.02
L1330Jb1b40h60	22.30	23.18	1.04
L1330Jb1b70h60	21.84	22.75	1.04
L1330Jb1b100h60	21.42	22.26	1.04
L1330Jb2b40h40	22.76	24.03	1.06
L1330Jb2b70h40	22.33	23.61	1.06
L1330Jb2b100h40	21.86	23.14	1.05
L1330Jb2b40h60	22.98	23.95	1.04
L1330Jb2b70h60	22.56	23.48	1.04
L1330Jb2b100h60	22.56	23.11	1.02
L1330Jb3b40h40	22.24	23.26	1.05
L1330Jb3b70h40	22.87	22.76	1.00
L1330Jb3b100h40	22.54	22.17	0.98
L1330Jb3b40h60	22.06	22.85	1.04
L1330Jb3b70h60	22.63	22.49	0.99
L1330Jb3b100h60	22.08	22.79	1.03
均差			1.03
标准差			0.02

注 M_1是修正公式的计算结果；M_2是有限元的模拟抗弯承载力。

由表6-9和表6-10可以看出，使用修正后的公式计算的构件抗弯承载力和试验分析的结果均值为1.02，标准差为0，使用修正后的公式计算的构件抗弯承载力和有限元模拟的结果均差为1.03，标准差为0.02。以上两种对比的结果误差都不超过5%，在误差允许的范围内。综上，认为本章修正的针对纯弯状态下Σ形开孔复杂卷边槽钢梁关于畸变屈曲的抗弯承载力直接强度法公式是行之有效的，可以应用于相关工程实际中。

第 7 章 单轴对称冷弯薄壁型钢偏心受压构件的直接强度法

轴心受压或对称轴平面内偏心受压的斜卷边槽钢简支构件，当截面高宽比 $H/B \geqslant 2$ 时，构件的整体稳定是由绕非对称轴的弯曲屈曲模式来控制的。因此，在对此类偏压构件进行设计时仅需考虑弯矩作用平面内的稳定问题，对于弯矩作用平面外的稳定验算可以略去。

在冷弯薄壁型钢偏心受压构件的研究方面，王春刚、张耀春等学者对斜卷边槽钢偏心受压构件的静力稳定性能进行了分析，分析得出有效形心偏移对偏心受压构件的承载力有显著影响；给出了相应的直接强度法计算公式并提出来直接变形计算方法。滕锦光、姚谏于2008 年利用近似模型法对纯弯构件和荷载作用在对称轴平面内的卷边槽钢偏心受压构件进行了研究，文中提出了近似计算公式用于计算考虑翼缘本身的剪切与畸变影响、转动约束刚度和畸变屈曲临界半波长度的修正参数，并采用这一修正参数计算公式结合大量的数值分析回归，得出偏压构件畸变屈曲荷载的简化计算公式。姚行友、李元齐、沈祖炎等学者通过试验在对高强冷弯薄壁卷边槽钢偏心受压构件进行的研究中得出：局部屈曲及畸变屈曲对高强冷弯薄壁型钢偏心受压构件的稳定性能有较大的影响；给出了高强冷弯薄壁型钢偏心受压构件的计算方法，用以解决我国规范只考虑了局部屈曲没有考虑畸变屈曲使得计算结果不准确的情况。石宇、周绪红于 2011 年通过试验研究分析了冷弯薄壁卷边槽钢的计算方法，分析中考虑整体屈曲与局部屈曲的相关作用，提出屈服强度折减系数，将复杂的稳定问题用简单的强度问题计算方法求解。

国内外已提出的直接强度计算方法能否与我国相关规范相结合以代替现有的冷弯薄壁型钢计算方法，对荷载作用在对称轴平面内的冷弯薄壁卷边槽钢偏心受压构件的极限承载力进行计算，这是本章的主要研究内容。此外，对于冷弯薄壁卷边槽钢偏压构件来说，采用直接强度法进行计算时需要采用全截面，不同于能够自动考虑因截面有效形心偏移所产生的附加弯矩对构件承载力的影响的有效截面法，直接强度法在计算过程中如何考虑截面有效形心的偏移问题是计算单轴对称冷弯薄壁型钢偏压构件急需解决的问题。

本章围绕上述问题，主要针对荷载作用在对称轴平面内的普通卷边及复杂卷边槽钢简支构件的极限承载力的计算方法进行研究，完善并改进现有的计算方法。

◇ 7.1 普通直角卷边槽钢偏压构件的直接强度法

在目前应用的冷弯薄壁型钢截面中，普通直角卷边槽钢是最为常见的一种。我国常用的普通直角卷边槽钢截面高宽比通常在 2～3 范围内，因此在对称轴平面内承受偏心荷载作用时，将发生弯矩作用平面内的弯曲屈曲。

本节的以下工作将围绕普通直角卷边槽钢在对称轴平面内偏心受压条件下，弯矩作用平面内的稳定承载力直接强度计算方法来开展。

7.1.1　普通直角卷边槽钢有效形心偏移的确定

如何解决截面有效形心的偏移问题是直接强度法对于压弯构件极限承载力预测的关键。到目前为止，在对角钢截面压弯构件的直接强度法研究中考虑了截面有效形心偏移对构件承载力的影响的研究较少。利用 ANSYS 非线性有限元分析结果确定了普通直角卷边槽钢截面的有效形心偏移量，并通过拟合分析建立了此类截面有效形心偏移的计算公式。具体过程如下。

（1）ANSYS 分析确定截面有效形心偏移的方法。

普通直角卷边槽钢截面的有效形心偏移主要是由板件的局部屈曲引起的，因此在 AN-SYS 分析中采用短柱计算模型，既可以考虑板件的局部屈曲又可以消除构件整体弯曲的影响。边界条件按两端固支进行计算，在轴心受压状态下，随荷载的不断增大，短柱段将发生局部屈曲，截面的有效形心将与全截面几何形心发生分离，从而导致构件端部出现约束反力矩。将此反力矩从 ANSYS 的后处理结果中提取出来，除以这一状态下对应的轴向外荷载值，即可确定该状态下截面有效形心的偏移值。

（2）截面有效形心偏移计算公式的建立。

由于有效截面与毛截面上的应力分布有关，所以截面的有效形心偏移量随外荷载的增大不断发生变化。以截面边缘纤维最大压应力达屈服点时对应的有效形心偏移值为标准，建立有效形心偏移的计算表达式。有效形心偏移量的符号规定与前述外荷载偏心矩的符号规定一致。

令板件的通用宽厚比 $\lambda_p = \sqrt{f_y/\sigma_{crL}}$，$\sigma_{crL}$ 为板件的弹性局部相关屈曲应力。选用腹板宽 $H=160\text{mm}$，翼缘宽 $B=80\text{mm}$，卷边高 $D=20\text{mm}$ 的普通直角卷边槽钢截面为计算对象，通过变化截面壁厚 t 和钢材屈服强度 f_y 来改变板件的通用宽厚比，共进行了 10 个算例的分析，得到了截面有效形心偏移值的一系列结果。以有效形心偏移值（e_s）为纵坐标，λ_p 为横坐标绘制两者之间关系的散点图，如图 7-1 所示。当 $\lambda_p \leqslant 1.0$ 时，板件的弹性局部相关屈曲应力大于或等于材料的屈服强度，构件的破坏不再以稳定起控制作用，而是由强度控制。此时构件全截面有效，并不存在有效形心的偏移问题。图 7-1 中，λ_p 接近于 1.0 时的 e_s 计算结果也证明了这一点。

对图 7-1 中 $\lambda_p > 1.0$ 的 e_s 计算结果进行拟合，便可得到用于确定普通直角卷边槽钢截面有效形心偏移值（e_s）的计算表达式：

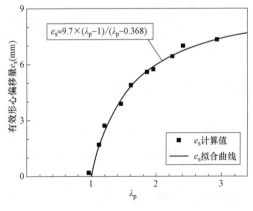

图 7-1　有效形心偏移的确定

$$e_s = \begin{cases} 0 & \lambda_p \leqslant 1.0 \\ \dfrac{9.7(\lambda_p - 1)}{\lambda_p - 0.368} & \lambda_p > 1.0 \end{cases} \quad (7-1)$$

由图 7-1 可见，散点均匀分布在式（7-1）附近，曲线拟合效果良好。

7.1.2　普通直角卷边槽钢偏压构件的直接强度法

1. 偏压构件承载力的直接强度法建立过程

对于偏压构件在弯矩作用平面内的整体稳定计算有两个准则：

（1）以弹性分析为基础，以弯矩最大截面边缘纤维开始屈服作为计算准则。这一准则比较适用于冷弯薄壁型钢偏压构件，因为这类构件的边缘纤维屈服荷载实际上非常接近于构件的极限荷载。

（2）以弹塑性极限强度理论为基础计算构件的极限荷载。

本节采用第一个准则。若假定构件的挠曲线为正弦半波曲线，那么可以得到 P_{one}/P_y 和 M_{one}/M_y 的相关公式为

$$\frac{P_{one}}{P_y} + \frac{M_{one}}{M_y(1 - P_{one}/P_{ey})} = 1 \tag{7-2}$$

$$P_y = Af_y$$

$$M_{one} = eP_{one}$$

$$P_{ey} = \pi^2 EI_y/l_{ey}^2$$

$$M_y = f_y I_y/c_w \text{ 或 } M_y = f_y I_y/c_l$$

式中　P_{one}——偏压构件在弯矩作用平面内的整体稳定承载力；

　　　　e——荷载偏心距（见图 7-2）；

　　　　P_{ey}——轴心受压状态下构件绕非对称轴（y 轴）的欧拉临界力；

　　　　M_y——没有轴力作用时截面受压边缘纤维屈服弯矩。

若考虑缺陷对构件承载力的影响，并以 $P = P_{ne}$ 表示 $M = 0$ 时有缺陷的轴心受压构件的截面边缘纤维屈服荷载。则式（7-2）可改写为

$$\frac{P_{one}}{P_{ne}} + \frac{M_{one}}{M_y[1 - (P_{ne}/P_y)(P_{one}/P_{ey})]} = 1 \tag{7-3}$$

又注意到轴心受压构件的整体稳定系数 $\varphi = P_{ne}/P_y$，代入上式可得

$$\frac{P_{one}}{P_{ne}} + \frac{M_{one}}{M_y(1 - \varphi P_{one}/P_{ey})} = 1 \tag{7-4}$$

该式即为冷弯薄壁型钢偏心受压构件，当弯矩作用在对称轴平面内时，弯矩作用平面内的整体稳定计算公式。

在偏压构件的直接强度法中，同样采用式（7-4）计算整体稳定，但与有效截面法不同的是，在求解 P_{ne} 和 M_y 时，均采用全截面而非有效截面进行计算，并且直接强度法在计算 M_{one} 时，将有效形心偏移对构件承载力的影响考虑在内，即 $M_{one} = e_a P_{one}$；$e_a = e - e_s$（见图 7-2）。

偏压构件直接强度法的建立过程受到了轴心受压构件直接强度计算法的启发。将 λ_L 改写为

$$\lambda_L = \sqrt{\frac{P_{ne}}{P_{crL}}} = \sqrt{\frac{\dfrac{P_{ne}}{P_y}}{\dfrac{P_{crL}}{P_y}}} = \sqrt{\frac{r_{ne}^P}{r_{crL}^P}} \tag{7-5}$$

式（7-5）表明 λ_L 可以用图 7-3 中纵轴上的距离 r_{ne}^P 和 r_{crL}^P 表示，因此可以将轴压简支普通直角卷边槽钢柱直接强度法的 P_{nL} 计算式改写为如下形式：

$$P_{nL} = r_{nL}^P P_y \tag{7-6a}$$

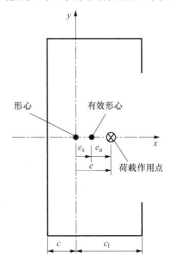

图 7-2　偏心距及参数定义

$$r_{nL}^{P} = \begin{cases} r_{ne}^{P} & \lambda_L \leqslant 0.847 \\ \left[1 - 0.10\left(\dfrac{r_{crL}^{P}}{r_{ne}^{P}}\right)^{0.36}\right]\left(\dfrac{r_{crL}^{P}}{r_{ne}^{P}}\right)^{0.36} r_{ne}^{P} & \lambda_L > 0.847 \end{cases} \qquad (7\text{-}6b)$$

同理，对轴压简支普通直角卷边槽钢柱直接强度法的 P_{nd} 计算式可改写为

$$P_{nd} = r_{nd}^{P} P_y \qquad (7\text{-}7a)$$

$$r_{nd}^{P} = \begin{cases} r_{ne}^{P} & \lambda_d \leqslant 0.561 \\ \left[1 - 0.25\left(\dfrac{r_{crd}^{P}}{r_{ne}^{P}}\right)^{0.6}\right]\left(\dfrac{r_{crd}^{P}}{r_{ne}^{P}}\right)^{0.6} r_{ne}^{P} & \lambda_d > 0.561 \end{cases} \qquad (7\text{-}7b)$$

$$\lambda_d = \sqrt{\frac{P_{ne}}{P_{crd}}} = \sqrt{\frac{\dfrac{P_{ne}}{P_y}}{\dfrac{P_{crd}}{P_y}}} = \sqrt{\frac{r_{ne}^{P}}{r_{crd}^{P}}} \qquad (7\text{-}7c)$$

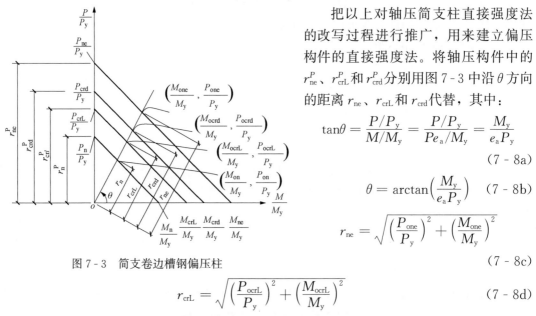

图 7-3　简支卷边槽钢偏压柱

把以上对轴压简支柱直接强度法的改写过程进行推广，用来建立偏压构件的直接强度法。将轴压构件中的 r_{ne}^{P}、r_{crL}^{P} 和 r_{crd}^{P} 分别用图 7-3 中沿 θ 方向的距离 r_{ne}、r_{crL} 和 r_{crd} 代替，其中：

$$\tan\theta = \frac{P/P_y}{M/M_y} = \frac{P/P_y}{Pe_a/M_y} = \frac{M_y}{e_a P_y} \qquad (7\text{-}8a)$$

$$\theta = \arctan\left(\frac{M_y}{e_a P_y}\right) \qquad (7\text{-}8b)$$

$$r_{ne} = \sqrt{\left(\frac{P_{one}}{P_y}\right)^2 + \left(\frac{M_{one}}{M_y}\right)^2} \qquad (7\text{-}8c)$$

$$r_{crL} = \sqrt{\left(\frac{P_{ocrL}}{P_y}\right)^2 + \left(\frac{M_{ocrL}}{M_y}\right)^2} \qquad (7\text{-}8d)$$

$$M_{ocrL} = e_a P_{ocrL}$$

$$r_{crd} = \sqrt{\left(\frac{P_{ocrd}}{P_y}\right)^2 + \left(\frac{M_{ocrd}}{M_y}\right)^2} \qquad (7\text{-}8e)$$

式中　P_{ocrL}——构件在偏心受压状态下的局部屈曲临界力，可以通过 ANSYS 特征值屈曲分析求得；

　　　P_{ocrd}——构件在偏心受压状态下的畸变屈曲临界力，同样可以通过 ANSYS 特征值屈曲分析求得。

假设直接强度法对轴心受压构件的计算式（7-6b）和式（7-7b）同样适用于偏心受压构件的计算，即

$$r_{nL} = \begin{cases} r_{ne} & \lambda_{nL} \leqslant 0.847 \\ \left[1 - 0.10\left(\dfrac{r_{crL}}{r_{ne}}\right)^{0.36}\right]\left(\dfrac{r_{crL}}{r_{ne}}\right)^{0.36} r_{ne} & \lambda_{nL} > 0.847 \end{cases} \qquad (7\text{-}9a)$$

$$\lambda_{nL} = \sqrt{r_{ne}/r_{crL}}$$

$$r_{\mathrm{nd}} = \begin{cases} r_{\mathrm{nd}} & \lambda_{\mathrm{nd}} \leqslant 0.561 \\ \left[1 - 0.25 \left(\dfrac{r_{\mathrm{crd}}}{r_{\mathrm{ne}}}\right)^{0.6}\right] \left(\dfrac{r_{\mathrm{crd}}}{r_{\mathrm{ne}}}\right)^{0.6} r_{\mathrm{ne}} & \lambda_{\mathrm{nd}} > 0.561 \end{cases} \quad (7-9\mathrm{b})$$

$$\lambda_{\mathrm{nd}} = \sqrt{r_{\mathrm{ne}}/r_{\mathrm{crd}}}$$

结合上述的试验和有限元分析结果可以发现，当偏心荷载作用在截面有效形心右侧时（图 7-2），构件将发生畸变和整体弯曲屈曲破坏；当偏心荷载作用在截面有效形心及其左侧时，则发生局部和整体弯曲屈曲破坏。因此可以取

$$r_{\mathrm{n}} = \begin{cases} r_{\mathrm{nL}} & e \leqslant e_{\mathrm{s}} \\ r_{\mathrm{nd}} & e > e_{\mathrm{s}} \end{cases} \quad (7-10)$$

确定 r_{n} 后，便可通过如下方法求得偏压构件的极限承载力（P_{on}）：

$$r_{\mathrm{n}} = \sqrt{\left(\frac{P_{\mathrm{on}}}{P_{\mathrm{y}}}\right)^2 + \left(\frac{M_{\mathrm{on}}}{M_{\mathrm{y}}}\right)^2} \quad (7-11)$$

将 $M_{\mathrm{on}} = e_{\mathrm{a}} P_{\mathrm{on}}$ 代入上式后可得

$$P_{\mathrm{on}} = \frac{r_{\mathrm{n}}}{\sqrt{\left(\frac{1}{P_{\mathrm{y}}}\right)^2 + \left(\frac{e_{\mathrm{a}}}{M_{\mathrm{y}}}\right)^2}} \quad (7-12)$$

2. 偏压构件承载力的直接强度法计算步骤总结

普通直角卷边槽钢在对称轴平面内承受偏心荷载作用时，在弯矩作用平面内的稳定承载力直接强度计算法步骤如下：

（1）按式（7-1）确定截面有效形心的偏移值（e_{s}）。

（2）计算外荷载相对于截面有效形心的偏心距（e_{a}）。

（3）根据式（7-4）计算偏心受压构件的整体稳定承载力 P_{one} 和 M_{one}。

（4）利用 ANSYS 特征值屈曲分析确定偏心受压构件的局部屈曲荷载（P_{ocrL}）和畸变屈曲荷载（P_{ocrd}）。

（5）按式（7-8）计算 r_{ne}、r_{crL} 和 r_{crd}；然后求解 λ_{nL} 和 λ_{nd}，再通过式（7-9）和式（7-10）确定 r_{n}。

（6）按式（7-12）计算构件的极限承载力（P_{on}）

7.1.3　方法有效性验证

为了验证上述计算方法的有效性，对所做试验中为普通直角卷边槽钢的偏压构件极限承载力进行了计算（见表 7-1）。表中构件编号命名方式见文献 [11]。结果表明，除个别试件的直接强度法结果过于保守外，大部分计算结果与试验结果比较接近，并偏于安全。

表 7-1　　　　　　　　　　　试验与直接强度法结果对比

构件编号	试验值 P_{t}(kN)	直接强度法计算值 P_{DSM}(kN)	$\dfrac{P_{\mathrm{t}}}{P_{\mathrm{DSM}}}$
1250A90①	256.91	246.91	1.041
1250A90②	274.18	269.59	1.017
1250A90-①	198.06	190.86	1.038

续表

构件编号	试验值 P_t(kN)	直接强度法计算值 P_{DSM}(kN)	$\dfrac{P_t}{P_{DSM}}$
1250A90－②	202.83	212.17	0.956
1250A90＋①	200.16	173.67	1.153
1250A90＋②	197.21	171.08	1.153
2000A90①	241.08	187.93	1.283
2000A90②	215.81	180.67	1.194
平均			1.104

由于试验中偏心距的大小比较随机，且本专著试验采用的试件 λ_p 接近 1.0，因此从图 7-4 中很难看出有效形心偏移的影响。为了进一步验证本章有效形心偏移计算方法的有效性，对第 3 章的 PLT20L20A90 系列偏压构件承载力进行了计算，直接强度法计算结果与 ANSYS 计算结果的比较情况见表 7-2。两者间除 PLT20L20＋04A90 构件的承载力相差较大外，其余构件均吻合较好。图 7-5 绘制了该系列构件承载力与偏心距之间的关系，由直接强度法计算曲线与 ANSYS 计算散点的分布趋势可见，按本专著提出的方法来确定有效形心的偏移是行之有效的。

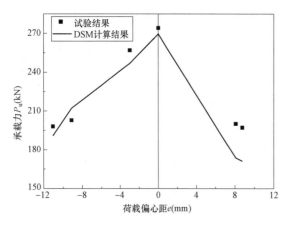

图 7-4　PLT20L20 系列直角卷边槽钢偏压
构件承载力与偏心距的关系

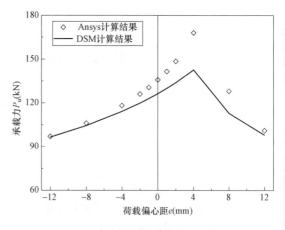

图 7-5　1250A90 系列直角卷边槽钢偏压
构件承载力与偏心距的关系

表 7-2   ANSYS 与直接强度法结果对比

构件编号	ANSYS 计算值 P_E(kN)	直接强度法计算值 P_{DSM}(kN)	$\dfrac{P_E}{P_{DSM}}$
PLT20L20 - 12A90	97.02	96.50	1.005
PLT20L20 - 08A90	106.15	104.44	1.016
PLT20L20 - 04A90	118.15	114.11	1.035
PLT20L20 - 02A90	126.08	119.82	1.052
PLT20L20 - 01A90	130.61	122.96	1.062
PLT20L20A90	135.71	126.31	1.074

续表

构件编号	ANSYS 计算值 P_E(kN)	直接强度法计算值 P_{DSM}(kN)	$\dfrac{P_E}{P_{DSM}}$
PLT20L20+01A90	141.58	129.92	1.090
PLT20L20+02A90	148.48	133.81	1.110
PLT20L20+04A90	168.02	142.69	1.178
PLT20L20+08A90	128.02	112.95	1.133
PLT20L20+12A90	101.08	97.99	1.032
平均			1.072

综合以上分析结果可以看出，本节建立的偏压构件承载力直接强度计算法，能够比较准确地预测对称轴平面内偏心受压的普通直角卷边槽钢简支构件在弯矩作用平面内的稳定承载力，并具有一定的安全储备。

◇ 7.2　偏心受压构件极限承载力的直接强度法

7.2.1　非对称轴平面内偏心受压构件极限承载力直接强度法建议公式

7.1 节中的方法考虑了有效形心偏移对构件极限承载力的影响，但计算过程中需用到有限元软件 ANSYS 进行特征值屈曲分析来确定偏心受压构件的畸变屈曲荷载和局部屈曲荷载，并且与我国现行规范的相关计算方法有一定差异，不便于在实际工作中进行应用。

偏心受压构件的稳定性和强度应按国家标准《冷弯薄壁型钢结构技术规范》（GB 50018—2002）[59] 第 5.4.1～5.5.8 条的规定进行计算。在此基础上，考虑畸变屈曲的影响，《低层冷弯薄壁型钢房屋建筑技术规程》（JGJ 227—2011）中提出了如下的计算方法：

$$\frac{N}{N_j} + \frac{\beta_m M}{M_j} \leqslant 1.0 \tag{7-13}$$

$$N_j = \min(N_C, N_A) \tag{7-14}$$

$$M_j = \min(M_C, M_A) \tag{7-15}$$

$$N_C = \varphi A_e f \tag{7-16}$$

$$M_C = \left(1 - \frac{N}{N'_E}\varphi\right)W_e f \tag{7-17}$$

$$N_A = A_{od} f \tag{7-18}$$

$$M_A = \left(1 - \frac{N}{N'_E}\varphi\right)M_{od} \tag{7-19}$$

$$N'_E = \frac{\pi^2 EA}{1.165\lambda^2}$$

式中　M——计算弯矩，取构件全长范围内的最大弯矩；

　　　N_j——拼合截面轴压承载力设计值；

　　　N_C——整体失稳时轴压承载力设计值；

N_A——畸变屈曲时轴压承载力设计值；

β_m——等效弯矩系数；

N_E'——系数；

W_e——有效截面模量；

λ——构件在弯矩作用平面内的长细比；

E——钢材的弹性模量；

φ——轴心受压构件的稳定系数；

A_e——有效截面面积；

f——钢材抗拉、抗压、抗弯强度设计值；

A_{od}——畸变屈曲时的有效截面面积；

M_{od}——考虑畸变屈曲时的抗弯弯矩。

这种方法计算时采用有效截面法，取考虑局部和整体相关屈曲的极限承载力 N_C 和考虑畸变屈曲的极限承载力 N_A 的较小值作为轴压构件的极限承载力 N_j 带入式（7-13）中，取考虑局部和整体相关屈曲的极限弯矩 M_C 和考虑畸变屈曲的极限弯矩 M_A 的较小值作为纯弯构件的极限弯矩 M_j 带入式（7-13）中。

本节建议以式（7-13）为基础，采用直接强度法代替有效截面法，将式（7-13）中采用有效截面法计算出的 N_j 和 M_j 分别用采用直接强度法计算出的 N_{DSM} 和 M_{DSM} 进行替换，N_{DSM} 为采用直接强度法计算的轴压构件的局部与整体相关屈曲极限承载力 N_{nL}，轴压构件的畸变与整体相关屈曲极限承载力 N_{nd} 与轴压构件的畸变屈曲极限承载力 N_d 的最小值，M_{DSM} 为采用直接强度法计算的轴压构件的局部与整体相关屈曲极限弯矩 M_{nL} 与轴压构件的畸变与整体相关屈曲极限弯矩 M_{nd} 的最小值。通过这种方法得到公式如下：

$$\frac{N}{N_{DSM}} + \frac{\beta_m M}{\left(1 - \frac{N}{N_E'}\varphi\right)M_{DSM}} \leqslant 1.0 \qquad (7-20)$$

$$N_{DSM} = \min(N_{nL}, N_{nd} \text{ 或 } N_d) \qquad (7-21)$$

$$M_{DSM} = \min(M_{nL}, M_{nd}) \qquad (7-22)$$

式中　$M = Ne$；

N_{nL}——轴心受压构件的局部与整体相关屈曲极限承载力；

N_{nd}——轴心受压构件的畸变与整体相关屈曲极限承载力；

N_d——轴心受压构件的畸变屈曲极限承载力；

M_{nL}——纯弯构件的局部与整体相关屈曲极限弯矩；

M_{nd}——纯弯构件的畸变屈曲极限弯矩。

本专著将采用式（7-20）对荷载作用在对称轴平面内的普通卷边槽钢简支构件极限承载力进行计算。

7.2.2　对称轴平面内偏心受压构件极限承载力直接强度法建议公式

1. 对称轴平面内偏心受压状态的直接强度法

冷弯薄壁卷边槽钢在对称轴平面内偏心受压时，可以近似简化成轴心受压和绕非对称轴纯弯这两种受力状态的叠加。

（1）荷载偏向卷边侧的直接强度法。

借鉴《冷弯型钢结构技术规范》（GB 50018—2014）2016 年修订征求意见稿中非对称轴平面内偏心受压构件的承载力计算公式形式，但计算中须改变弯矩的作用方向，即弯矩作用在对称平面内时，荷载偏向卷边侧的承载力按下列公式计算：

$$\frac{N}{N_R} + \frac{\beta_m M}{M_R} \leqslant 1.0 \qquad (7-23)$$

$$M = N \cdot e \qquad (7-24)$$

$$N_R = \min(N_{nL}, N_{nd}) \qquad (7-25)$$

$$M_R = \left(1 - \frac{N}{N_E}\varphi\right)M_{DSM} \qquad (7-26)$$

$$M_{DSM} = \min(M_{nL}, M_{nd}) \qquad (7-27)$$

$$N_E = \frac{\pi^2 EA}{\lambda^2}$$

式中　β_m——等效弯矩系数；

$\quad e$——初始偏心距；

$\quad N_{nL}$——轴心受压状态下的局部与整体相关屈曲承载力；

$\quad N_{nd}$——轴心受压状态下的畸变与整体相关屈曲承载力；

$\quad N_E$——系数；

$\quad \lambda$——构件在弯矩作用平面内的长细比；

$\quad M_{nL}$——绕非对称轴纯弯状态下的局部和整体相关屈曲弯矩；

$\quad M_{nd}$——绕非对称轴纯弯状态下的畸变屈曲弯矩。

1）轴心受压状态的直接强度法。

a. 局部与整体相关屈曲承载力（N_{nL}）按下式计算：

$$N_{nL} = \begin{cases} N_{ne} & \lambda_L \leqslant 0.847 \\ \left[1 - 0.10\left(\frac{N_{crL}}{N_{ne}}\right)^{0.36}\right]\left(\frac{N_{crL}}{N_{ne}}\right)^{0.36}N_{ne} & \lambda_L > 0.847 \end{cases} \qquad (7-28)$$

$$\lambda_L = \sqrt{N_{ne}/N_{crL}}$$

$$N_{crL} = A\sigma_{crL}$$

$$\sigma_{crl} = \frac{k_{cw}\pi^2 E}{12(1-\nu^2)}\left(\frac{t}{h}\right)^2 \qquad (7-29)$$

$$k_{cw} = k_{csw} \cdot k_{cfw} \qquad (7-30)$$

$$N_{ne} = A\varphi f_y$$

式中　λ_L——无量纲长细比；

$\quad N_{crL}$——局部屈曲临界荷载；

$\quad A$——全截面面积；

$\quad \sigma_{crL}$——轴心受压构件弹性局部屈曲临界应力；

$\quad k_{cw}$——轴压状态下腹板的局部相关屈曲系数；

$\quad E$——钢材的弹性模量；

$\quad \nu$——泊松比；

t——板厚；

h——腹板高度；

k_{csw}——轴压状态下腹板的稳定系数，计算方法参见文献［56］中 5.6.3 条第 1 款的规定；

k_{cfw}——轴压状态下翼缘对腹板的约束系数，计算方法参见文献［56］中 5.6.4 条的规定；

N_{ne}——构件整体稳定承载力；

f_y——钢材的强度标准值；

φ——轴心受压构件稳定系数，查文献［59］中的附表 B.1 确定。

b. 畸变与整体相关屈曲承载力（N_{nd}）按下式计算：

$$N_{nd} = \begin{cases} N_{ne} & \lambda_d \leqslant 0.561 \\ \left[1 - 0.25 \left(\dfrac{N_{crd}}{N_{ne}}\right)^{0.6}\right]\left(\dfrac{N_{crd}}{N_{ne}}\right)^{0.6} N_{ne} & \lambda_d > 0.561 \end{cases} \tag{7-31}$$

$$\lambda_d = \sqrt{N_{ne}/N_{crd}}$$

$$N_{crd} = A\sigma_{crd}$$

式中　λ_d——无量纲长细比；

N_{crd}——畸变屈曲临界荷载；

σ_{crd}——轴心受压构件弹性畸变屈曲临界应力，计算方法参见文献［56］中附录 C.1 条。

2）对称轴平面内受纯弯作用的直接强度法

a. 局部和整体相关屈曲弯矩（M_{nL}）按下式计算：

$$M_{nL} = \begin{cases} M_{ne} & \lambda_L \leqslant 0.683 \\ \left[1 - 0.22 \left(\dfrac{M_{crL}}{M_{ne}}\right)^{0.52}\right]\left(\dfrac{M_{crL}}{M_{ne}}\right)^{0.52} M_{ne} & \lambda_L > 0.683 \end{cases} \tag{7-32}$$

$$\lambda_L = \sqrt{M_{ne}/M_{crL}}$$

$$M_{crL} = W_y\sigma_{crL}$$

$$\sigma_{crL} = \frac{k_{bL}\pi^2 E}{12(1-\nu^2)}\left(\frac{t}{a}\right)^2 \tag{7-33}$$

$$k_{bL} = k_{bsL} \cdot k_{bfL} \tag{7-34}$$

$$M_{ne} = \varphi_{by} W_y f_y$$

式中　λ_L——无量纲长细比；

M_{crL}——弹性局部屈曲临界弯矩；

W_y——全截面模量；

σ_{crL}——纯弯构件弹性局部屈曲临界应力；

k_{bL}——纯弯状态下卷边的局部相关屈曲系数；

a——卷边宽度；

k_{bsL}——纯弯状态下卷边的稳定系数，计算方法参见文献［56］中 5.6.3 条第 3 款的规定；

k_{bfL}——纯弯状态下翼缘对卷边的约束系数，计算方法参见文献［56］中 5.6.4 条的规定；

M_{nc}——构件整体屈曲弯矩；

φ_{by}——受弯构件的整体稳定系数，计算方法参见文献［56］中附录 B.2.3 条的规定。

b. 畸变屈曲弯矩（M_{nd}）按下式计算：

$$M_{nd} = \begin{cases} M_y & \lambda_d \leqslant 0.702 \\ \left[1 - 0.18\left(\dfrac{M_{crd}}{M_y}\right)^{0.38}\right]\left(\dfrac{M_{crd}}{M_y}\right)^{0.38}M_y & \lambda_d > 0.702 \end{cases} \tag{7-35}$$

$$\lambda_d = \sqrt{M_y/M_{crd}}$$

$$M_y = W_y f_y$$

$$M_{crd} = W_y \sigma_{crd}$$

式中　λ_d——无量纲长细比；

M_y——截面边缘纤维屈服弯矩；

M_{crd}——弹性畸变屈曲临界弯矩；

σ_{crd}——纯弯构件绕非对称轴轴弯曲时的弹性畸变屈曲临界应力。

文献［57］先应用 CUFSM 软件计算出构件翼缘与卷边交点处的应力 σ_{crd}，然后根据弹性屈曲临界应力公式 $\sigma_{crd} = (t/b)^2 k_{crd} \pi^2 \cdot E/[12(1-\nu^2)]$ 反算出翼缘的弹性畸变屈曲系数 k_{crd}，再对 k_{crd} 进行数值模拟分析得出其表达式，最后将 k_{crd} 的表达式代入板件弹性屈曲临界应力计算公式从而得出绕非对称轴弯曲时的弹性畸变屈曲临界应力的简化公式：

$$\sigma_{crd} = \frac{\pi^2 E}{12(1-\nu^2)}\left[\left(-0.045\frac{h}{b}+0.42\right)\frac{a}{t}+\left(0.24\frac{h}{b}+0.23\right)\right]\left(\frac{t}{b}\right)^2 \tag{7-36}$$

式中　b——翼缘宽度。

采用式（7-36）计算绕非对称轴受弯构件的弹性畸变屈曲临界应力。

（2）荷载偏向腹板侧的直接强度法。

当弯矩作用在对称平面内时，荷载偏向腹板侧时承载力仍可按式（7-23）～式（7-27）计算。

1）轴心受压状态的直接强度法。

荷载偏向腹板侧的简化计算过程中，轴心受压状态下的局部与整体相关屈曲承载力（N_{nl}）和畸变与整体相关屈曲承载力（N_{nd}）仍可按式（7-28）和式（7-31）计算。

2）对称轴平面内受纯弯作用的直接强度法。

荷载偏向腹板侧简化计算时，由于腹板受压，卷边受拉，此时不易发生畸变屈曲，因此纯弯计算时可仅考虑局部和整体的相关屈曲弯矩（M_{nL}），具体计算仍按式（7-32），但此时的弹性局部屈曲临界应力 σ_{crL} 按式（7-37）计算：

$$\sigma_{crL} = \frac{k_{bw}\pi^2 E}{12(1-\nu^2)}\left(\frac{t}{h}\right)^2 \tag{7-37}$$

$$k_{bw} = k_{bsw} \cdot k_{bfw} \tag{7-38}$$

式中　k_{bw}——纯弯状态下腹板的局部相关屈曲系数；

k_{bsw}——纯弯状态下腹板的稳定系数，计算方法参见文献［56］中 5.6.3 条第 1 款的规定；

k_{bfw}——纯弯状态下翼缘对腹板的约束系数，计算方法参见文献［56］中5.6.4条的规定。

2. 有效形心偏移

冷弯薄壁卷边槽钢的截面有效形心偏移主要是因为腹板的局部屈曲引起的，腹板发生局部屈曲后，部分截面退出工作，因此剩余截面的形心位置将偏离原有形心位置，继而产生截面有效形心偏移。

冷弯薄壁卷边槽钢柱在偏心受压时，截面有效形心的偏移会导致所施加的外荷载产生附加偏心距。有效宽度法由于采用有效截面来代替全截面进行计算，能够自动考虑因截面有效形心偏移所产生的附加弯矩对构件承载力的影响；直接强度法始终采用全截面计算，如何考虑截面有效形心偏移问题是直接强度法预测对称轴平面内偏压构件极限承载力的关键。本节将通过对比未考虑截面有效形心偏移和考虑截面有效形心偏移的计算结果来分析截面有效形心偏移对上述所提计算方法的影响。

截面有效形心偏移计算公式的建立过程详见文献［11］，普通卷边槽钢截面有效形心偏移值 e_s 的计算表达式如下：

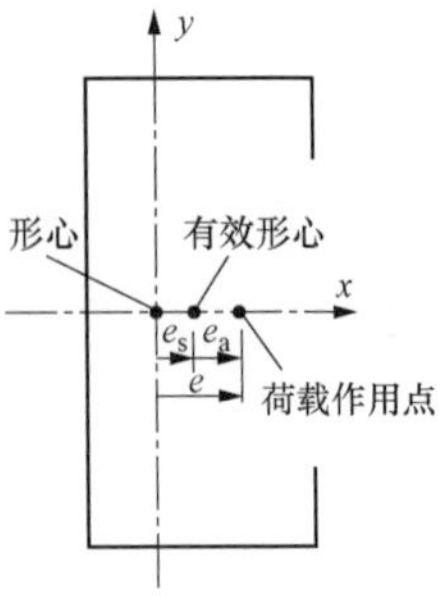

图 7-6 荷载偏心距

$$e_s = \begin{cases} 0 & \lambda_p \leqslant 1.0 \\ \dfrac{9.7(\lambda_p - 1)}{\lambda_p - 0.368} & \lambda_p > 1.0 \end{cases} \qquad (7-39)$$

$$\lambda_p = \sqrt{f_y / \sigma_{crL}}$$

式中 λ_p——板件的通用宽厚比；

σ_{crL}——轴心受压构件弹性局部屈曲临界应力，由式（7-29）和式（7-30）求得。

荷载偏心距定义如图 7-6 所示，考虑截面有效形心偏移时，外荷载相对于截面有效形心的偏心距 $e_a = e - e_s$（定义 e、e_s 和 e_a 沿 x 轴正方向分布时为正），采用考虑有效形心偏移的直接强度法计算偏压构件稳定承载力时，需将式（7-24）中的 e 用 e_a 代换。

◇7.3 计算方法有效性验证

7.3.1 普通卷边槽钢非对称轴平面内偏心受压构件的方法有效性验证

为验证式（7-20）的有效性，采用上述三种计算方法对2篇文献共计55个压弯构件的试验数据进行了计算。文献［48］的计算结果列于表7-3中，文献［49］只给出了统计分析结果（表7-4），其中 P_t 为压弯的试验承载力，P_1、P_2、P_3 分别为现行有效宽度法、修订有效宽度法、直接强度法的计算结果。文献［48］中部分 P_t/P_1 结果偏大的原因与轴压情况类似。

试验结果与现行有效宽度法的计算结果比值 P_t/P_1 的平均值为 1.207，试验结果与修订有效宽度法的计算结果比值 P_t/P_2 的平均值为 1.153，试验结果与直接强度法的计算结果比值 P_t/P_3 的平均值为 1.106。三者的变异系数分别为 0.156、0.153、0.101，从变异系数的结果可以看出修订有效宽度法和直接强度法的计算结果离散性较小。压弯部分的总体规律虽与轴压和受弯一致，但与文献［49］的对比结果表明修订有效宽度法计算结果与试验相比略显不安全。

表 7 - 3　　　　　　　　　　　文献［48］试验与计算结果对比

构件编号	P_t(kN)	P_1(kN)	P_2(kN)	P_3(kN)	P_t/P_1	P_t/P_2	P_t/P_3
SS89 - 600 - EC1 - X - 1	33.97	34.83	35.85	29.87	0.98	0.95	1.14
SS89 - 600 - EC1 - X - 2	35.03	35.06	35.95	27.82	1.00	0.97	1.26
SS89 - 900 - EC1 - X - 1	31.40	34.24	35.20	28.99	0.92	0.89	1.08
SS89 - 900 - EC1 - X - 2	31.22	33.86	34.83	28.52	0.92	0.90	1.09
SS89 - 900 - EC1 - X - 3	31.45	24.88	27.04	28.07	1.26	1.16	1.12
SS89 - 1200 - EC1 - X - 1	30.34	22.41	24.69	28.14	1.35	1.23	1.08
SS89 - 1200 - EC1 - X - 2	32.36	23.62	25.79	29.58	1.37	1.25	1.09
SS89 - 1200 - EC1 - X - 3	31.74	23.09	25.18	28.46	1.37	1.26	1.12
SS89 - 1200 - EC2 - X - 1	31.79	22.69	24.70	29.31	1.40	1.29	1.08
SS89 - 1200 - EC2 - X - 2	30.10	22.75	24.89	29.88	1.32	1.21	1.01
SS89 - 1500 - EC1 - X - 1	29.95	23.07	24.77	27.39	1.30	1.21	1.09
SS89 - 1500 - EC1 - X - 2	31.48	22.32	24.24	27.51	1.41	1.30	1.14
SS89 - 1500 - EC1 - X - 3	31.14	23.08	24.98	28.04	1.35	1.25	1.11
SS89 - 1800 - EC1 - X - 1	31.74	22.69	24.49	28.74	1.40	1.30	1.10
SS89 - 1800 - EC1 - X - 2	30.99	20.77	22.81	29.17	1.49	1.36	1.06
SS89 - 1800 - EC1 - X - 3	30.39	20.71	22.64	28.55	1.47	1.34	1.06
SS89 - 1800 - EC2 - X - 1	29.56	21.07	22.90	28.03	1.40	1.29	1.05
SS89 - 1800 - EC2 - X - 2	30.31	21.81	23.58	28.94	1.39	1.29	1.05
SS140 - 600 - EC1 - X - 1	34.09	26.99	27.51	29.60	1.26	1.24	1.15
SS140 - 600 - EC1 - X - 2	35.29	26.51	27.04	28.19	1.33	1.31	1.25
SS140 - 600 - EC1 - X - 3	35.16	26.04	26.60	26.76	1.35	1.32	1.31
SS140 - 900 - EC1 - X - 1	35.11	26.58	27.08	29.27	1.32	1.30	1.20
SS140 - 900 - EC1 - X - 2	34.31	26.59	27.10	28.33	1.29	1.27	1.21
SS140 - 900 - EC1 - X - 3	35.89	25.21	25.80	25.12	1.42	1.39	1.43
SS140 - 1200 - EC1 - X - 1	33.79	23.46	24.10	29.26	1.44	1.40	1.15
SS140 - 1200 - EC1 - X - 2	31.97	26.16	26.68	27.90	1.22	1.20	1.15
SS140 - 1200 - EC1 - X - 3	31.97	25.25	25.81	28.38	1.27	1.24	1.13
SS140 - 1200 - EC2 - X - 1	33.39	22.15	22.83	29.76	1.51	1.46	1.12
SS140 - 1200 - EC2 - X - 2	34.13	26.16	26.66	28.36	1.30	1.28	1.20
SS140 - 1500 - EC1 - X - 1	32.21	24.32	24.89	27.86	1.32	1.29	1.16

续表

构件编号	P_t(kN)	P_1(kN)	P_2(kN)	P_3(kN)	P_t/P_1	P_t/P_2	P_t/P_3
SS140 - 1500 - EC1 - X - 2	31.01	24.76	25.29	28.82	1.25	1.23	1.08
SS140 - 1500 - EC1 - X - 3	31.97	26.13	26.59	28.39	1.22	1.20	1.13
SS140 - 1800 - EC1 - X - 1	30.99	24.24	24.75	28.95	1.28	1.25	1.07
SS140 - 1800 - EC1 - X - 2	31.22	23.81	24.34	28.09	1.31	1.28	1.11
SS140 - 1800 - EC2 - X - 1	31.19	24.69	25.19	28.14	1.26	1.24	1.11
SS140 - 1800 - EC2 - X - 2	30.49	24.26	24.78	29.91	1.26	1.23	1.02
SS140 - 2400 - EC1 - X - 1	30.62	24.05	24.50	26.09	1.27	1.25	1.17
平均值					1.2976	1.2383	1.1326
方差					0.0201	0.0157	0.0068
变异系数					0.1092	0.1012	0.0726

表 7 - 4 　　　　　　　　　文献［49］压弯承载力对比

构件编号	P_t(kN)	P_1(kN)	P_2(kN)	P_3(kN)	P_t/P_1	P_t/P_2	P_t/P_3
SS7510 - 25 - EC1 - X - 1	40.20	40.49	40.96	34.79	0.99	0.98	1.16
SS7510 - 25 - EC1 - X - 2	45.00	40.63	41.27	35.36	1.11	1.09	1.27
SS7510 - 60 - EC1 - X - 1	31.90	29.41	29.75	35.14	1.08	1.07	0.91
SS7510 - 60 - EC1 - X - 2	29.00	29.43	29.81	35.24	0.99	0.97	0.82
SS7510 - 60 - EC1 - X - 3	36.10	29.51	29.93	35.55	1.22	1.21	1.02
SS1010 - 15 - EC1 - X - 1	53.00	50.16	52.57	41.00	1.06	1.01	1.29
SS1010 - 15 - EC1 - X - 2	51.10	50.13	52.47	40.84	1.02	0.97	1.25
SS1010 - 25 - EC1 - X - 1	46.50	47.50	49.73	40.68	0.98	0.94	1.14
SS1010 - 25 - EC1 - X - 2	45.10	47.46	49.61	40.55	0.95	0.91	1.11
SS1010 - 25 - EC1 - X - 3	47.40	47.48	49.66	40.56	1.00	0.95	1.17
SS1010 - 45 - EC1 - X - 1	43.20	41.62	43.47	40.52	1.04	0.99	1.07
SS1010 - 45 - EC1 - X - 2	42.70	41.60	43.39	40.62	1.03	0.98	1.05
SS1010 - 70 - EC1 - X - 1	38.30	30.89	32.11	40.36	1.24	1.19	0.95
SS1010 - 70 - EC1 - X - 2	37.00	30.91	32.14	40.35	1.20	1.15	0.92
SS1075 - 25 - EC1 - X - 1	26.50	32.32	35.29	26.31	0.82	0.75	1.01
SS1075 - 25 - EC1 - X - 2	26.60	32.32	35.24	26.22	0.82	0.75	1.01
SS1075 - 50 - EC1 - X - 1	22.40	25.23	27.29	26.06	0.89	0.82	0.86
SS1075 - 50 - EC1 - X - 2	23.40	25.19	27.33	26.11	0.93	0.86	0.90
平均值					1.0199	0.9782	1.0502
方差					0.1208	0.1326	0.1437
变异系数					0.0146	0.0176	0.0206

7.3.2　普通卷边槽钢对称轴平面内偏心受压构件的方法有效性验证

1. 荷载偏向卷边侧

采用上述公式对特定文献共计 40 个荷载偏向卷边侧的偏压构件的试验数据进行了计算（见表 7 - 5），其中 P_t 为试验承载力，P_1、P_2、P_3、P_4 分别为未考虑有效形心偏移的直接强度法、考虑有效形心偏移的直接强度法、现行有效宽度法、修订有效宽度法的计算结果。其中部分 P_t/P_3 结果偏大的原因是现行规范对部分加劲板件受压稳定系数 k 取 0.98 计算使结果过于保守。

四种计算方法的试验结果与计算结果比值的平均值分别为 1.140、0.979、1.289、1.169。从平均值的结果可以看出，考虑有效形心偏移的直接强度法比未考虑有效形心偏移的直接强度法更接近于 1.0，因此荷载偏向卷边时，考虑有效形心偏移是有必要的。四者的变异系数分别为 0.142、0.111、0.225、0.189。从变异系数的结果可以看出，直接强度法和修订有效宽度法的计算结果离散性都比现行有效宽度法小。综上可见，现行规范有效宽度法计算结果略显保守，考虑有效形心偏移的直接强度法和修订有效宽度法的计算结果与试验更为接近。

表 7 - 5　　　　　　　　　　荷载偏向卷边侧的偏压构件承载力对比

文献	构件编号	P_t(kN)	P_1(kN)	P_2(kN)	P_3(kN)	P_4(kN)	P_t/P_1	P_t/P_2	P_t/P_3	P_t/P_4
文献［48］	SS89 - 600 - EC1 - Y - 3	31.84	22.31	29.23	19.25	24.89	1.43	1.09	1.65	1.28
	SS89 - 600 - EC1 - Y - 4	32.10	23.87	30.83	20.66	26.53	1.34	1.04	1.55	1.21
	SS89 - 1200 - EC1 - Y - 3	27.38	20.15	25.76	16.72	20.90	1.36	1.06	1.64	1.31
	SS89 - 1200 - EC1 - Y - 4	26.96	20.46	26.07	16.96	21.19	1.32	1.03	1.59	1.27
	SS89 - 1800 - EC1 - Y - 3	19.67	15.45	18.81	11.57	13.70	1.27	1.05	1.70	1.44
	SS89 - 1800 - EC1 - Y - 4	19.49	15.94	19.31	12.00	14.15	1.22	1.01	1.62	1.38
	SS140 - 1200 - EC1 - Y - 3	26.37	20.61	29.33	16.64	20.95	1.28	0.90	1.58	1.26
	SS140 - 1200 - EC1 - Y - 4	25.77	19.95	28.46	16.24	20.43	1.29	0.91	1.59	1.26
	SS140 - 1800 - EC1 - Y - 3	20.08	14.14	18.46	9.85	11.55	1.42	1.09	2.04	1.74
	SS140 - 1800 - EC1 - Y - 4	20.45	14.80	19.28	10.45	12.17	1.38	1.06	1.96	1.68
文献［29］	C14012 - 50 - EC - Y2 - 1	38.97	33.10	46.27	39.97	31.98	1.18	0.84	0.97	1.22
	C14012 - 50 - EC - Y2 - 2	42.11	33.36	46.59	40.68	32.49	1.26	0.90	1.04	1.30
	C14012 - 100 - EC - Y2 - 1	29.27	24.66	31.60	23.04	20.13	1.19	0.93	1.27	1.45
	C14012 - 100 - EC - Y2 - 2	28.58	24.27	31.16	22.62	19.82	1.18	0.92	1.26	1.44
	C14012 - 100 - EC - Y2 - 3	29.23	24.02	30.87	22.33	19.64	1.22	0.95	1.31	1.49
	C14012 - 150 - EC - Y2 - 1	17.50	16.64	19.65	11.85	11.42	1.05	0.89	1.48	1.53
	C14012 - 150 - EC - Y2 - 3	16.87	16.53	19.52	11.79	11.37	1.02	0.86	1.43	1.48
文献［57］	1250A90＋①	200.16	168.90	180.15	185.00	202.80	1.19	1.11	1.08	0.99
	1250A90＋②	197.21	166.04	176.84	184.79	205.81	1.19	1.12	1.07	0.96
	2000A90①	241.08	187.97	206.38	164.98	205.64	1.28	1.17	1.46	1.17
	2000A90②	215.81	180.51	196.54	164.48	215.48	1.20	1.10	1.31	1.00

续表

文献	构件编号	P_t(kN)	P_1(kN)	P_2(kN)	P_3(kN)	P_4(kN)	P_t/P_1	P_t/P_2	P_t/P_3	P_t/P_4
文献 [58]	SLC42×30—500（1）	207.07	182.48	182.48	158.50	181.68	1.13	1.13	1.31	1.14
	SLC56×40—700（1）	184.74	152.21	161.86	195.10	197.97	1.21	1.14	0.95	0.93
	SLC84×60—600（1）	61.28	51.64	58.11	58.29	60.97	1.19	1.05	1.05	1.01
	SLC60×60—550（2）	60.33	64.39	64.39	45.02	59.96	0.94	0.94	1.34	1.01
	SLC60×90—600（1）	63.05	62.41	62.41	48.41	62.31	1.01	1.01	1.30	1.01
	SLC90×30—400（1）	35.77	43.41	54.24	44.40	39.33	0.82	0.66	0.81	0.91
	SLC90×60—500（2）	35.61	38.35	40.79	47.16	38.19	0.93	0.87	0.76	0.93
	SLC90×60—500（3）	53.57	60.99	67.07	50.91	47.12	0.88	0.80	1.05	1.14
	LLC42×30—2100（1）	84.08	75.55	75.55	88.51	93.10	1.11	1.11	0.95	0.90
	LLC70×50—980（1）	50.86	46.69	51.58	51.27	51.41	1.09	0.99	0.99	0.99
	LLC84×60—2520（1）	47.04	43.83	49.59	45.52	46.86	1.07	0.95	1.03	1.00
	LLC90×90—2830（1）	54.59	52.38	59.34	41.05	51.71	1.04	0.92	1.33	1.06
	LLC90×30—1200（1）	37.57	45.11	38.21	37.49	37.49	0.83	0.98	1.00	1.00
	LLC90×90—1500（1）	56.02	52.34	57.19	55.46	59.84	1.07	0.98	1.01	0.94
	LLC90×90—1500（2）	62.88	57.80	63.86	49.56	63.19	1.09	0.98	1.27	1.00
	LLC90×60—1700（1）	52.10	64.71	60.21	43.38	52.78	0.81	0.87	1.20	0.99
	LLC120×60—1400（1）	56.02	61.87	58.53	46.69	51.05	0.91	0.96	1.20	1.10
文献 [43]	BC - 10 - 1	18.10	18.54	22.97	16.16	19.31	0.98	0.79	1.12	0.94
	BC - 10 - 2	21.70	18.54	22.97	16.16	19.31	1.17	0.94	1.34	1.12
	BC - 20 - 1	16.80	14.04	16.28	13.15	15.52	1.20	1.03	1.28	1.08
	BC - 20 - 2	16.20	14.04	16.28	13.15	15.52	1.15	1.00	1.23	1.04
平均值							1.140	0.979	1.289	1.169
方差							0.026	0.012	0.084	0.049
变异系数							0.142	0.111	0.225	0.189

2. 荷载偏向腹板侧

采用上述公式对特定文献共计 48 个荷载偏向腹板侧的偏压构件的试验数据进行了计算（见表 7 - 6），其中部分 P_t/P_3 结果偏大的原因与荷载偏向卷边侧的情况类似。

四种计算方法的试验结果与计算结果比值的平均值分别为 0.8966、1.0034、1.1459、1.0335。从平均值的结果可以看出，考虑有效形心偏移的直接强度法比未考虑有效形心偏移的直接强度法更接近于 1.0，未考虑有效形心偏移的直接强度法计算结果偏不安全，因此荷载偏向腹板时，考虑有效形心偏移更合理。四者的变异系数分别为 0.1264、0.1597、0.1651、0.1308。从变异系数的结果可以看出，考虑有效形心偏移的直接强度法和修订有效宽度法都比现行有效宽度法的计算结果离散性小。

表 7 - 6 　　　　　　　　　　　荷载偏向腹板侧的偏压构件承载力对比

文献	构件编号	P_t(kN)	P_1(kN)	P_2(kN)	P_3(kN)	P_4(kN)	P_t/P_1	P_t/P_2	P_t/P_3	P_t/P_4
文献［48］	SS89 - 600 - EC1 - Y - 1	29.09	25.61	21.59	25.98	26.53	1.14	1.35	1.12	1.10
	SS89 - 600 - EC1 - Y - 2	29.40	25.32	21.30	25.67	26.22	1.16	1.38	1.15	1.12
	SS89 - 1200 - EC1 - Y - 1	22.78	22.37	19.12	21.40	21.89	1.02	1.19	1.06	1.04
	SS89 - 1200 - EC1 - Y - 2	22.78	21.88	18.68	20.94	21.42	1.04	1.22	1.09	1.06
	SS89 - 1800 - EC1 - Y - 1	16.55	16.89	14.85	14.19	14.53	0.98	1.11	1.17	1.14
	SS89 - 1800 - EC1 - Y - 2	16.61	16.78	14.76	14.09	14.43	0.99	1.13	1.18	1.15
	SS140 - 1200 - EC1 - Y - 1	19.20	20.96	16.96	19.95	20.32	0.92	1.13	0.96	0.94
	SS140 - 1200 - EC1 - Y - 2	22.39	23.44	19.13	22.43	22.75	0.96	1.17	1.00	0.98
	SS140 - 1800 - EC1 - Y - 1	15.77	15.72	13.30	12.72	12.99	1.00	1.19	1.24	1.21
	SS140 - 1800 - EC1 - Y - 2	16.06	16.39	13.92	13.29	13.55	0.98	1.15	1.21	1.19
	SS140 - 1800 - EC1 - Y - 5	15.82	17.01	14.47	13.85	14.09	0.93	1.09	1.14	1.12
文献［29］	C7012 - 50 - EC - Y1 - 1	31.51	34.62	31.87	32.01	31.78	0.91	0.99	0.98	0.99
	C7012 - 50 - EC - Y1 - 2	29.56	34.61	31.89	31.96	31.74	0.85	0.93	0.92	0.93
	C7012 - 100 - EC - Y1 - 1	17.13	22.93	21.60	19.45	19.30	0.75	0.79	0.88	0.89
	C7012 - 100 - EC - Y1 - 2	17.21	22.54	21.20	19.08	18.94	0.76	0.81	0.90	0.91
	C7012 - 100 - EC - Y1 - 3	18.15	22.97	21.70	19.56	19.40	0.79	0.84	0.93	0.94
	C7012 - 150 - EC - Y1 - 1	9.97	13.13	12.73	11.03	10.95	0.76	0.78	0.90	0.91
	C7012 - 150 - EC - Y1 - 2	10.11	13.07	12.65	10.94	10.85	0.77	0.80	0.92	0.93
	C14008 - 50 - EC - Y1 - 1	21.93	22.48	17.82	20.80	21.29	0.98	1.23	1.05	1.03
	C14008 - 50 - EC - Y1 - 2	21.90	22.49	17.83	20.81	21.31	0.97	1.23	1.05	1.03
	C14008 - 100 - EC - Y1 - 1	14.45	15.45	13.05	11.24	11.53	0.94	1.11	1.29	1.25
	C14008 - 100 - EC - Y1 - 2	14.26	15.75	13.32	11.49	11.78	0.91	1.07	1.24	1.21
	C14008 - 150 - EC - Y1 - 1	9.36	10.70	9.54	6.65	6.88	0.87	0.98	1.41	1.36
	C14008 - 150 - EC - Y1 - 2	9.00	10.80	9.62	6.70	6.93	0.83	0.94	1.34	1.30
	C14012 - 50 - EC - Y1 - 1	32.65	38.78	32.25	40.08	40.36	0.84	1.01	0.81	0.81
	C14012 - 50 - EC - Y1 - 2	33.10	39.33	32.75	40.65	40.91	0.84	1.01	0.81	0.81
	C14012 - 100 - EC - Y1 - 1	22.25	27.74	24.14	24.61	24.77	0.80	0.92	0.90	0.90
	C14012 - 100 - EC - Y1 - 2	22.06	27.43	23.85	24.30	24.47	0.80	0.93	0.91	0.90
	C14012 - 150 - EC - Y1 - 1	15.71	18.84	17.12	13.54	13.66	0.83	0.92	1.16	1.15
	C14012 - 150 - EC - Y1 - 2	15.76	18.91	17.17	13.29	13.37	0.83	0.92	1.19	1.18
文献［57］	1250A90①	256.91	219.19	207.97	188.09	203.90	1.17	1.24	1.37	1.26
	1250A90 - ①	198.06	180.54	173.83	147.63	200.94	1.10	1.14	1.34	0.99
	1250A90 - ②	202.83	187.80	180.31	155.52	209.56	1.08	1.12	1.30	0.97

文献	构件编号	P_t(kN)	P_1(kN)	P_2(kN)	P_3(kN)	P_4(kN)	P_t/P_1	P_t/P_2	P_t/P_3	P_t/P_4
	SLC70×50 - 500 (1)	59.78	57.36	54.26	45.00	58.44	1.04	1.10	1.33	1.02
	SLC84×60 - 600 (2)	51.94	54.02	50.06	42.47	52.45	0.96	1.04	1.22	0.99
	SLC90×90 - 700 (1)	56.74	59.78	55.65	43.72	67.94	0.95	1.02	1.30	0.84
	SLC60×60 - 550 (1)	47.04	50.99	50.98	38.76	46.81	0.92	0.92	1.21	1.00
	SLC60×90 - 600 (2)	42.63	50.78	48.70	37.62	48.64	0.84	0.88	1.13	0.88
	SLC90×60 - 500 (1)	37.08	38.29	36.51	28.21	31.73	0.97	1.02	1.31	1.17
	SLC120×120 - 650 (1)	74.48	76.14	69.94	46.09	72.16	0.98	1.06	1.62	1.03
文献 [58]	SLC120×120 - 650 (2)	60.11	66.61	61.90	43.22	66.78	0.90	0.97	1.39	0.90
	LLC42×30 - 990 (1)	98.49	141.94	141.94	112.77	99.35	0.69	0.69	0.87	0.99
	LLC42×30 - 990 (2)	188.12	179.51	179.51	148.15	169.62	1.05	1.05	1.27	1.11
	LLC70×50 - 980 (2)	45.08	48.86	46.15	37.79	43.21	0.92	0.98	1.19	1.04
	LLC84×60 - 2520 (2)	37.24	40.76	38.22	30.58	35.31	0.91	0.97	1.22	1.05
	LLC90×90 - 1840 (1)	50.96	56.52	52.18	41.27	59.11	0.90	0.98	1.23	0.86
	LLC90×90 - 2830 (2)	43.12	47.47	44.26	35.49	49.35	0.91	0.97	1.21	0.87
	LLC120×90 - 1500 (1)	72.36	75.35	66.65	47.01	63.28	0.96	1.09	1.54	1.14
平均值							0.926	1.032	1.146	1.034
方差							0.012	0.022	0.036	0.018
变异系数							0.118	0.143	0.165	0.131

由上述表 7-5 与表 7-6 的计算结果发现,个别试验结果与上述所提出的考虑有效形心偏移直接强度法计算值偏差较大,且过于不安全。针对这一现象,选取文献 [58] 中荷载偏向腹板侧的试件 LLC42×30 - 990 (2) 与 LLC42×30 - 990 (1) 和荷载偏向卷边侧的试件 SLC90×30 - 400 (1),采用 ANSYS 有限元软件并参考文献 [57] 的分析方法,对试验进行了数值模拟,具体计算结果见表 7-7。荷载偏向腹板侧的这两个试件除初始偏心距不同以外,试件截面尺寸基本相同,试件 LLC42×30 - 990 (2) 的模拟结果与试验值吻合较好,验证了有限元模拟的准确性。而试件 LLC42×30 - 990 (1) 和 SLC90×30 - 400 (1) 的模拟结果均与考虑有效形心偏移直接强度法计算值吻合较好,通过 ANSYS 模拟值与考虑有效形心偏移直接强度法计算值的对比分析可知,个别试验结果与考虑有效形心偏移直接强度法计算值偏差较大的原因应是试验的偶然误差等影响因素所致。进一步验证了上述所提出的考虑有效形心偏移的直接强度法的有效性。

表 7-7 试验值和模拟值与直接强度法结果对比

荷载作用位置	构件编号	试验值 P_t(kN)	有限元模拟值 P_f(kN)	考虑有效形心偏移直接强度法计算值 P_2(kN)	P_t/P_2	P_f/P_2
偏向腹板侧	LLC42×30 - 990 (2)	188.12	196.95	179.51	1.048	1.097
	LLC42×30 - 990 (1)	98.49	151.28	141.94	0.694	1.066
偏向卷边侧	SLC90×30 - 400 (1)	35.77	56.38	54.24	0.659	1.039

7.3.3 复杂卷边槽钢偏心受压构件的有效性验证

通过式（7-1）计算复杂卷边槽钢试件的有效形心偏移值（e_s），发现与实际偏移量相差较大，式（7-1）并不适用于复杂卷边槽钢的有效形心偏移值计算。因此，需要根据普通卷边槽钢有效形心偏移值（e_s）的计算方法提出复杂卷边槽钢有效形心偏移值的计算公式，具体过程如下：

通过 ANASYS 分析得出试件有效形心偏移值，为避免整体屈曲的影响，分析中采用短柱计算模型，边界条件采用两端固支，加载条件为轴压。当荷载增大到一定值后试件出现局部屈曲，试件截面有效形心与几何形心发生分离，试件端部出现约束反力矩。提取出当试件达到极限状态时所对应的端部约束反力矩，除以该状态下对应的轴向外荷载，所得结果即为这一状态下的有效形心偏移值。以得到的有效形心偏移值为标准，使用 Origin8.0 软件进行拟合，得出复杂卷边槽钢的有效形心偏移值计算公式。

本节共进行了 9 个算例的分析，选取截面形式为 C1B90 系列，通过改变壁厚 t 和屈服强度 f_y 来改变试件的宽厚比 λ_p，壁厚分别取 $t=1$、2、3mm，屈服强度分别取 $f_y=235$MPa，385.5MPa，450MPa。拟合曲线见图 7-7，所得复杂卷边槽钢有效形心偏移值计算公式如下（公式中参数定义与普通卷边槽钢相同）：

$$e_s = \begin{cases} 0 & \lambda_p \leqslant 1.0 \\ \dfrac{21.2(\lambda_p - 1)}{\lambda_p + 1.096} & \lambda_p > 1.0 \end{cases} \tag{7-40}$$

图 7-8 对普通卷边槽钢的有效形心偏移拟合曲线与复杂卷边槽钢的有效形心偏移拟合曲线进行了对比。由图可知：当试件的宽厚比 λ_p 较小时，两种有效形心偏移拟合曲线比较接近；当试件的宽厚比 λ_p 达到 1.7 时，两种有效形心偏移拟合曲线开始产生差距，并随着宽厚比 λ_p 的增大而增大。与普通卷边槽钢偏压构件相比，复杂卷边槽钢偏压构件得到了加强，使得有效形心偏移问题更为突出。

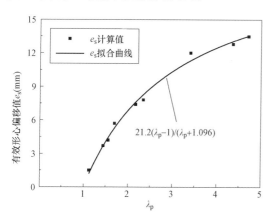

图 7-7 有效形心偏移值拟合曲线

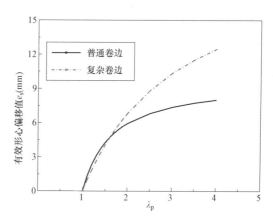

图 7-8 普通卷边与复杂卷边槽钢有效形心偏移值拟合曲线对比

为验证公式是否适用于荷载作用于对称轴平面内的复杂卷边槽钢偏压试件极限承载力计算，采用上述公式对 C1 形试件模拟结果进行了计算，计算采用国内方法，考虑有效形心偏

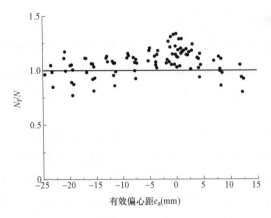

图 7-9   试件 N_f/N 随有效偏心距 e_a 变化

移，计算时卷边长度取长卷边与短卷边之和，计算结果见表 7-8。由结果可知，复杂卷边槽钢极限承载力的模拟值与计算值的比值（N_f/N）最大值为 1.336，最小值为 0.715，平均值为 1.071。每组试件的荷载作用位置越接近有效形心处，N_f/N 的值越大。随着有效偏心距的增大，N_f/N 的值逐渐减小。试件 N_f/N 随有效偏心距 e_a 变化见图 7-9。由图 7-9 可知，复杂卷边槽钢极限承载力的模拟值与计算值的比值基本接近于 1，公式可以进行复杂卷边槽钢极限承载力的计算。

表 7-8   文献 [25] C1 形截面试件模拟与计算结果对比

B90系列编号	e_a (mm)	N_f (kN)	N (kN)	N_f/N	B120系列编号	e_a (mm)	N_f (kN)	N (kN)	N_f/N	B150系列编号	e_a (mm)	N_f (kN)	N (kN)	N_f/N
T1-16	−29.07	39.48	42.26	0.934	T1-16	−29.21	49.33	46.66	1.057	T1-16	−29.37	54.79	49.49	1.107
T1-12	−25.07	41.88	43.51	0.963	T1-12	−25.21	56.24	48.32	1.164	T1-12	−25.37	57.12	51.5	1.109
T1-8	−21.07	44.6	44.82	0.995	T1-8	−21.21	58.65	50.09	1.171	T1-8	−21.37	59.64	53.69	1.111
T1-4	−17.07	45.38	46.22	0.982	T1-4	−17.21	57.73	52	1.11	T1-4	−17.37	62.34	56.07	1.112
T1+0	−13.07	51.48	47.71	1.079	T1+0	−13.21	61.06	54.07	1.129	T1+0	−13.37	65.29	58.67	1.113
T1+4	−9.07	55.97	49.3	1.135	T1+4	−9.21	65.03	56.3	1.155	T1+4	−9.37	68.53	61.52	1.114
T1+8	−5.07	61.41	51	1.204	T1+8	−5.21	69.39	58.73	1.181	T1+8	−5.37	70.21	64.67	1.086
T1+12	−1.07	69.02	52.82	1.307	T1+12	−1.21	74.42	61.38	1.212	T1+12	−1.37	73.46	68.17	1.078
T1+13	−0.07	71.19	53.3	1.336	T1+13	−0.21	75.79	62.08	1.221	T1+13	−0.37	72.81	69.1	1.054
T1+14	0.93	68.13	52.89	1.288	T1+14	0.79	74.09	61.67	1.201	T1+14	0.63	71.6	68.86	1.04
T1+16	2.93	64.36	51.96	1.239	T1+15	1.79	72.89	60.98	1.195	T1+16	2.63	67.84	67.03	1.012
T1+20	6.93	54.68	50.2	1.089	T1+16	2.79	71.28	60.3	1.182	—	—	—	—	—
T2-16	−23.53	121.14	142.93	0.848	T2-16	−23.71	158.78	161.27	0.985	T2-16	−23.93	178.35	170.44	1.046
T2-12	−19.53	128.25	146.88	0.873	T2-12	−19.71	167.39	166.58	1.005	T2-12	−19.93	185.86	176.74	1.052
T2-8	−15.53	140.6	151.05	0.931	T2-8	−15.71	177.9	172.25	1.033	T2-8	−15.93	194.26	183.52	1.059
T2-4	−11.53	153.75	155.47	0.989	T2-4	−11.71	190.33	178.34	1.067	T2-4	−11.93	203.49	190.85	1.066
T2+0	−7.53	170.74	160.16	1.066	T2+0	−7.71	203.43	184.87	1.1	T2+0	−7.93	213.03	198.79	1.072
T2+4	−3.53	194.82	165.14	1.18	T2+4	−3.71	219.73	191.9	1.145	T2+4	−3.93	223.19	207.43	1.076
T2+6	−1.53	212.17	167.76	1.265	T2+8	0.29	235.51	198.28	1.188	T2+6	−1.93	226.12	212.04	1.066
T2+7	−0.53	224.5	169.09	1.328	T2+9	1.29	231.83	196.35	1.181	T2+7	−0.93	225.78	214.42	1.053
T2+8	0.47	217.61	169.13	1.287	T2+10	2.29	227.15	194.45	1.168	T2+8	0.07	222.75	216.43	1.029
T2+12	4.47	172.22	163.91	1.051	T2+12	4.29	219.9	190.77	1.153	T2+12	4.07	211.79	207.04	1.023

续表

B90 系列编号	e_a (mm)	N_f (kN)	N (kN)	N_f/N	B120 系列编号	e_a (mm)	N_f (kN)	N (kN)	N_f/N	B150 系列编号	e_a (mm)	N_f (kN)	N (kN)	N_f/N
T2+16	8.47	155.63	159	0.979	T2+16	8.29	203.36	183.83	1.106	T2+16	8.07	201.41	198.43	1.015
T2+20	12.47	142.41	154.38	0.922	—	—	—	—	—	—	—	—	—	—
T3-16	−19.75	218.45	283.54	0.77	T3-16	−19.94	291.27	326.96	0.891	T3-16	−20.17	348.77	333.5	1.046
T3-12	−15.75	236.68	291.89	0.811	T3-12	−15.94	310.43	337.7	0.919	T3-12	−16.17	366.45	345.04	1.062
T3-8	−11.75	258.31	300.75	0.859	T3-8	−11.94	333.09	349.17	0.954	T3-8	−12.17	387.21	357.41	1.083
T3-4	−7.75	286.92	310.17	0.925	T3-4	−7.94	360.2	361.47	0.996	T3-4	−8.17	414.42	370.72	1.118
T3+0	−3.75	327.58	320.21	1.023	T3+0	−3.94	393.13	374.67	1.049	T3+0	−4.17	434.73	385.06	1.129
T3+2	−1.75	357.41	325.48	1.098	T3+4	0.06	436.61	388.21	1.125	T3+4	−0.17	459	400.58	1.146
T3+3	−0.75	376.94	328.18	1.149	T3+5	1.06	449.75	384.57	1.169	T3+5	0.83	459.13	397.74	1.154
T3+4	0.25	369.06	329.39	1.12	T3+6	2.00	434.31	380.99	1.14	T3+6	1.83	450.81	393.8	1.143
T3+8	4.25	298.7	318.77	0.937	T3+8	4.06	413.88	374.67	1.106	T3+8	3.83	431.36	386.15	1.117
T3+12	8.25	265.49	308.82	0.86	T3+12	8.06	359.9	360.89	0.996	T3+12	7.83	418.75	371.73	1.127
T3+16	12.25	240.03	299.48	0.801	T3+16	12.06	326.94	348.63	0.938	T3+16	11.83	377.08	358.35	1.052
T3+20	16.25	207.79	290.7	0.715	—	—	—	—	—					

图 7-10 绘制了部分试件承载力与有效偏心距之间的关系曲线。对比各组试件计算结果可知，在屈服强度一定的情况下，试件翼缘越宽，计算结果越好。

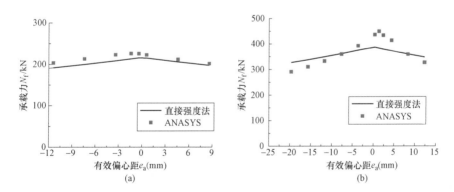

图 7-10　部分试件承载力随有效偏心距 e_a 变化曲线
(a) C1B150T2 系列试件；(b) C1B120T3 系列试件

计算普通卷边槽钢时，考虑有效形心偏移所得计算结果与不考虑有效形心偏移所得计算结果相比提高并不明显。这是因为所采用的试验数据中试件截面尺寸有很多种，每种截面尺寸试件一般都只选取了一种或两种偏心距，每种截面尺寸的偏心距选取过少，所以得到的结果并不明显。因此，在此以复杂卷边槽钢 C1B150T2 系列试件为例进行进一步分析。不考虑有效形心偏移时，C1B150T2 系列试件极限承载力的模拟值与计算值的比值（N_f/N）最大值为 1.125，最小值为 0.973，平均值为 1.049，方差为 0.004326。其中正偏心试件平均值为 1.108，负偏心试件平均值为 0.978。考虑有效形心偏移时，C1B150T2 系列试件极限承载力的模拟值与计算值的比值（N_f/N）最大值为 1.076，最小值为 1.015，平均值为 1.051，方差为 0.000378。其中正偏心试件平均值为 1.044，负偏心试件平均值为 1.059。由结果可知，考虑有效形心偏移所得计算结果更为精确。因此，计算荷载作用在对称轴平面内的冷弯薄壁型钢偏心受压简支构件的承载力时应该考虑有效形心偏移的影响。

◇7.4 普通卷边槽钢非对称轴平面内偏压构件承载力直接强度法算例

本算例取自文献 [49]，构件编号：SS7510 - 60 - EC1 - X - 3。

计算简图如图 7 - 11、图 7 - 12 所示。各截面参数按轴线尺寸数据如下：

腹板高度 $h=73.795$mm

翼缘宽度 $b=37.625$mm

卷边长度 $a=9.43$mm

长度 $l=1797.5$mm

厚度 $t=1.00$mm

弹性模量 $E=2.05\times10^5\text{N/mm}^2$

泊松比 $\nu=0.3$

屈服强度 $f_y=615\text{N/mm}^2$

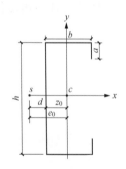

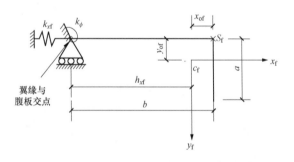

图 7 - 11　普通卷边槽钢全截面计算简图　　图 7 - 12　卷边与翼缘组合截面计算简图

从受力角度，偏心受压构件可以分解为轴心受压构件和纯弯构件。通过单独计算相应的轴心受压构件的承载力和纯弯构件的承载力，再通过轴力和弯矩相关方程，即可求出偏心受压构件的承载力。

1. 轴心受压构件承载力计算

（1）卷边与翼缘组合截面几何特性的计算。

$$x_{of} = b^2/[2(b+a)] = 15.042\text{mm}$$

$$y_{of} = -a^2/[2(b+a)] = -0.945\text{mm}$$

$$h_{xf} = -(b-x_{of}) = -22.583\text{mm}$$

$$I_{xf} = t[(b+a)bt^2 + (4b+a)a^3]/[12(b+a)] = 240.643\text{mm}^4$$

$$I_{yf} = t(b^4 + 4b^3a)/[12(b+a)] = 7107.174\text{mm}^4$$

$$I_{xyf} = tb^2 a^2 / [4(b+a)] = 668.822 \text{mm}^4$$

$$I_{tf} = t^3(b+a)/3 = 15.685 \text{mm}^4$$

$$I_{\omega f} = 0$$

$$A_f = (b+a)t = 47.055 \text{mm}^2$$

（2）全截面几何特性的计算。

$$A = (h + 2b + 2a)t = 167.905 \text{mm}^2$$

$$z_0 = \frac{b(b+2a)}{h+2b+2a} = 12.657 \text{mm}$$

$$I_x = \frac{1}{12}h^3 t + \frac{1}{2}bh^2 t + \frac{1}{6}a^3 t + \frac{1}{2}a(h-a)^2 t = 155\ 609.381 \text{mm}^4$$

$$I_y = hz_0^2 t + \frac{1}{6}b^3 t + 2b\left(\frac{b}{2} - z_0\right)^2 t + 2a(b-z_0)^2 t = 35\ 307.759 \text{mm}^4$$

$$I_t = \frac{1}{3}(h + 2b + 2a)t^3 = 55.968 \text{mm}^4$$

$$d = \frac{b}{I_x}\left(\frac{1}{4}bh^2 + \frac{1}{2}ah^2 - \frac{2}{3}a^3\right)t = 18.459 \text{mm}$$

$$I_\omega = \frac{d^2 h^3 t}{12} + \frac{h^2}{6}[d^3 + (b-d)^3]t + \frac{a}{6}[3h^2(d-b)^2 - 6ha(d^2 - b^2) + 4a^2(d+b)^2]t$$

$$= 41\ 753\ 371.07 \text{mm}^6$$

（3）板件的弹性局部屈曲应力的计算。

板件的弹性局部相关屈曲应力，可以通过下式得到：

$$\sigma_{crL} = \frac{k_w \pi^2 E}{12(1-\nu^2)}\left(\frac{t}{h}\right)^2 = 184.220 \text{N/mm}^2$$

$$k_w = 7 - \frac{1.8\dfrac{b}{h}}{0.15 + \dfrac{b}{h}} - 1.43\left(\frac{b}{h}\right)^3 = 5.420$$

式中　k_w——腹板的局部相关屈曲系数；

　b、h ——分别为翼缘和腹板的宽度；

　　t——板件厚度，计算时取板件中心线之间的距离，忽略弯角部分的影响。

（4）截面畸变的弹性屈曲应力的计算。

畸变屈曲应力按文献 [56] 中附录 C.1.2 条的规定计算如下：

$$\sigma_{crd} = \frac{E}{2A_f}[\alpha_1 + \alpha_2 - \sqrt{(\alpha_1 + \alpha_2)^2 - 4\alpha_3}] = 285.08 \text{N/mm}^2$$

$$\alpha_1 = \frac{\eta}{\beta_1}(I_{xf}b^2 + 0.039I_{tf}\lambda^2) + \frac{k_\phi}{\beta_1 \eta E} = 0.079$$

$$\alpha_2 = \eta\left(I_{yf} - \frac{2}{\beta_1}y_{of}bI_{xyf}\right) = 0.613$$

$$\alpha_3 = \eta\left(\alpha_1 I_{yf} - \frac{\eta}{\beta_1}I_{xyf}^2 b^2\right) = 0.041$$

$$\beta_1 = h_{xf}^2 + (I_{xf} + I_{yf})/A_f = 666.146$$

$$\lambda = 4.80\left(\frac{I_{xf}b^2h}{t^3}\right)^{0.25} = 339.883$$

$$\eta = (\pi/\lambda)^2 = 8.535 \times 10^{-5}$$

$$k_\phi = \frac{Et^3}{5.46(h+0.06\lambda)}\left[1 - \frac{1.11\sigma'}{Et^2}\left(\frac{h^2\lambda}{h^2+\lambda^2}\right)^2\right] = 310.671$$

式中，σ' 为 $k_\phi = 0$ 时由式（2-39a）求得的 σ_{crd} 值；$\dfrac{Et^3}{5.46(h+0.06\lambda)}$ 为不受力的腹板所提供的约束刚度；$1 - \dfrac{1.11\sigma'}{Et^2}\left(\dfrac{h^2\lambda}{h^2+\lambda^2}\right)^2$ 为压应力使腹板刚度减小的折减系数。

（5）构件整体稳定系数的计算。

由于构件两端采用的是单刀口支座，并且对于绕强轴失稳的构件设置平面外支撑，故该普通卷边槽钢偏压构件绕 x 轴、y 轴的计算长度均取两支撑之间的距离，端部截面翘曲并未受到约束。

$$i_x = \sqrt{\frac{I_x}{A}} = 30.44 \text{mm}$$

绕 x 轴的计算长度
$$l_{ox} = \frac{l+90\text{mm}}{5} = 377.5\text{mm}$$

$$\lambda_x = \frac{l_{ox}}{i_x} = 12.40$$

$$i_y = \sqrt{\frac{I_y}{A}} = 14.50 \text{mm}$$

绕 y 轴的计算长度
$$l_{oy} = \frac{l+90\text{mm}}{5} = 377.5\text{mm}$$

$$\lambda_y = \frac{l_{oy}}{i_y} = 26.03$$

截面剪心与形心之间的距离
$$e_0 = d + z_0 = 31.12\text{mm}$$

$$i_0^2 = e_0^2 + i_x^2 + i_y^2 = 2105.30\text{mm}^2$$

开口截面轴心受压构件的约束系数，$\alpha = 1.0$，$\beta = 1.0$。

扭转屈曲的计算长度
$$l_\omega = \beta l_{ox} = 377.5\text{mm}$$

$$s^2 = \frac{\lambda_x^2}{A}\left(\frac{I_\omega}{l_\omega^2} + 0.039I_t\right) = 270.31\text{mm}^2$$

$$\lambda_\omega = \lambda_x \sqrt{\frac{s^2+i_0^2}{2s^2} + \sqrt{\left(\frac{s^2+i_0^2}{2s^2}\right)^2 - \frac{i_0^2-\alpha e_0^2}{s^2}}} = 35.68$$

$$\lambda_\omega = 35.68 > \lambda_y = 26.03 > \lambda_x$$

λ_x、λ_y 采用本书 2.2.3 中公式计算。

$$\lambda_{cy} = \lambda_\omega \sqrt{f_y/235} = 57.72$$

按照文献 [56] 中附表 B.1 查得 $\varphi = 0.826$。

（6）局部与整体相关屈曲极限承载力 N_{nL} 按下式计算：

$$N_{nL} = \begin{cases} N_{ne} & \lambda_L \leqslant 0.847 \\ \left[1 - 0.10\left(\dfrac{N_{crL}}{N_{ne}}\right)^{0.36}\right]\left(\dfrac{N_{crL}}{N_{ne}}\right)^{0.36}N_{ne} & \lambda_L > 0.847 \end{cases}$$

$$N_{crL} = A\sigma_{crL} = 30.93\text{kN}$$

$$N_{ne} = A\varphi f_y = 85.29\text{kN}$$

$$\lambda_L = \sqrt{N_{ne}/N_{crL}} = 1.661$$

$$N_{nL} = 55.09\text{kN}$$

（7）畸变与整体相关屈曲极限承载力 N_{nd} 按下式计算：

$$N_{nd} = \begin{cases} N_{ne} & \lambda_d \leqslant 0.561 \\ \left[1 - 0.25\left(\dfrac{N_{crd}}{N_{ne}}\right)^{0.6}\right]\left(\dfrac{N_{crd}}{N_{ne}}\right)^{0.6}N_{ne} & \lambda_d > 0.561 \end{cases}$$

$$N_{crd} = A\sigma_{crd} = 47.87\text{kN}$$

$$\lambda_d = \sqrt{N_{ne}/N_{crd}} = 1.335$$

$$N_{nd} = 49.65\text{kN}$$

式中　N_{crd}——构件的畸变稳定承载力；

　　　σ_{crd}——板件的弹性畸变屈曲临界应力。

综上所述：$N = \min(N_{nL}, N_{nd}) = 49.65\text{kN}$。

2. 纯弯构件承载力计算

（1）卷边与翼缘组合截面几何特性的计算。

同上述轴心受压构件计算。

（2）全截面几何特性的计算。

同上述轴心受压构件计算。

（3）板件的弹性局部屈曲应力的计算。

板件的弹性局部相关屈曲应力，可以通过下式得到：

$$\sigma_{crL} = \frac{k_f \pi^2 E}{12(1-\upsilon^2)(b/t)^2} = 546.137\text{N/mm}^2$$

$$k_f = 5.4 - \frac{1.4\dfrac{h}{b}}{0.6 + \dfrac{h}{b}} - 0.02\left(\frac{h}{b}\right)^3 = 4.177$$

式中　k_f——翼缘的局部相关屈曲系数；

　　b、h——分别为翼缘和腹板的宽度；

　　　t——板件厚度，计算时取板件中心线之间的距离，忽略弯角部分的影响。

（4）截面畸变的弹性屈曲应力的计算。

畸变屈曲应力的具体计算方法如下：

$$\sigma_{crd} = \frac{E}{2A_f}\left[\alpha_1 + \alpha_2 - \sqrt{(\alpha_1 + \alpha_2)^2 - 4\alpha_3}\right] = 432.888\text{N/mm}^2$$

$$\alpha_1 = \frac{\eta}{\beta_1}(I_{xf}b^2 + 0.039I_{tf}\lambda^2) + \frac{k_\phi}{\beta_1 \eta E} = 0.119$$

$$\alpha_2 = \eta\left(I_{yf} - \frac{2}{\beta_1}y_{of}bI_{xyf}\right) = 0.866$$

$$\alpha_3 = \eta\left(\alpha_1 I_{yf} - \frac{\eta}{\beta_1}I_{xyf}^2 b^2\right) = 0.088$$

$$\beta_1 = h_{xf}^2 + (I_{xf} + I_{yf})/A_f = 666.146$$

$$\lambda = 4.80 \left(\frac{I_{xf} b^2 h}{2t^3}\right)^{0.25} = 285.806$$

$$\eta = (\pi/\lambda)^2 = 1.207 \times 10^{-4}$$

$$k_\phi = \frac{2Et^3}{5.46(h+0.06\lambda)} \left[1 - \frac{1.11\sigma'}{Et^2} \left(\frac{h^4\lambda^2}{2.192h^4 + 13.39h^2\lambda^2 + 12.56\lambda^4}\right)\right]$$

$$= 797.763$$

式中，如果 k_ϕ 为负值时，则应该用 $\sigma' = 0$，重新计算 k_ϕ。如果计算所得到的半波长度 λ 大于侧向约束长度 l_y，应该用侧向约束长度 l_y 代替半波长度 λ。

（5）构件整体受弯承载力的计算。

由文献［59］中附录 B.2 公式计算：

$$\varphi_{bx} = \frac{4320Ah}{\lambda_y^2 W_x} \xi_1 (\sqrt{\eta^2 + \zeta} + \eta) \cdot \left(\frac{235}{f_y}\right) = 6.696$$

其中，因为该构件两端等效作用相同的弯矩，且绕强轴失稳时，平面外设置多道支撑，故构件的侧向计算长度取两支撑之间的距离。查表得 $\mu_b = 1.0$，$\xi_1 = 1.0$，$\xi_2 = 0$。

所以
$$\eta = 2\xi_2 e_a/h = 0$$

$$\zeta = \frac{4I_\omega}{h^2 I_y} + \frac{0.156I_t}{I_y}\left(\frac{l_0}{h}\right)^2 = 0.875$$

对 x 轴的截面模量　　　$W_x = 2I_x/h = 4217.342 \text{mm}^3$

构件的侧向计算长度　　　$l_0 = \mu_b l_{oy} = 377.5 \text{mm}$

当 $\varphi_{bx} > 0.7$ 时：

$$\varphi'_{bx} = 1.091 - \frac{0.274}{\varphi_{bx}} = 1.050 > 1.0$$

故 φ'_{bx} 取 1.0。

所以构件整体受弯承载力　　　$M_{ne} = \varphi'_{bx} f_y W_x = 2.594 \text{kN} \cdot \text{m}$

（6）局部与整体相关屈曲极限承载力 M_{nL} 按如下公式计算：

$$M_{nL} = \begin{cases} M_{ne} & \lambda_L \leqslant 0.683 \\ \left[1 - 0.22\left(\frac{M_{crl}}{M_{ne}}\right)^{0.52}\right]\left(\frac{M_{crL}}{M_{ne}}\right)^{0.52} M_{ne} & \lambda_L > 0.683 \end{cases}$$

$$M_{crL} = W_x \sigma_{crL} = 2.303 \text{kN} \cdot \text{m}$$

$$\lambda_L = \sqrt{M_{ne}/M_{crL}} = 1.061$$

$$M_{nL} = 1.934 \text{kN} \cdot \text{m}$$

式中　M_{crL}——弹性局部屈曲临界弯矩；

　　　M_{ne}——不考虑局部屈曲影响的受弯构件的整体屈曲弯矩；

　　　W_x——x 轴的截面模量。

（7）畸变屈曲极限承载力 M_{nd} 按如下公式计算：

$$M_{nd} = \begin{cases} M_y & \lambda_d \leqslant 0.702 \\ \left[1 - 0.18\left(\frac{M_{crd}}{M_y}\right)^{0.38}\right]\left(\frac{M_{crd}}{M_y}\right)^{0.38} M_y & \lambda_d > 0.702 \end{cases}$$

$$M_{crd} = W_x \sigma_{crd} = 1.826 \text{kN} \cdot \text{m}$$

$$M_y = W_x f_y = 2.594 \text{kN} \cdot \text{m}$$

$$\lambda_d = \sqrt{M_y / M_{crd}} = 1.192$$

$$M_{nd} = 1.912 \text{kN} \cdot \text{m}$$

式中　M_{crd}——弹性畸变屈曲临界弯矩；

　　　M_y——截面边缘纤维屈服弯矩；

　　　W_x——x 轴的截面模量。

综上所述：$M = \min(M_{nL}, M_{nd}) = M_{nd} = 1.912 \text{kN} \cdot \text{m}$。

3. 偏心受压构件承载力计算

当弯矩作用在非对称平面内时，压弯构件承载力按下列公式计算：

$$\frac{N}{N_R} + \frac{\beta_m M}{M_R} \leqslant 1.0$$

$$N_R = \min(N_{nL}, N_{nd}) = 49.65 \text{kN}$$

$$M_R = \left(1 - \frac{N}{N_E} \varphi\right) M_{DSM}$$

$$N_E = \frac{\pi^2 EA}{\lambda^2} = 2\,207\,157.962$$

$$M_{DSM} = \min(M_{nL}, M_{nd}) = 1.912 \text{kN} \cdot \text{m}$$

$$M = N \cdot e$$

式中　β_m——等效弯矩系数，对于本构件两端作用等效弯矩时，$\beta_m = 1.0$；

　　　N_E——系数；

　　　λ——构件在弯矩作用平面内的长细比，对于本构件为 $\lambda_x = 12.40$；

　　　e——偏心距，对于本构件 $e = 15.15 \text{mm}$。

求解关于 N 的一元二次方程并取解的最小值得本算例 $N_u = 35.50 \text{kN}$

4. 与试验结果的对比

本算例试验值为 $N_u = 36.10 \text{kN}$。

试验值/直接强度法计算值 $= 36.10 / 35.50 = 1.017$。

◇7.5　普通卷边槽钢对称轴平面内偏压构件承载力直接强度法算例

7.5.1　偏向腹板侧

本算例取自文献 [60]，构件编号：LLC120×90 - 1500（1）。

计算简图如图 7 - 13 和图 7 - 14 所示，各截面参数按轴线尺寸数据如下：

腹板高度 $h = 190.1 \text{mm}$

翼缘宽度 $b = 133.6 \text{mm}$

卷边长度 $a = 22.85 \text{mm}$

长度 $l = 1500 \text{mm}$

厚度 $t=1.5\text{mm}$

弹性模量 $E=2.06\times10^5\text{N/mm}^2$

泊松比 $\nu=0.3$

屈服强度 $f_y=200\text{N/mm}^2$

初始偏心距 $e=-1.87\text{mm}$

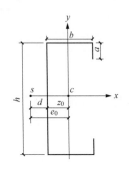　　　　　　　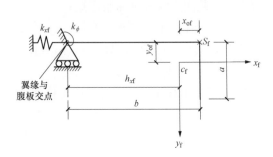

图 7-13　普通卷边槽钢全截面计算简图　　　图 7-14　卷边与翼缘组合截面计算简图

从受力角度，偏心受压构件可以分解为轴心受压构件和纯弯构件。通过单独计算相应的轴心受压构件的承载力和纯弯构件的承载力，再通过轴力和弯矩相关方程，即可求出偏心受压构件的承载力。

1. 轴心受压构件承载力计算

（1）卷边与翼缘组合截面几何特性的计算。

$$x_{of}=b^2/[2(b+a)]=57.044\text{mm}$$

$$y_{of}=-a^2/[2(b+a)]=-1.669\text{mm}$$

$$h_{xf}=-(b-x_{of})=-76.556\text{mm}$$

$$I_{xf}=t[(b+a)bt^2+(4b+a)a^3]/[12(b+a)]=5349.392\text{mm}^4$$

$$I_{yf}=t(b^4+4b^3a)/[12(b+a)]=428\,683.076\text{mm}^4$$

$$I_{xyf}=tb^2a^2/[4(b+a)]=22\,337.832\text{mm}^4$$

$$I_{tf}=t^3(b+a)/3=176.006\text{mm}^4$$

$$I_{\omega f}=0$$

$$A_f=(b+a)t=234.675\text{mm}^2$$

（2）全截面几何特性的计算。

$$A=(h+2b+2a)t=754.5\text{mm}^2$$

$$z_0=\frac{b(b+2a)}{h+2b+2a}=47.623\text{mm}$$

$$I_x=\frac{1}{12}h^3t+\frac{1}{2}bh^2t+\frac{1}{6}a^3t+\frac{1}{2}a(h-a)^2t=4\,962\,120.479\text{mm}^4$$

$$I_y=hz_0^2t+\frac{1}{6}b^3t+2b\left(\frac{b}{2}-z_0\right)^2t+2a(b-z_0)^2t=1\,896\,983.033\text{mm}^4$$

$$I_t=\frac{1}{3}(h+2b+2a)t^3=565.875\text{mm}^4$$

$$d = \frac{b}{I_x}\left(\frac{1}{4}bh^2 + \frac{1}{2}ah^2 - \frac{2}{3}a^3\right)t = 65.099\text{mm}$$

$$I_\omega = \frac{d^2h^3t}{12} + \frac{h^2}{6}\left[d^3 + (b-d)^3\right]t + \frac{a}{6}\left[3h^2(d-b)^2 - 6ha(d^2-b^2) + 4a^2(d+b)^2\right]t$$

$$= 14\ 439\ 195\ 020\text{mm}^6$$

$$U_y = t\left[\frac{(b-z_0)^4}{2} - \frac{z_0^4}{2} - z_0^3h + \frac{(b-z_0)^2h^2}{4} - \frac{z_0^2h^2}{4} - \frac{z_0h^3}{12} + 2a(b-z_0)^3\right.$$

$$\left. + 2(b-z_0)\left(\frac{a^3}{3} - \frac{a^2h}{2} + \frac{ah^2}{4}\right)\right]$$

$$= 119\ 909\ 895.6\text{mm}^5$$

（3）板件的弹性局部屈曲应力的计算。

腹板的弹性局部相关屈曲应力，可以通过下式得到：

$$\sigma_{\text{crL}} = \frac{k_{\text{cw}}\pi^2E}{12(1-\nu^2)}\left(\frac{t}{h}\right)^2 = 51.370\text{N/mm}^2$$

$$k_{\text{cw}} = k_{\text{csw}} \cdot k_{\text{cfw}} = 4 \times 1.109 = 4.436$$

式中　k_{cw}——轴压状态下腹板的局部相关屈曲系数；

　　　k_{csw}——轴压状态下腹板的稳定系数，计算方法参见文献［56］中 5.6.3 条第 1 款的规定；

　　　k_{cfw}——轴压状态下翼缘对腹板的约束系数，计算方法参见文献［56］中 5.6.4 条的规定；

　　b、h——分别为翼缘和腹板的宽度；

　　　t——板件厚度，计算时取板件中心线之间的距离，忽略弯角部分的影响。

（4）截面畸变的弹性屈曲应力的计算。

畸变屈曲应力按文献［56］中附录 C.1.2 的规定计算如下：

$$\sigma_{\text{crd}} = \frac{E}{2A_f}\left[\alpha_1 + \alpha_2 - \sqrt{(\alpha_1+\alpha_2)^2 - 4\alpha_3}\right] = 96.610\text{N/mm}^2$$

$$\alpha_1 = \frac{\eta}{\beta_1}(I_{xf}b^2 + 0.039I_{tf}\lambda^2) + \frac{k_\phi}{\beta_1\eta E} = 0.127$$

$$\alpha_2 = \eta\left(I_{yf} - \frac{2}{\beta_1}y_{of}bI_{xyf}\right) = 2.509$$

$$\alpha_3 = \eta\left(\alpha_1 I_{yf} - \frac{\eta}{\beta_1}I_{xyf}^2b^2\right) = 0.278$$

$$\beta_1 = h_{xf}^2 + (I_{xf} + I_{yf})/A_f = 7710.326$$

$$\lambda = 4.80\left(\frac{I_{xf}b^2h}{t^3}\right)^{0.25} = 1299.863$$

$$\eta = (\pi/\lambda)^2 = 5.835 \times 10^{-6}$$

$$k_\phi = \frac{Et^3}{5.46(h+0.06\lambda)}\left[1 - \frac{1.11\sigma'}{Et^2}\left(\frac{h^2\lambda}{h^2+\lambda^2}\right)^2\right] = 427.223$$

式中，σ' 为 $k_\phi = 0$ 时由式（2-39a）求得的 σ_{crd} 值；$\dfrac{Et^3}{5.46(h+0.06\lambda)}$ 为不受力的腹板所提供的约束刚度；$1 - \dfrac{1.11\sigma'}{Et^2}\left(\dfrac{h^2\lambda}{h^2+\lambda^2}\right)^2$ 为压应力使腹板刚度减小的折减系数。

（5）构件整体稳定系数的计算。

由于构件两端采用的是单刀口支座，故该普通卷边槽钢轴压构件边界条件为绕 x 轴嵌固、y 轴简支，端部截面翘曲受到约束。

$$i_x = \sqrt{\frac{I_x}{A}} = 81.097\text{mm}$$

绕 x 轴的计算长度
$$l_{ox} = l/2 = 750\text{mm}$$

$$\lambda_x = \frac{l_{ox}}{i_x} = 9.248$$

$$i_y = \sqrt{\frac{I_y}{A}} = 50.142\text{mm}$$

绕 y 轴的计算长度
$$l_{oy} = l = 1500\text{mm}$$

$$\lambda_y = \frac{l_{oy}}{i_y} = 29.915$$

截面剪心与形心之间的距离
$$e_0 = d + z_0 = 112.722\text{mm}$$

$$i_0^2 = e_0^2 + i_x^2 + i_y^2 = 21797.193\text{mm}^2$$

开口截面轴心受压构件的约束系数 $\alpha = 0.72$，$\beta = 0.5$。

扭转屈曲的计算长度
$$l_\omega = \beta l_{oy} = 750\text{mm}$$

$$s^2 = \frac{\lambda_x^2}{A}\left(\frac{I_\omega}{l_\omega^2} + 0.039 I_t\right) = 2912.260\text{mm}^2$$

$$\lambda_\omega = \lambda_x \sqrt{\frac{s^2 + i_0^2}{2s^2} + \sqrt{\left(\frac{s^2 + i_0^2}{2s^2}\right)^2 - \frac{i_0^2 - \alpha e_0^2}{s^2}}} = 26.055$$

$$\lambda_y = 29.915 > \lambda_\omega = 26.055 > \lambda_x$$

$$\lambda_{cy} = \lambda_y \sqrt{f_y/235} = 27.598$$

λ_x、λ_y 采用本书 2.2.3 中公式计算。

按照文献 [59] 中附表 B.1 查得 $\varphi = 0.925$。

（6）局部与整体相关屈曲极限承载力 N_{nL} 按下式计算：

$$N_{nL} = \begin{cases} N_{ne} & \lambda_L \leq 0.847 \\ \left[1 - 0.10\left(\frac{N_{crL}}{N_{ne}}\right)^{0.36}\right]\left(\frac{N_{crL}}{N_{ne}}\right)^{0.36} N_{ne} & \lambda_L > 0.847 \end{cases}$$

$$N_{crL} = A\sigma_{crL} = 38.76\text{kN}$$

$$N_{ne} = A\varphi f_y = 139.58\text{kN}$$

$$\lambda_L = \sqrt{N_{ne}/N_{crL}} = 1.898$$

$$N_{nL} = 82.46\text{kN}$$

（7）畸变与整体相关屈曲极限承载力 N_{nd} 按下式计算：

$$N_{nd} = \begin{cases} N_{ne} & \lambda_d \leq 0.561 \\ \left[1 - 0.25\left(\frac{N_{crd}}{N_{ne}}\right)^{0.6}\right]\left(\frac{N_{crd}}{N_{ne}}\right)^{0.6} N_{ne} & \lambda_d > 0.561 \end{cases}$$

$$N_{crd} = A\sigma_{crd} = 72.89\text{kN}$$

$$\lambda_d = \sqrt{N_{ne}/N_{crd}} = 1.384$$

$$N_{nd} = 78.52 \text{kN}$$

式中　N_{crd}——构件的畸变稳定承载力；

　　　σ_{crd}——板件的弹性畸变屈曲临界应力。

综上所述：$N = \min(N_{nL}, N_{nd}) = 78.52 \text{kN}$

2. 纯弯构件承载力计算

（1）卷边与翼缘组合截面几何特性的计算。

同上述轴心受压构件计算。

（2）全截面几何特性的计算。

同上述轴心受压构件计算。

（3）板件的弹性局部屈曲应力的计算。

腹板的弹性局部相关屈曲应力，可以通过下式得到：

$$\sigma_{crL} = \frac{k_{bw}\pi^2 E}{12(1-\nu^2)}\left(\frac{t}{h}\right)^2 = 52.760 \text{N/mm}^2$$

$$k_{bw} = k_{bsw} \cdot k_{bfw} = 4 \times 1.139 = 4.556$$

式中　k_{bw}——纯弯状态下腹板的局部相关屈曲系数；

　　　k_{bsw}——纯弯状态下腹板的稳定系数，计算方法参见文献［56］中 5.6.3 条第 1 款的
　　　　　　　规定；

　　　k_{bfw}——纯弯状态下翼缘对腹板的约束系数，计算方法参见文献［56］中 5.6.4 条的
　　　　　　　规定；

　　　h——腹板的宽度；

　　　t——板件厚度，计算时取板件中心线之间的距离，忽略弯角部分的影响。

（4）截面的弹性畸变屈曲应力的计算。

荷载偏向腹板侧简化计算时，由于腹板受压，卷边受拉，此时不易发生畸变屈曲，因此纯弯计算时可仅考虑局部和整体的相关屈曲弯矩（M_{nL}），故截面的弹性畸变屈曲应力可不计算。

（5）构件整体受弯承载力的计算。

根据文献［56］中附录的 B.2 公式：

$$\varphi_{by} = \frac{4320Ab}{\lambda_x^2 W_y}\xi_1\left(\sqrt{\eta^2 + \zeta} + \eta\right) \cdot \left(\frac{235}{f_y}\right) = 36.751$$

该构件两端等效作用相同的弯矩，且绕非对称轴失稳时，平面外无约束，故构件的侧向计算长度 l_0 取 $l_{oy} = 1500 \text{mm}$。查文献［56］中附表 B.2 得 $\mu_b = 1.0$，$\xi_1 = 1.0$，$\xi_2 = 0$，$\xi_3 = 1.0$。

当 y 轴为非对称轴时　　　　$\beta_x = \dfrac{U_y}{2I_y} - e_0 = -81.117$

$$\eta = 2(\xi_2 d + \xi_3 \beta_x)/b = -1.214$$

$$\zeta = \frac{4I_\omega}{b^2 I_x} + \frac{0.156 I_t}{I_x}\left(\frac{l_0}{b}\right)^2 = 0.654$$

式中　b——翼缘的宽度。

对 y 轴的受压边缘毛截面模量

$$W_y = I_y/z_0 = 39\,833.338 \text{mm}^3$$

当 $\varphi_{by} > 0.7$ 时 $\qquad\qquad \varphi'_{by} = 1.091 - \dfrac{0.274}{\varphi_{by}} = 1.084 > 1.0$

故 φ'_{by} 取 1.0。

所以构件整体受弯承载力 $M_{ne} = \varphi'_{by} f_y W_y = 7.967\mathrm{kN \cdot m}$

（6）局部与整体相关屈曲极限承载力 M_{nL} 按如下公式计算：

$$M_{nL} = \begin{cases} M_{ne} & \lambda_L \leqslant 0.683 \\ \left[1 - 0.22\left(\dfrac{M_{crL}}{M_{ne}}\right)^{0.52}\right]\left(\dfrac{M_{crL}}{M_{ne}}\right)^{0.52} M_{ne} & \lambda_L > 0.683 \end{cases}$$

$$M_{crL} = W_y \sigma_{crL} = 2.102\mathrm{kN \cdot m}$$

$$\lambda_L = \sqrt{M_{ne}/M_{crL}} = 1.947$$

$$M_{nL} = 3.546\mathrm{kN \cdot m}$$

式中　M_{crL}——弹性局部屈曲临界弯矩；

　　　M_{ne}——不考虑局部屈曲影响的受弯构件的整体屈曲弯矩；

　　　W_y——y 轴的截面模量。

综上所述：$M = M_{nL} = 3.546\mathrm{kN \cdot m}$。

3. 截面有效形心偏移计算

冷弯薄壁卷边槽钢的截面有效形心偏移主要是因为腹板的局部屈曲引起的，腹板发生局部屈曲后，部分截面退出工作，因此剩余截面的形心位置将偏离原有形心位置，继而产生截面有效形心偏移。普通卷边槽钢截面有效形心偏移值 e_s 的计算表达式如下：

$$e_s = \begin{cases} 0 & \lambda_p \leqslant 1.0 \\ \dfrac{9.7(\lambda_p - 1)}{\lambda_p - 0.368} & \lambda_p > 1.0 \end{cases}$$

$$\lambda_p = \sqrt{f_y/\sigma_{crL}}$$

式中　λ_p——板件的通用宽厚比；

　　　σ_{crL}——轴心受压构件弹性局部屈曲临界应力，由式（7-37）求得。

本算例计算截面有效形心偏移值 e_s 如下：

$$\lambda_p = \sqrt{f_y/\sigma_{crL}} = \sqrt{200/51.37} = 1.973 > 1.0$$

$$e_s = \frac{9.7(\lambda_p - 1)}{\lambda_p - 0.368} = 5.88\mathrm{mm}$$

外荷载相对于截面有效形心的偏心距 e_a 为

$$e_a = e - e_s = -1.87 - 5.880 = -7.75\mathrm{mm}$$

4. 偏心受压构件承载力计算

当弯矩作用在对称平面内时，压弯构件承载力按下列公式计算：

$$\frac{N}{N_R} + \frac{\beta_m M}{M_R} \leqslant 1.0$$

$$N_R = \min(N_{nL}, N_{nd}) = 78.52\mathrm{kN}$$

$$M_R = \left(1 - \frac{N}{N_E}\varphi\right)M_{DSM}$$

$$M_{DSM} = M_{nL} = 3.546\mathrm{kN \cdot m}$$

$$M = N \cdot |e_a|$$

$$N_E = \frac{\pi^2 EA}{\lambda^2} = 1\ 712\ 409.964$$

式中 β_m——等效弯矩系数，对于本构件两端作用等效弯矩时，$\beta_m = 1.0$；

N_E——系数；

λ——构件在弯矩作用平面内的长细比，对于本构件为 $\lambda = 29.915$；

e_a——外荷载相对于截面有效形心的偏心距。

求解关于 N 的一元二次方程并取解的最小值得本算例 $N_u = 66.654$kN

5. 与试验结果的对比

本算例试验值为 $N_u = 72.357$kN

试验值/直接强度法计算值=72.357/66.654=1.086

7.5.2 偏向卷边侧

本算例取自文献 [48]，构件编号：SS89 - 600 - EC1 - Y - 4。

计算简图如图 7 - 15 和图 7 - 16 所示。各截面参数按轴线尺寸数据如下：

腹板高度 $h = 88.375$mm；

翼缘宽度 $b = 41.87$mm；

卷边长度 $a = 14.765$mm；

长度 $l = 600.2$mm；

厚度 $t = 1.02$mm；

弹性模量 $E = 1.9855 \times 10^5$ N/mm^2；

泊松比 $\nu = 0.3$；

屈服强度 $f_y = 311.01$ N/mm^2；

初始偏心距 $e = 7.74$mm。

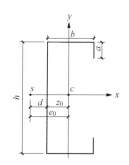

图 7 - 15 普通卷边槽钢全截面计算简图

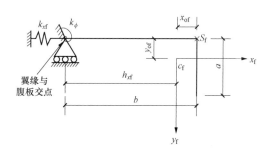

图 7 - 16 卷边与翼缘组合截面计算简图

从受力角度，偏心受压构件可以分解为轴心受压构件和纯弯构件。通过单独计算相应的轴心受压构件的承载力和纯弯构件的承载力，再通过轴力和弯矩相关方程，即可求出偏心受压构件的承载力。

1. 轴心受压构件承载力计算

(1) 卷边与翼缘组合截面几何特性的计算。

$$x_{of} = b^2 / [2(b + a)] = 15.477\text{mm}$$

$$y_{of} = -a^2/[2(b+a)] = -1.925 \text{mm}$$

$$h_{xf} = -(b - x_{of}) = -26.393 \text{mm}$$

$$I_{xf} = t[(b+a)bt^2 + (4b+a)a^3]/[12(b+a)] = 884.123 \text{mm}^4$$

$$I_{yf} = t(b^4 + 4b^3a)/[12(b+a)] = 11\,118.935 \text{mm}^4$$

$$I_{xyf} = tb^2a^2/[4(b+a)] = 1720.791 \text{mm}^4$$

$$I_{tf} = t^3(b+a)/3 = 20.034 \text{mm}^4$$

$$I_{\omega f} = 0$$

$$A_f = (b+a)t = 57.768 \text{mm}^2$$

（2）全截面几何特性的计算。

$$A = (h + 2b + 2a)t = 205.678 \text{mm}^2$$

$$z_0 = \frac{b(b+2a)}{h+2b+2a} = 14.826 \text{mm}$$

$$I_x = \frac{1}{12}h^3t + \frac{1}{2}bh^2t + \frac{1}{6}a^3t + \frac{1}{2}a(h-a)^2t = 266\,793.011 \text{mm}^4$$

$$I_y = hz_0^2t + \frac{1}{6}b^3t + 2b\left(\frac{b}{2} - z_0\right)^2t + 2a(b-z_0)^2t = 57\,509.829 \text{mm}^4$$

$$I_t = \frac{1}{3}(h + 2b + 2a)t^3 = 71.329 \text{mm}^4$$

$$d = \frac{b}{I_x}\left(\frac{1}{4}bh^2 + \frac{1}{2}ah^2 - \frac{2}{3}a^3\right)t = 21.973 \text{mm}$$

$$I_\omega = \frac{d^2h^3t}{12} + \frac{h^2}{6}[d^3 + (b-d)^3]t + \frac{a}{6}[3h^2(d-b)^2 - 6ha(d^2-b^2) + 4a^2(d+b)^2]t$$

$$= 110\,037\,613.5 \text{mm}^6$$

$$U_y = t\left[\frac{(b-z_0)^4}{2} - \frac{z_0^4}{2} - z_0^3h + \frac{(b-z_0)^2h^2}{4} - \frac{z_0^2h^2}{4} - \frac{z_0h^3}{12} + 2a(b-z_0)^3\right.$$

$$\left. + 2(b-z_0)\left(\frac{a^3}{3} - \frac{a^2h}{2} + \frac{ah^2}{4}\right)\right] = 1\,817\,409.956 \text{mm}^5$$

（3）板件的弹性局部屈曲应力的计算。

腹板的弹性局部相关屈曲应力，可以通过下式得到：

$$\sigma_{crL} = \frac{k_{cw}\pi^2E}{12(1-\nu^2)}\left(\frac{t}{h}\right)^2 = 121.219 \text{N/mm}^2$$

$$k_{cw} = k_{csw} \cdot k_{cfw} = 4 \times 1.269 = 5.076$$

式中　k_{cw}——轴压状态下腹板的局部相关屈曲系数；

　　　k_{csw}——轴压状态下腹板的稳定系数，计算方法参见文献［56］中5.6.3条第1款的规定；

　　　k_{cfw}——轴压状态下翼缘对腹板的约束系数，计算方法参见文献［56］中5.6.4条的规定；

　　　h——腹板的宽度；

　　　t——板件厚度，计算时取板件中心线之间的距离，忽略弯角部分的影响。

（4）截面畸变的弹性屈曲应力的计算。

畸变屈曲应力按文献［56］中附录 C.1 的规定计算如下：

$$\sigma_{crd} = \frac{E}{2A_f}[\alpha_1 + \alpha_2 - \sqrt{(\alpha_1 + \alpha_2)^2 - 4\alpha_3}] = 293.581 \text{N/mm}^2$$

$$\alpha_1 = \frac{\eta}{\beta_1}(I_{xf}b^2 + 0.039I_{tf}\lambda^2) + \frac{k_\phi}{\beta_1 \eta E} = 0.112$$

$$\alpha_2 = \eta\left(I_{yf} - \frac{2}{\beta_1}y_{of}bI_{xyf}\right) = 0.430$$

$$\alpha_3 = \eta\left(\alpha_1 I_{yf} - \frac{\eta}{\beta_1}I_{xyf}^2 b^2\right) = 0.039$$

$$\beta_1 = h_{xf}^2 + (I_{xf} + I_{yf})/A_f = 904.371$$

$$\lambda = 4.80\left(\frac{I_{xf}b^2 h}{t^3}\right)^{0.25} = 511.627$$

$$\eta = (\pi/\lambda)^2 = 3.767 \times 10^{-5}$$

$$k_\phi = \frac{Et^3}{5.46(h + 0.06\lambda)}\left[1 - \frac{1.11\sigma'}{Et^2}\left(\frac{h^2\lambda}{h^2 + \lambda^2}\right)^2\right] = 260.445$$

式中，σ' 为 $k_\phi = 0$ 时由式（2-39a）求得的 σ_{crd} 值；$\dfrac{Et^3}{5.46(h + 0.06\lambda)}$ 为不受力的腹板所提供的约束刚度；$1 - \dfrac{1.11\sigma'}{Et^2}\left(\dfrac{h^2\lambda}{h^2 + \lambda^2}\right)^2$ 为压应力使腹板刚度减小的折减系数。

（5）构件整体稳定系数的计算。

由于构件两端采用的是单刀口支座，故该普通卷边槽钢轴压构件边界条件为绕 x 轴嵌固、y 轴简支，端部截面翘曲受到约束。

$$i_x = \sqrt{\frac{I_x}{A}} = 36.016 \text{mm}$$

绕 x 轴的计算长度　　　　$l_{ox} = (l + 90\text{mm})/2 = 345.1 \text{mm}$

$$\lambda_x = \frac{l_{ox}}{i_x} = 9.582$$

$$i_y = \sqrt{\frac{I_y}{A}} = 16.722 \text{mm}$$

绕 y 轴的计算长度　　　　$l_{oy} = l + 90\text{mm} = 690.2 \text{mm}$

$$\lambda_y = \frac{l_{oy}}{i_y} = 41.275$$

截面剪心与形心之间的距离　　$e_0 = d + z_0 = 36.799 \text{mm}$

$$i_0^2 = e_0^2 + i_x^2 + i_y^2 = 2930.944 \text{mm}^2$$

开口截面轴心受压构件的约束系数 $\alpha = 0.72$，$\beta = 0.5$。

扭转屈曲的计算长度　　　　$l_\omega = \beta l_{oy} = 345.1 \text{mm}$

$$s^2 = \frac{\lambda_x^2}{A}\left(\frac{I_\omega}{l_\omega^2} + 0.039I_t\right) = 413.696 \text{mm}^2$$

$$\lambda_\omega = \lambda_x\sqrt{\frac{s^2 + i_0^2}{2s^2} + \sqrt{\left(\frac{s^2 + i_0^2}{2s^2}\right)^2 - \frac{i_0^2 - \alpha e_0^2}{s^2}}} = 26.154$$

$$\lambda_y = 41.275 > \lambda_\omega = 26.154 > \lambda_x$$

$$\lambda_{\text{cy}} = \lambda_{\text{y}} \sqrt{f_{\text{y}}/235} = 47.483$$

按照文献［56］附表 B.1 查得 $\varphi = 0.860$。

（6）局部与整体相关屈曲极限承载力 N_{nL} 按下式计算：

$$N_{\text{nL}} = \begin{cases} N_{\text{ne}} & \lambda_{\text{L}} \leqslant 0.847 \\ \left[1 - 0.10\left(\dfrac{N_{\text{crL}}}{N_{\text{ne}}}\right)^{0.36}\right]\left(\dfrac{N_{\text{crL}}}{N_{\text{ne}}}\right)^{0.36} N_{\text{ne}} & \lambda_{\text{L}} > 0.847 \end{cases}$$

$$N_{\text{crL}} = A\sigma_{\text{crL}} = 24.93\text{kN}$$

$$N_{\text{ne}} = A\varphi f_{\text{y}} = 55.01\text{kN}$$

$$\lambda_{\text{L}} = \sqrt{N_{\text{ne}}/N_{\text{crL}}} = 1.485$$

$$N_{\text{nL}} = 38.26\text{kN}$$

（7）畸变与整体相关屈曲极限承载力 N_{nd} 按下式计算：

$$N_{\text{nd}} = \begin{cases} N_{\text{ne}} & \lambda_{\text{d}} \leqslant 0.561 \\ \left[1 - 0.25\left(\dfrac{N_{\text{crd}}}{N_{\text{ne}}}\right)^{0.6}\right]\left(\dfrac{N_{\text{crd}}}{N_{\text{ne}}}\right)^{0.6} N_{\text{ne}} & \lambda_{\text{d}} > 0.561 \end{cases}$$

$$N_{\text{crd}} = A\sigma_{\text{crd}} = 60.38\text{kN}$$

$$\lambda_{\text{d}} = \sqrt{N_{\text{ne}}/N_{\text{crd}}} = 0.954$$

$$N_{\text{nd}} = 42.79\text{kN}$$

式中 N_{crd}——构件的畸变稳定承载力；

σ_{crd}——板件的弹性畸变屈曲临界应力。

综上所述：$N = \min(N_{\text{nL}}, N_{\text{nd}}) = 38.26\text{kN}$。

2. 纯弯构件承载力计算

（1）卷边与翼缘组合截面几何特性的计算。

同上述轴心受压构件计算。

（2）全截面几何特性的计算。

同上述轴心受压构件计算。

（3）板件的弹性局部屈曲应力的计算。

卷边的弹性局部相关屈曲应力，可以通过下式得到：

$$\sigma_{\text{crL}} = \frac{k_{\text{bL}} \pi^2 E}{12(1-\nu^2)}\left(\frac{t}{a}\right)^2 = 348.205\text{N/mm}^2$$

$$k_{\text{bL}} = k_{\text{bsL}} \cdot k_{\text{bfL}} = 0.425 \times 0.958 = 0.407$$

式中 k_{bL}——纯弯状态下卷边的局部相关屈曲系数；

k_{bsL}——纯弯状态下卷边的稳定系数，计算方法参见文献［56］中 5.6.3 条第 3 款的
规定；

k_{bfL}——纯弯状态下翼缘对卷边的约束系数，计算方法参见文献［56］中 5.6.4 条的
规定；

a ——翼缘和卷边的宽度；

t ——板件厚度，计算时取板件中心线之间的距离，忽略弯角部分的影响。

（4）截面的弹性畸变屈曲应力的计算。

纯弯构件绕非对称轴弯曲时的弹性畸变屈曲临界应力按下式计算：

$$\sigma_{crd} = \frac{\pi^2 E}{12(1-\nu^2)} \left[\left(-0.045\,\frac{h}{b} + 0.42 \right)\frac{a}{t} + \left(0.24\,\frac{h}{b} + 0.23 \right) \right] \left(\frac{t}{b} \right)^2 = 578.908 \text{N/mm}^2$$

式中　b——翼缘的宽度。

（5）构件整体受弯承载力的计算。

根据文献 [56] 中附录 B.2 公式计算：

$$\varphi_{by} = \frac{4320Ab}{\lambda_x^2 W_y}\xi_1 \left(\sqrt{\eta^2 + \zeta} + \eta \right) \cdot \left(\frac{235}{f_y} \right) = 57.055$$

该构件两端等效作用相同的弯矩，且绕非对称轴失稳时，平面外无约束，故构件的侧向计算长度 l_0 取 $l_{oy}=690.2$mm。查文献 [56] 中附表 B.2 得 $\mu_b=1.0$，$\xi_1=1.0$，$\xi_2=0$，$\xi_3=1.0$。

当 y 轴为非对称轴时：　　$$\beta_x = \frac{U_y}{2I_y} - e_0 = -20.998$$

$$\eta = 2(\xi_2 d + \xi_3 \beta_x)/b = -1.003$$

$$\zeta = \frac{4I_\omega}{b^2 I_x} + \frac{0.156 I_t}{I_x}\left(\frac{l_0}{b} \right)^2 = 0.952$$

对 y 轴的受压边缘毛截面模量　　$W_y = I_y/(b-z_0) = 2126.528 \text{mm}^3$

当 $\varphi_{by} > 0.7$ 时：　　$$\varphi'_{by} = 1.091 - \frac{0.274}{\varphi_{by}} = 1.086 > 1.0$$

故 φ'_{by} 取 1.0。

所以构件整体受弯承载力为　　$M_{ne} = \varphi'_{by} f_y W_y = 0.661 \text{kN} \cdot \text{m}$

（6）局部与整体相关屈曲极限承载力 M_{nL} 按如下公式计算：

$$M_{nL} = \begin{cases} M_{ne} & \lambda_L \leqslant 0.683 \\ \left[1 - 0.22 \left(\frac{M_{crL}}{M_{ne}} \right)^{0.52} \right]\left(\frac{M_{crL}}{M_{ne}} \right)^{0.52} M_{ne} & \lambda_L > 0.683 \end{cases}$$

$$M_{crL} = W_y \sigma_{crL} = 0.740 \text{kN} \cdot \text{m}$$

$$\lambda_L = \sqrt{M_{ne}/M_{crL}} = 0.945$$

$$M_{nL} = 0.537 \text{kN} \cdot \text{m}$$

式中　M_{crL}——弹性局部屈曲临界弯矩；

　　　M_{ne}——不考虑局部屈曲影响的受弯构件的整体屈曲弯矩；

　　　W_y——y 轴的截面模量。

（7）畸变屈曲极限承载力 M_{nd} 按如下公式计算：

$$M_{nd} = \begin{cases} M_y & \lambda_d \leqslant 0.702 \\ \left[1 - 0.18 \left(\frac{M_{crd}}{M_y} \right)^{0.38} \right]\left(\frac{M_{crd}}{M_y} \right)^{0.38} M_y & \lambda_d > 0.702 \end{cases}$$

$$M_{crd} = W_y \sigma_{crd} = 1.231 \text{kN} \cdot \text{m}$$

$$M_y = W_y f_y = 0.661 \text{kN} \cdot \text{m}$$

$$\lambda_d = \sqrt{M_y/M_{crd}} = 0.733$$

$$M_{nd} = 0.646 \text{kN} \cdot \text{m}$$

式中　M_{crd}——弹性畸变屈曲临界弯矩；

M_y——截面边缘纤维屈服弯矩；

W_y——y 轴的截面模量。

综上所述：$M=\min(M_{nL}，M_{nd})=M_{nL}=0.537\text{kN}\cdot\text{m}$

3. 截面有效形心偏移计算

冷弯薄壁卷边槽钢的截面有效形心偏移主要是因为腹板的局部屈曲引起的。腹板发生局部屈曲后，部分截面退出工作，因此剩余截面的形心位置将偏离原有形心位置，继而产生截面有效形心偏移。普通卷边槽钢截面有效形心偏移值 e_s 的计算表达式如下：

$$e_s=\begin{cases} 0 & \lambda_p\leqslant 1.0 \\ \dfrac{9.7(\lambda_p-1)}{\lambda_p-0.368} & \lambda_p>1.0 \end{cases}$$

$$\lambda_p=\sqrt{f_y/\sigma_{crL}}$$

式中　λ_p——板件的通用宽厚比；

　　σ_{crL}——轴心受压构件弹性局部屈曲临界应力，由式（7-37）求得。

本算例计算截面有效形心偏移值 e_s 如下：

$$\lambda_p=\sqrt{f_y/\sigma_{crL}}=\sqrt{311.01/121.219}=1.602>1.0 \text{ 所以}$$

$$e_s=\frac{9.7(\lambda_p-1)}{\lambda_p-0.368}\text{mm}=4.732\text{mm}$$

外荷载相对于截面有效形心的偏心距：$e_a=e-e_s=7.74\text{mm}-4.732\text{mm}=3.008\text{mm}$

4. 偏心受压构件承载力计算

当弯矩作用在对称平面内时，压弯构件承载力按下列公式计算：

$$\frac{N}{N_R}+\frac{\beta_m M}{M_R}\leqslant 1.0$$

$$N_R=\min(N_{nL},N_{nd})=38.26\text{kN}$$

$$M_R=\left(1-\frac{N}{N_E}\varphi\right)M_{DSM}$$

$$M_{DSM}=\min(M_{nL},M_{nd})=0.537\text{kN}\cdot\text{m}$$

$$M=N\cdot e_a$$

$$N_E=\frac{\pi^2 EA}{\lambda^2}=236\ 343.066$$

式中　β_m——等效弯矩系数，对于本构件两端作用等效弯矩时，$\beta_m=1.0$；

　　N_E——系数；

　　λ——构件在弯矩作用平面内的长细比，对于本构件为 $\lambda=41.275$；

　　e_a——外荷载相对于截面有效形心的偏心距。

求解关于 N 的方程并取解的最小值得本算例 $N_u=30.82\text{kN}$。

5. 与试验结果的对比

本算例试验值为 $N_u=32.10\text{kN}$。

试验值/直接强度法计算值$=32.10/30.82=1.042$。

参 考 文 献

［1］ AS/NZS.（Australian/New Zealand Standard）Cold - formed steel structures：AS/NZS4600：2018. Sydney - Wellington：Standards of Australia and Standards of New Zealand，2018. 1996.

［2］ BLEICH F B. Buckling of metal structures. McGraw - Hill，1952：397 - 429.

［3］ BS5950，Part 5. Structural use of steelwork in building，Code of practice for design of cold - formed thin gauge sections. App. B. 2000.

［4］ WINTER G. Commentary on the 1968 edition of the specification of cold - formed steel structural members. American Iron and Steel Institute，1970：19 - 22.

［5］ BADAWY ABU - SENA A B，CHAPMAN J C，DAVIDSON P C. Interaction between critical torsional flexural and lip buckling in channel sections. Journal of Constructional Steel Research. 2001，57（8）：925 - 944.

［6］ SZABO I F，DUBINA D. Recent research advances on the ECBL approach. part Ⅱ：interactive buckling of perforated sections. Thin - Walled Structures. 2004，42（2）：195 - 210.

［7］ AISI 1996（American Iron and Steel Institute）. Specification for the design of cold - formed steel structural members. Washington，D. C. 1996.

［8］ NAS 2001. North American specification for the design of cold - formed steel structural members，Washington，D. C. 2001.

［9］ 郭在田. 薄壁杆件的弯曲与扭转. 北京：中国建筑工业出版社，1989：374 - 378，152 - 235.

［10］ 张如三，王天明. 材料力学. 北京：中国建筑工业出版社，1997：94 - 97.

［11］ 王春刚. 单轴对称冷弯薄壁型钢受压构件稳定性能分析与试验研究. 哈尔滨：哈尔滨工业大学，2007.

［12］ TULK J D，WALKER A C. Model studies of the elastic buckling of a stiffened plate. Journal of Strain Analysis. 1976，11（3）：137 - 143.

［13］ YOUNG B，HANCOCK G J. Compression tests of channels with inclined simple edge stiffeners. Journal of Structural Engineering. 2003，129（10）：1403 - 1411.

［14］ 刘甲. 冷弯薄壁复杂卷边槽钢受压构件稳定性能研究. 沈阳：沈阳建筑大学. 2009.

［15］ 张乃文. 板件加劲复杂卷边槽钢轴压构件畸变及相关屈曲性能研究. 沈阳：沈阳建筑大学，2014.

［16］ 马平. 新型截面冷弯薄壁型钢轴心受压构件稳定性能研究. 沈阳：沈阳建筑大学，2012.

［17］ SPUTO T，TOVAR J. Application of direct strength method to axially loaded perforated cold - formed steel studs：Distortional and local buckling. Thin - Walled structures，2005，43（12）：1882 - 1912.

［18］ SPUTO T，TOVAR J. Application of direct strength method to axially loaded perforated cold - formed steel studs：Longwave buckling. Thin - Walled structures，2005，43（12）：1852 - 1881.

［19］ MOEN C D，SCHAFER B W. Direct Strength Method for Design of Cold - Formed Steel Columns with Holes. 2011 American Society of Civil Engineers.

［20］ 赵大千. 卷边槽钢开孔轴压构件承载力直接强度法研究. 沈阳：沈阳建筑大学，2014.

［21］ 王海明. 冷弯薄壁型钢受弯构件稳定性能研究. 哈尔滨：哈尔滨工业大学，2009.

［22］ MOEN C D，ANNA M. Experiments on Cold - Formed Steel C - Section Joists with Unstiffened Web Holes. Journal of Structural Engineering. 2013，139（5）：695 - 704.

［23］梁润嘉．开孔冷弯薄壁复杂卷边槽钢受弯构件稳定性能．沈阳：沈阳建筑大学，2013.

［24］徐子风．冷弯薄壁型钢偏压构件稳定性能与直接强度法．沈阳：沈阳建筑大学，2013.

［25］ROGERS C A，HANCOCK G J. Ductility of G550 sheet steels in tension. Journal of Structural Engineering. 1997，123（12）：1586 - 1594.

［26］石宇，周绪红，苑小丽．冷弯薄壁卷边槽钢轴心受压构件承载力计算的折减强度法．建筑科学与工程学报．2011（3），40 - 48.

［27］宋代军．复杂卷边槽钢轴压构件的承载力与计算方法研究．沈阳：沈阳建筑大学，2011.

［28］YAN J T，YOUNG B. Column tests of cold - formed steel channels with complex stiffeners. Journal of Structural Engineering. 2002，128（6）：737 - 745.

［29］沈祖炎，李元齐，吴曙崟，等．冷弯超薄壁型钢 C 型截面轴压构件承载力试验研究．上海：同济大学，上海钢之杰钢结构建筑有限公司，2010.

［30］何保康，蒋路，姚行友，等．高强冷弯薄壁型钢卷边槽形截面轴压柱畸变屈曲试验研究．建筑结构学报．2006，27（3）：10 - 17.

［31］LAU S C W，HANCOCK G J. Distortional buckling formulas for channel columns. Journal of Structural Engineering. 1987，113（5）：1063 - 1078.

［32］HANCOCK G J，MURRAY T M，Ellifritt D S. Cold - formed steel structures to the AISI specification. New York：Marcel Dekker，2001.

［33］SCHAFER B W. Progress on the direct strength method // Louis. Proceedings of the 16th International Specialty Conference on Cold - Formed Steel Structures. Orlando：AISI，2002：647 - 662.

［34］American Iron and Steel Institute Standard. Specification for the design of cold - formed steel Structural members. Washington：American Iron and Steel Institute，2007.

［35］YANG D，HANCOCK G J. Compression tests of high strength steel channel columns with interaction between local and distortional buckling. Journal of Structural Engineering，2004，130（12）：1954 - 1963.

［36］YAP D C Y，HANCOCK G J. Experimental study of high - strength cold - formed stiffened - web C - sections in compression. Journal of Structural Engineering，2011，137（2）：162 - 172.

［37］何保康，蒋路，姚行友，等．高强冷弯薄壁型钢卷边槽形截面轴压柱畸变屈曲试验研究．建筑结构学报，2006，27（3）：10 - 17.

［38］王春刚，徐子风，张壮南，等．腹板加劲冷弯薄壁复杂卷边槽钢受压构件承载力试验研究．建筑结构学报，2014，35（7）：96 - 104.

［39］WANG C G，BAI Y. Method Considered Distortional - local Interaction Buckling for Bearing Capacity of Channels with Complex Edge Stiffeners and Web Stiffeners under Axial Compression. International Symposium on Materials Application and Engineering，2016.

［40］JYRKI KESTI J，MICHAEL D. Local and distortional buckling of thin - walled short columns. Thin - walled Structures. 1999，34（1）：115 - 134.

［41］CHENG Y，SCHAFER B W. Distortional buckling test on cold - formed beams. Journal of Structural Engineering，2005，Vol. 132（4）：515 - 528.

［42］袁卫宁，常伟，李坤．高强冷弯薄壁型钢柱畸变屈曲研究．工业建筑．2009，39：550 - 554，582.

［43］张兆宇．冷弯薄壁 C 型槽钢畸变屈曲的试验研究．浙江大学，2005.

［44］JING X K，SHI S Y. The Experimental Research on Cold - formed Thin - walled Steel Components and Engineering Application，2009.

［45］CHENG Y，SCHAFER B W. Distortional buckling test on cold - formed beams. Journal of Structural Engineering. 2005，132（4）：515 - 528.

[46] 王海明，张耀春. 直卷边和斜卷边受弯构件畸变屈曲性能研究. 工业建筑，2008，38（6）：106-109.

[47] CHENG Y，SCHAFER B W. Local buckling test on cold-formed beams. Journal of Structural Engineering，2003，129（12）：1596-1606.

[48] 宋延勇. 冷弯薄壁型钢偏压构件及自攻螺钉连接承载力试验研究. 上海：同济大学，2008.

[49] 李元齐，刘翔，沈祖炎，等. 高强冷弯薄壁型钢卷边槽形截面偏压构件试验研究及承载力分析. 建筑结构学报，2010，31（11）：26-35.

[50] SPUTO T，TOVAR J. Application of direct strength method to axially loaded perforated cold-formed steel studs：Distortional and local buckling. Thin-Walled structures，2005，43（12）：1882-1912.

[51] MOEN C D，SCHAFER B W. Direct Strength Method for Design of Cold-Formed Steel Columns with Holes. 2011 American Society of Civil Engineers.

[52] North American specification（NAS）. Appendix 1 of the North American Specification for the Design of Cold-Formed Steel Structural Members. Washington（DC）. American Iron and Steel Institute，2004.

[53] CHENG Y，SCHAFER B W. Distortional buckling test on cold-formed beams. Journal of Structural Engineering，2005，132（4）：515-528.

[54] WANG H M，ZHANG Y C. Distortional buckling performance study on flexural mambers with upright and inclined edge stiffeners. Industrial Construction，2008，38（6）：106-109.

[55] 陈绍蕃. 钢结构稳定设计指南. 北京：中国建筑工业出版社，2004.

[56] GB 50018—2014 冷弯型钢结构技术规范（2016 年修订征求意见稿）.

[57] 李元齐，王树坤，沈祖炎，姚行友. 高强冷弯薄壁型钢卷边槽形截面轴压构件试验研究及承载力分析. 建筑结构学报，2010，31（11）：17-25.

[58] 温秋平，董事尔，雍承鑫，等. 绕弱轴纯弯的冷弯薄壁型钢构件畸变屈曲性能研究. 钢结构，2014，29（6）：9-13.

[59] GB 50018—2002 冷弯薄壁型钢结构技术规范. 北京：中国建筑工业出版社，2002.

[60] 周绪红. 开口薄壁型钢压弯构件中板件屈曲后性能与板组屈曲后相关作用的研究. 长沙：湖南大学，1992.

[61] 张宜涛. 壁厚 2mm 以下冷弯槽钢轴压柱试验与设计方法研究. 西安：西安建筑科技大学，2008.

[62] 王小平，钟国辉，林少书. C形冷弯薄壁型钢切割短柱轴压试验. 武汉理工大学学报，2005，27（7）：57-60.

[63] BEN Y，RASMUSSEN K J R. Design of lipped channel Columns. Journal of Structural Engineering. 1998，124（2）：140-148.

[64] 姚行友，李元齐. 冷弯薄壁型钢卷边槽形截面构件畸变屈曲承载力计算方法研究. 工程力学，2014，31（9）：174-181.